普通高等教育"十二五"规划教材

机 械 制 图

（第2版）

王 萍 王 昶 主 编

徐慧娟 李 琳 副主编

电子工业出版社

Publishing House of Electronics Industry

北京 · BEIJING

内 容 简 介

本书是重庆市精品课程"机械制图"的主教材，是根据高等工科学校机械类专业对"画法几何及机械制图"课程的要求，结合国内工程图学教学改革近几年的发展动向编写的。本书内容包括制图的基本知识、计算机辅助绘图基础、投影基础、组合体、轴测投影、零件的表达方法、标准件和常用件、零件图、装配图等。同时，本书还配有配套教材《机械制图习题集（第 2 版）》，并提供电子版的机械制图习题集答案和课件，采用本书作为教材的教师可登录华信教育资源网（http://www.hxedu.com.cn）免费下载。

本书可作为高等学校机械类、近机类各专业学生的教材，也可供相关工程技术人员参考使用。

图书在版编目（CIP）数据

机械制图/王萍，王昶主编．—2 版．—北京：电子工业出版社，2015.8
ISBN 978-7-121-26179-4

I. ①机…　II. ①王…　②王…　III. ①机械制图－高等学校－教材　IV. ①TH126

中国版本图书馆 CIP 数据核字（2015）第 116280 号

策划编辑：章海涛
责任编辑：章海涛　　文字编辑：谭海平
印　　刷：北京虎彩文化传播有限公司
装　　订：北京虎彩文化传播有限公司
出版发行：电子工业出版社
　　　　　北京市海淀区万寿路 173 信箱　　邮编：100036
开　　本：787×1092　1/16　　印张：18.25　　字数：510 千字
版　　次：2012 年 8 月第 1 版
　　　　　2015 年 8 月第 2 版
印　　次：2019 年 9 月第 6 次印刷
定　　价：43.00 元

第 2 版前言

本书是根据教育部高等学校工程图学教学指导委员会审定的"普通高等院校工程图学课程教学基本要求"的精神，总结多年的教学经验编写而成。

本书全部采用我国最新颁布的《技术制图》和《机械制图》国家标准，并按课程内容需要分别编排在正文或附录中，以培养学生贯彻国家标准的意识和查阅国家标准的能力。全书注重理论联系实际，内容由浅入深，图文并茂。

一、课程的性质、任务和学习目的

本课程是一门研究图示、图解空间几何问题和绘制与阅读机械图样的技术基础课。它为后续课程的学习及今后从事科学研究、工程设计和制造、解决工程实际问题提供必备的技术基础。

根据投影原理、国家标准或有关规定，表示工程对象，并有必要的技术说明的图称为图样。随着生产和科学技术的发展，图样在工程技术上的作用显得尤为重要。设计人员通过它表达自己的设计思想，制造人员根据它加工制造，使用人员利用它进行合理使用。因此，图样被认为是"工程界的语言"。它是设计、制造、使用部门的一项重要技术资料，是发展和交流科学技术的有力工具。

本课程的主要任务如下：

（1）学习国家标准中有关《技术制图》和《机械制图》的基本规定。

（2）学习投影法的基本原理和应用。

（3）学习绘制和阅读工程图样的方法。

（4）了解常用绘制工程图样软件的使用方法。

学习本课程的主要目的是培养学生图示空间几何元素和图解空间几何问题的初步能力；培养学生绘制和阅读工程图样的能力；培养和发展学生的空间想象力、空间思维和构思创造的能力；培养学生基本的计算机绘图能力；培养学生严格遵守国家标准、认真负责的工作作风和耐心细致的工作态度。

二、本课程的学习方法

（1）本课程是实践性很强的技术基础课，在学习中除了掌握理论知识外，还必须密切联系实际，更多地注意在具体作图时如何运用这些理论。只有通过一定数量的画图、读图练习，反复实践，才能掌握本课程的基本原理和基本方法。

（2）在学习中，必须经常注意空间几何关系的分析以及空间几何元素与其投影之间的相互关系。只有"从空间到平面，再从平面到空间"进行反复研究和思考，才是学好本课程的有效方法。

（3）认真听课，及时复习，独立完成作业。同时，注意正确使用绘图仪器，不断提高绘图技能和绘图速度。

（4）画图时要确立对生产负责的观点，严格遵守《技术制图》和《机械制图》国家标准中的有关规定，认真细致，一丝不苟。

与本书配套的教材为《机械制图习题集（第2版）》（ISBN 978-7-121-26178-7）。本书提供电子版的机械制图习题集答案和课件。任课教师可以登录到http://www.hxedu.com.cn，注册之后进行下载。

本套教材可供高等学校机械类、近机类专业使用，也可作为其他专业的教学参考书。

本书第2章内容是按 Auto CAD 2010 编写的。

参加本教材编写的有：胡荣丽、周静（第1章）、乔慧丽（第2章）、魏书华（第3章、第4章）、徐慧娟、文琍（第5章、第10章）、李琳（第6章）、王昶（第7章）、吴敏（第8章）、王萍（第9章）、陶红艳（附录）。本书由王萍、王昶主编。

由于编者水平有限，书中难免还存在缺点和不足，恳请读者批评指正。

作　者

目　录

第1章

制图的基本知识与技能

本章重点介绍中华人民共和国国家标准《机械制图》和《技术制图》中的基本规定，如图纸幅面及格式、比例、字体、图线、尺寸注法等，是绘制图样的重要依据，同时介绍绘图工具及仪器的使用、几何图形及平面曲线的作图、平面图形的绘图步骤和徒手绘图方法等。

1.1 国家标准的一般规定

图样是现代生产中的重要技术文件之一，用来指导生产和进行技术交流，起到了工程语言的作用，必须有统一的规定。为此，中华人民共和国标准计量局于1959年发布了国家标准《机械制图》，对图样做了统一的技术规定。为适应国内生产技术的不断发展和国际上的经济贸易往来，以及科学技术交流的日益扩展，自1993年以来，我国参照国际标准，又陆续修订了国家标准《机械制图》，基本上等同或等效于国际标准（ISO）。每个工程技术人员都必须树立标准化的概念，严格遵守，认真执行国家标准。

国家标准简称"国标"，其代号为"GB"。例如，GB/T 14692—2008，其中"T"为行业推荐性标准，"14692"是标准顺序号，"2008"是标准颁布的年代号。本节仅摘录了国家标准《机械制图》中的部分内容，其余将在以后各章中叙述。

1.1.1 图纸幅面及格式（GB/T 14689—2008）

1. 图纸幅面

图纸幅面简称图幅，指由图纸的宽度和长度组成的图面，即图纸的有效范围，通常用细实线绘出，称为图纸边界或裁纸线。

绘制图样时，优先采用表1-1中的基本幅面，必要时也允许加长幅面，加长幅面的尺寸由基本幅面的短边成整数倍增加后得出，如图1-1所示。

2. 图框格式

图框是指图纸上限定绘图区域的线框，即绘图的有效范围。无论图样是否装订，均应在图幅内画出图框，图框线用粗实线绘制。图纸可横放（X型）或竖放（Y型），一般采用A4幅面竖放，其余幅面横放。格式分为不留装订边和留有装订边两种，但同一产品的图样只能采用同一种格式，如图1-2和图1-3所示，其尺寸均按表1-1中的规定。加长幅面的图框尺寸，应按所选用的基本幅面大一号的图框尺寸确定，如A3×4的图框尺寸，按A2的图框尺寸确定。

图 1-1 图纸的基本幅面和加长幅面

图 1-2 不留装订边的图纸

图 1-3 留装订边的图纸

为了复制图样和缩微摄影的方便，应在图纸各边的中点处画出对中符号。对中符号是从图纸边界线开始画入图框内约 5 mm 的一段粗实线，线宽不小于 0.5 mm，如图 1-4 所示。对中符号的位置误差应不大于 0.5 mm，当对中符号处在标题栏范围内时，则伸入标题栏部分省略不画。

表 1-1 图纸基本幅面及图框尺寸 单位：mm

幅面代号	A0	A1	A2	A3	A4
$B \times L$	841×1189	594×841	420×594	297×420	210×297
a	25				
c	10			5	
e	20		10		

图 1-4 图框格式及图纸方向符号

3．标题栏的方位及格式

每张图样必须有标题栏，用来填写图样上的综合信息。标题栏的格式和尺寸按 GB/T 10609.1—2008 的规定，如图 1-5 所示。位置应位于图纸的右下角（见图 1-2 和图 1-3），此时标题栏中的文字方向应为看图的方向。

图 1-5 标题栏的格式

为了利用预先印制的图纸，允许将图 1-2 和图 1-3 所示图纸旋转 90°使用，但必须画上方向符号，看图方向应以方向符号为准，而标题栏中内容及书写方向不变，如图 1-4 所示。

在学校的制图作业中，标题栏可以简化，建议采用图 1-6 的格式。

标题栏的外框是粗实线，其右边和底边与图框线重合。在标题栏内，名称用 10 号字书写，其余均用 5 号字书写。

图 1-6　学生用标题栏格式

1.1.2　比例 (GB/T 14690—1993)

图中图形与其实物相应要素的线性尺寸之比称为比例。不管绘制机件时所采用的比例是多少，在标注尺寸时仍应按机件的实际尺寸标注，与绘图的比例无关。

比值为 1 的比例为原值比例，比值小于 1 的比例为缩小的比例，比值大于 1 的比例为放大的比例。国标规定绘制图样时一般优先采用表 1-2 中规定的比例，必要时也可考虑表 1-3 中的第二系列比例。

表 1-2　优先选择的比例

种　类	比　例		
原值比例	1 : 1		
缩小的比例	1 : 2 $1 : (2 \times 10^n)$	1 : 5 $1 : (5 \times 10^n)$	1 : 10 $1 : (1 \times 10^n)$
放大的比例	5 : 1 $(5 \times 10^n) : 1$	2 : 1 $(2 \times 10^n) : 1$	10 : 1 $(1 \times 10^n) : 1$

注：n 为正整数。

表 1-3　比例系列

种　类	比　例			
缩小的比例	1 : 1.5 $1 : (1.5 \times 10^n)$	1 : 2.5 $1 : (2.5 \times 10^n)$	1 : 4 $1 : (4 \times 10^n)$	1 : 6 $1 : (6 \times 10^n)$
放大的比例	4 : 1 $(4 \times 10^n) : 1$		2.5 : 1 $(2.5 \times 10^n) : 1$	

绘制同一机件的各个图形原则上应采用相同的比例，并在标题栏中注明，如"1 : 1"或"1 : 2"等。当某个视图必须采用不同比例时，可在该视图的上方另行标注，如 $\dfrac{I}{2:1}$、$\dfrac{A}{1:100}$、$\dfrac{B-B}{5:1}$ 等。

绘制图样时，应尽可能按原值比例（1 : 1）画出，以便直接从图样上看到机件的实际大小。由于机件的大小及结构复杂程度不同，对大而简单的机件可采用缩小的比例，对小而复杂的机件则可采用放大的比例。

1.1.3　字体 (GB/T 14691—1993)

在技术图样中，除了图形外，还要根据需要书写尺寸数字、技术要求、填写标题栏等。工程图中的文字，必须遵循国标规定。

GB/T 14691—1993 规定：

（1）图样中书写的汉字、数字、字母都必须做到：字体工整、笔画清楚、排列整齐、间隔均匀。

（2）各种字体的大小要选择适当。字体大小分为 20、14、10、7、5、3.5、2.5、1.8，共 8 种号数。字体的号数即字体的高度（单位：mm）。

① 汉字。汉字应写成长仿宋体字，并应采用中华人民共和国国务院正式公布推行的简化字。汉字的高度 h 不应小于 3.5 mm，其字宽一般为 $h/\sqrt{2}$（约 $0.7h$）。汉字示例如图 1-7 所示。

重庆理工大学机械制图比例材料
横平竖直 注意起落 结构匀称 填满方格

图 1-7　长仿宋汉字示例

长仿宋字的基本笔画为：点、横、竖、撇、捺、挑、钩、折等，每一笔画要一笔写成，不宜勾画。书写长仿宋字体的要领是：横平竖直，注意起落，结构匀称，填满方格。

② 字母及数字。字母和数字分为 A 型和 B 型。A 型字体的笔画宽度 d 为字高 h 的 1/14，B 型字体的笔画宽度 d 为字高 h 的 1/10。在同一图样上，只允许选用一种字型。

字母和数字有直体和斜体之分，但全图要统一。斜体字字头向右倾斜，与水平基准线约 75°，用作指数、分数、极限偏差、注脚等的数字及字母，一般采用小一号的字体。

③ 综合示例。图 1-8 为汉字、阿拉伯数字、罗马数字和拉丁字母等常用字体的示例。

大中手分专左业向固图圆圈长系
要意级数仰侧测椭铆号审第箱共制造
1234567890　　Ⅰ Ⅱ ⅢⅣ Ⅴ
ABCDEFGHIJKLM
10^3　　　S^{-1}　　O_1　　　T_d　　　**$45.7^{+0.02}_{-0.01}$**

图 1-8　汉字、数字及字体示例

1.1.4　图线（GB/T 4457.4—2002）

1. 基本线型

GB/T 4457.4—2002 规定了 7 大类 52 小类的线型，包括：细实线、粗实线、细虚线、粗虚线、细点画线、粗点画线和细双点画线，波浪线和双折线为细实线。各种图线的名称、型及应用，如表 1-4 所示。

2. 图线的宽度

在机械图样上，图线分为粗线和细线两种。粗线的宽度 d 应按图的大小和复杂程度，在 0.25～2 mm 之间选择，优先选用 0.5 mm 或 0.7 mm；细线的宽度约为 $d/2$。图线宽度的推荐系列为：0.13，0.18，0.25，0.35，0.5，0.7，1，1.4，2 mm。0.13 mm 和 0.18 mm 尽量避免采用。

3. 图线的应用

图 1-9 为上述几种图线的应用示例。在图示零件的视图上，粗实线表达该零件的可见轮廓线，虚线表达不可见轮廓线，细实线表达尺寸线、尺寸界线、剖面线及螺纹牙底线，波浪线表达断裂处的边界线及视图和剖视图的分界线，细点画线表达对称中心线及轴线，双点画线表达相邻辅助零件的轮廓线及极限位置的轮廓线。

表1-4　图线

图线名称	图线形式	图线宽度	图线应用举例
粗实线	———————————	d	可见轮廓线，螺纹牙顶线，螺纹长度终止线，剖切符号用线
细实线	———————————	$d/2$	尺寸线和尺寸界线，指引线和基准线，剖面线，重合断面的轮廓线，短中心线，螺纹的牙底线，尺寸线的起止线，表示平面的对角线，零件成形前的弯折线，范围线及分界线，重复要素表示线，辅助线，不连续同一表面连线，成规律分布的相同要素连线，投影线，网格线
波浪线	〜〜〜〜〜〜	$d/2$	断裂处的边界线，视图与剖视图的分界线
双折线	—〜⌇⌇⌇⌇—	$d/2$	断裂处的边界线，视图与剖视图的分界线
细虚线	— — — — — —	$d/2$	不可见轮廓线
粗虚线	━ ━ ━ ━ ━	d	允许表面处理的表示线
细点画线	— · — · — · —	$d/2$	轴线，对称中心线，分度圆（线），孔系分布的中心线，剖切线
粗点画线	━ · ━ · ━	d	限定范围表示线
细双点画线	— · · — · · —	$d/2$	相邻辅助零件的轮廓线，可动零件的极限位置的轮廓线，重心线，成形前轮廓线，剖切面前的结构轮廓线，轨迹线，毛坯图中制成品的轮廓线，工艺用结构的轮廓线，中断线

图1-9　图线应用示例

4．图线的画法（见图1-10、图1-11）

① 同一图样中，同类图线的宽度应基本一致；虚线、点画线及双点画线的线段长短和间隔应各自大致相等。

② 两条平行线（包括剖面线）之间的距离应不小于粗实线的两倍，其最小距离不得小于 0.7 mm。

③ 绘制圆的对称中心线时，点画线的两端应超出圆的轮廓线 2～5 mm；首末两端应是长线段而不是短线段，圆心应是长线段的交点。在较小的图形上绘制细点画线或双点画线有困难时，可用细实线代替。

④ 两条线相交应以长线段相交，而不应该相交在短线段或间隔处。

⑤ 虚线在实线的延长线上相接时，虚线应留出间隔。

⑥ 虚线圆弧与实线相切时，虚线圆弧应留出间隔。

⑦ 当有两种或更多的图线重合时，通常按图线所表达对象的重要程度优先选择绘制顺序：粗实线→虚线→尺寸线→各种用途的细实线→轴线和对称中心线→假想线。

图线名称	图线形式
细虚线	*2～6*　*1*
细点画线	*15～20*　*～3*
细双点画线	*15～20*　*～5*

图 1-10　图线画法

图 1-11　点画线与虚线的画法

1.1.5　尺寸注法 (GB/T 4458.4—2003)

1. 标注尺寸的要求

① 机件的真实大小应以图样上所注的尺寸数值为依据,与图形的大小及绘图的准确度无关。

② 图样中(包括技术要求和其他说明)的尺寸以毫米(mm)为单位时,不需要标注其计量单位的代号或名称;采用其他单位时则必须注明,如 30°(度)、4 cm(厘米)、5 m(米)等。

③ 图样中所标注的尺寸,是该机件的最后完工尺寸,否则应另加说明。

④ 机件的每个结构尺寸一般只标注一次,并应标注在反映该结构最清晰的图形上。

⑤ 绘图时都是按理想关系绘制的,如相互平行平面和相互垂直平面的关系均按图形所示几何关系处理,一般不需要标注尺寸,如垂直不需要标注 90°。

2. 尺寸标注的组成

一个完整的尺寸一般应由尺寸线、尺寸界线、尺寸线终端(箭头或斜线)和尺寸数字组成。

(1)尺寸线

① 尺寸线表示尺寸度量的方向,必须单独用细实线绘制。

② 尺寸线一般不能用其他图线代替,也不得与其他图线重合或画在其他图线的延长线上。

③ 标注线性尺寸时,尺寸线必须与所标注的线段平行。

④ 同一图样中,尺寸线与轮廓线以及尺寸线与尺寸线之间的距离应大致相当,一般以不小于 5 mm 为宜,如图 1-12 所示。

(2)尺寸界线

① 尺寸界线表示尺寸标注的范围,用细实线绘制。

② 尺寸界线应由图形的轮廓线、轴线或对称中心线引出。

③ 也可利用轮廓线、轴线或对称中心线作为尺寸界线。

④ 尺寸界线一般应与尺寸线垂直，必要时允许倾斜，如图 1-13 所示。

图 1-12　尺寸线的画法

图 1-13　尺寸界线的画法

（3）尺寸线的终端

尺寸线的终端可以有两种形式，为如图 1-14(a)所示的箭头时，箭头尖端应与尺寸界线接触；为如图 1-14(b)所示的 45°斜线时，尺寸线与尺寸界线应相互垂直。

(a) 箭头（*d* 为粗实线的宽度）

(b) 斜线（*h* 为尺寸数字高）

图 1-14　尺寸线的终端形式

机械图样一般采用箭头作为尺寸线的终端。同一张图样中只能采用一种终端的形式。

（4）尺寸数字

① 线性尺寸的数字通常注写在尺寸线的上方或中断处。

② 尺寸数字按标准字体书写，且同一张图上的字高要一致，一般为 3.5 号字。

③ 尺寸数字在图中遇到图线时需要将图线断开，如图线断开影响图形表达时，需要调整尺寸标注的位置。

④ 角度尺寸数字必须水平书写。

⑤ 线性尺寸数字的注写方向：水平方向的尺寸数字字头向上，垂直方向的尺寸数字字头向左，倾斜方向的尺寸数字字头偏向斜上方；避免在 30°范围内标注尺寸。

国家标准还规定了一些注写在尺寸数字周围的标注尺寸的符号，如表 1-5 所示。

表 1-5　标注尺寸的符号及缩写词

名　称	符号或缩写词
直径	ϕ
半径	R
球直径	$S\phi$
球半径	SR
厚度	t
正方形	□
45°倒角	C
深度	▽
沉孔或锪平	⊔
埋头孔	∨
均布	EQS

3．各类尺寸的注法

（1）线性尺寸的注法

线性尺寸的数字有两种注法。机械图样一般采用注法一。

注法一：尺寸数字应按图 1-15(a)所示的方向注写，并尽可能避免在图示 30°范围内标注尺寸。

当无法避免时，可按图 1-15(b)的形式标注。

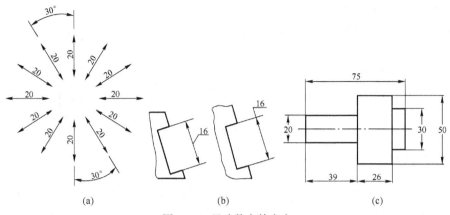

(a)　　　　　　　(b)　　　　　　　(c)

图 1-15　尺寸数字的方向

注法二：对于非水平方向的尺寸，其数字可水平地注写在尺寸线的中断处，如图 1-15(c)所示。

（2）直径和半径尺寸的注法

标注圆和圆弧的直径时，尺寸线应通过圆心，尺寸线的两个终端应画成箭头，并在数字前加注符号"ϕ"，如图 1-16(a)所示。当图形中的圆只画出 1/2 或略大于 1/2 时，尺寸线应略超过圆心，此时仅在尺寸线一端画出箭头，如图 1-16(b)所示。

标注圆弧的半径时，尺寸线一端一般应画到圆心，另一端画成箭头，并在尺寸数字前加注"R"，如图 1-16(a)所示。当圆弧的半径过大，或在图纸范围内无法标出其圆心位置时，可将尺寸线折断，如图 1-16(b)所示。

标注球面的直径和半径时，应在符号"ϕ"和"R"前加辅助符号"S"，如图 1-17(a)所示。但对于有些轴及手柄的端部等，在不致引起误解的情况下，可省略符号"S"，如图 1-17(b)所示。

(a)　　　　　　　　　　　　　　　　　　(b)

图 1-16　圆及圆弧尺寸的注法

(a)　　　　　　　　　　(b)

图 1-17　球面直径和半径的注法

（3）小结构尺寸的注法

对于较小的尺寸，在没有足够的位置画箭头或注写数字时，也可将箭头或数字放在尺寸界线的外面。当遇到连续几个较小的尺寸时，允许用圆点或细斜线代替箭头，如图 1-18 所示。

图 1-18　小结构尺寸的注法

（4）角度及其他尺寸的注法

标注角度时，尺寸线应画成圆弧，其圆心是该角的顶点，尺寸界线应沿径向引出。角度的数字应一律写成水平方向，一般注写在尺寸线的中断处，必要时也可以注写在尺寸线上方或外方，也可引出标注，如图 1-19 所示。其他尺寸，如对称尺寸、板状机件的注法，如图 1-20 所示。

图 1-19　角度的注法　　　　　　　　　　图 1-20　尺寸注法示例

1.2　制图工具及其使用方法

正确使用和维护绘图工具仪器，既能保证图样的质量，又能提高绘图速度，而且还能延长它们的使用寿命，所以熟练掌握制图工具的使用方法是一个工程技术人员必备的基本素质。常用的绘图工具有图板、丁字尺、三角板、曲线板、圆规、分规、比例尺、绘图铅笔和胶带纸、削笔刀等。

1．图板、丁字尺和三角板

图板根据大小有多种型号，图板的短边为导边。丁字尺由尺头和尺身两部分组成，尺身上面的那条边为工作边。使用时必须将尺头紧靠图板左侧的工作边，利用尺身工作边由左向右画水平线。画线时，笔杆应稍向外倾斜，尽量使笔尖紧贴尺边。上、下移动丁字尺，可画出一组水平线。

图纸应用胶带纸或胶布固定在图板左下方的适当位置，固定时应将图纸的水平框线对准丁字尺的工作边，以保证图上的所有水平线与图框线平行，如图 1-21 所示。

三角板除了直接用来画直线外，也可配合丁字尺画铅垂线，还可以画出与水平线成 15° 整倍数的倾斜线；或用两块三角板配合画任意角度的平行线，如图 1-22 所示。

2．比例尺

比例尺是一种刻有不同比例的直尺，形式很多，常见的是三棱尺。比例尺的尺面上有 6 种比例的刻度。绘图时，应根据所绘图形的比例，选用相应的刻度，直接进行度量，无须换算。

图 1-21　图板和丁字尺的使用

图 1-22　画 15°倍数的线和已知线的平行线与垂直线

3．曲线板

曲线板是光滑连接非圆曲线上诸点时使用的工具，先徒手将这些点轻轻地连成曲线，接着，从一端开始，找出曲线板上与所画曲线吻合的一段，沿曲线板描出这段曲线。用同样的方法逐段描绘曲线，直到最后一段。值得注意的是前后描绘的两段曲线应有一小段（至少 3 个点）是重合的，这样描绘的曲线才显得光滑。

4．铅笔和铅芯

绘制机械图样时，应选用专门用于绘图的"绘图铅笔"。在绘图铅笔的一端印有"H"、"B"或"HB"等字母，表示铅芯的软硬。"H"前的数字越大，表示铅芯越硬；"B"前的数字越大，表示铅芯越软；"HB"表示铅芯硬度适中。绘图时，应根据不同的用途参考图 1-23 和表 1-6 选用适当的铅芯和铅笔，并削成一定的形状。

图 1-23　铅笔的削法

表 1-6　铅芯的选用

铅笔用铅芯	用途	软硬代号	磨削形状	圆规用铅芯	用途	软硬代号	磨削形状
	画细线	2H 或 H	圆锥		画细线	H 或 HB	楔形
	写字	HB 或 B	钝圆锥		画粗线	2B 或 B	方形
	画粗线	B 或 HB	矩形				

画图时，铅笔在前后方向应与纸面垂直，而且向画线方向倾斜约 30°。当画粗实线时，因用力较大，倾斜角度可小一些。画线时用力要均匀，匀速前进。

5．分规

分规用来量取线段、等分线段和截取尺寸。分规两腿端部有钢针，当两腿合拢时，两针尖应交汇于一点。

6．圆规

圆规主要用于画圆及圆弧。圆规的钢针两端的针尖不同，使用时将带台肩的一端插入图板中，钢针应调整到比铅芯稍长一些，让针尖的支撑面与铅芯对齐。画圆时应根据圆的直径不同，尽量使钢针和铅芯插腿垂直纸面，一般按顺时针方向旋转，匀速前进，并注意用力均匀。圆规所在的平面应稍向前方倾斜。若需画特大的圆或圆弧，可接加长杆。若用钢针接腿替换铅芯接腿时，圆规可作为分规用。

图 1-24   圆规上铅芯的削法和形状

7．其他绘图工具

绘图模板是一种快速绘图工具，上面有多种镂空的常用图形、符号或字体等，能方便绘制针对不同专业的图案。使用时笔尖应紧靠模板，使画出的图形整齐、光滑。

简易的擦图片是用来防止擦去多余线条时把有用的线条也擦去的一种工具。

另外，在绘图时，还需要准备削铅笔刀、橡皮、固定图纸用的塑料透明胶带以及清除图面上橡皮屑的小刷等。

1.3   基本几何作图

机件的轮廓形状是由不同的几何图形组成的，在制图过程中会遇到等分线段、等分圆周、作正多边形、画斜度和锥度、圆弧连接及绘制非圆曲线等几何作图问题。熟练掌握几何图形的正确画法，有利于提高作图的准确性和绘图速度。

1．等分已知线段

以五等分已知线段 AB 为例，如图 1-25 所示。

① 过点 A 任作一直线 AC，如图 1-25(a)所示。

② 用分规以任意长度在 AC 上截取五等分，得到点 1、2、3、4、5，如图 1-25(a)所示。

③ 连接 5B 两点，得到一直线，并过点 1、2、3、4 作 5B 的平行线交 AB 于 1′、2′、3′、4′，即得到线段 AB 上五等分点，如图 1-25(b)所示。

图 1-25   等分已知线段

2．正多边形的画法

（1）正六边形的画法

方法一：已知外接圆直径，使用圆规在圆上以外接圆半径为圆弧半径对圆进行六等分，依次连接圆上 6 个分点 *1*、*2*、*B*、*3*、*4*、*A* 即为正六边形，如图 1-26(a)所示。

方法二：已知外接圆直径，用丁字尺与 30°、60°三角板配合作图，如图 1-26(b)所示。

 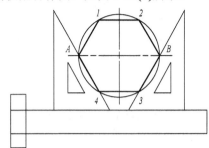

(a) 使用圆规在圆上以外接圆半径为圆弧半径对圆进行六等分，依次连接圆上 6 个分点 *1*、*2*、*B*、*3*、*4*、*A* 即为正六边形

(b) 过 *A*、*B* 两点用丁字尺与 30°、60°三角板配合直接画出六边形的 4 条边，再用丁字尺连接 *1*、*2* 和 *3*、*4*，即得正六边形

图 1-26 正六边形的画法

（2）正五边形的画法

已知正五边形外接圆直径求作正五边形，其步骤如图 1-27 所示。

  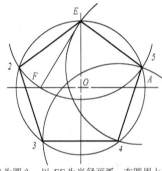

(a) 取外接圆半径 *OA* 的中点 *D*

(b) 以 *D* 为圆心，*DE* 为半径画圆弧交水平直径于 *F* 点，*EF* 即为正五边形的边长

(c) 以 *E* 为圆心，以 *EF* 为半径画弧，在圆周上对称地截取其余 4 个分点，连接各分点即得正五边形

图 1-27 正五边形的画法

（3）作任意的正多边形

任意边数的正多边形的近似作法如图 1-28 所示（以画正七边形为例）。

  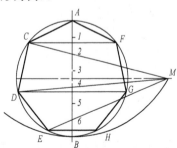

(a) 根据已知条件作出正多边形的外接圆，七等分铅垂直径 *AB*

(b) 以 *A* 为圆心，*AB* 为半径画弧交水平直径延长线于 *M* 点；将 *M* 和 *AB* 上每隔一分点（如 2、4、6 等偶数点）相连，并延长与外接圆分别交于 *C*、*D*、*E* 点

(c) 分别过 *C*、*D*、*E* 点作水平线与外接圆交于 *F*、*G*、*H* 点；顺次连接 *A*、*C*、*D*、*E*、*H*、*G*、*F* 各点即得正七边形

图 1-28 正七边形的画法

3. 斜度与锥度的画法及标注

（1）斜度

斜度是指一直线或平面对另一直线或平面的倾斜程度，其大小用两直线或平面间的夹角的正切

图 1-29　斜度画法及标注

来度量。在图样中以 1∶n 的形式标注，如图 1-29(a)所示。图 1-29(c)为斜度是 1∶5 的画法及标注。标注时斜度符号的倾斜方向应与斜度方向一致。

（2）锥度

锥度是指正圆锥底圆直径与其高度或圆锥台两底圆直径之差与其高度之比。在图样中以 1∶n 的形式标注，如图 1-30(a)所示。图 1-30(b)为锥度为 1∶5 的画法及标注。在画锥度时，一般先将锥度转化为斜度，如锥度为 1∶5，则斜度为 1∶10。锥度符号的方向应与锥度一致。

(a) 锥度的定义（锥度=2tanα=D/L=(D−d)/l）　　(b) 锥度的画法及标注　　(c) 锥度符号（h-尺寸数字字高）

图 1-30　锥度画法及标注

4．椭圆画法

椭圆是工程上比较常用的非圆平面曲线，其画法较多，其中较常用的方法是四心圆法，即用四段圆弧来近似表示椭圆，其绘图步骤如图 1-31 所示。

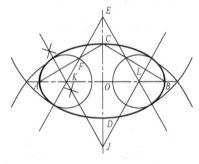

(a) 连接 A、C，以 O 为圆心、OA 为半径作圆弧与 OC 的延长线交于 E 点，再以 C 为圆心，CE 为半径作圆弧与 AC 交于 F 点

(b) 作 AF 的垂直平分线交长、短轴于 K、J 两点，并定出 K、J 两点对圆心 O 的对称点 L、M

(c) 连接 JL、MK、ML，分别以 J、M、K、L 为圆心，以 JC 和 KA 之长为半径画圆弧到连心线，即得椭圆

图 1-31　椭圆的画法

5．圆弧连接

在制图中，用一条线（直线段或圆弧）把两条已知线（直线段或圆弧）平滑连接起来称为圆弧连接。平滑连接中，直线与圆弧、圆弧与圆弧之间是相切的，因此必须准确地求出切点及连接圆弧

的圆心，才能得到平滑连接的图形。

（1）圆弧连接的基本原理

① 当一圆弧（半径为 R）与一已知直线相切时，其圆心轨迹是一条与已知直线平等且相距 R 的直线，如图 1-32(a)所示。自连接弧的圆心向已知直线作垂线，其垂足即切点。

② 当一圆弧（半径为 R）与一已知圆弧相切时，其圆心轨迹是已知圆弧的同心圆。该圆的半径 R_0，要根据相切的情形而定：当两圆弧外切时 $R_0=R_1+R$，如图 1-32(b)所示。当两圆弧内切时 $R_0=|R_1-R|$，其切点必在两圆弧连心线或其延长线上，如图 1-32(c)所示。

(a) 圆弧与直线连接　　　(b) 圆弧与圆弧外切　　　(c) 圆弧与圆弧内切

图 1-32　圆弧连接的作图原理

（2）圆弧连接的作图方法

① 用半径为 R 的圆弧连接两已知直线，如图 1-33 所示。

(a) 求圆心：分别作两直线的平　　　(b) 求切点：过 O 点向两已知直线作　　　(c) 画连接弧：以 O 为圆心，R 为半径作
　　等线，得交点 O 即为圆心　　　　　　垂线，得垂足 1、2 两点，即为切点　　　圆弧，与两已知直线切于 1、2 两点，
　　　　　　　　　　　　　　　　　　　　　　　　　　　　　　　　　　　　　　即完成圆弧的连接

图 1-33　用圆弧连接两已知直线

② 用半径为 R 的圆弧连接两已圆弧，如图 1-34 和图 1-35 所示。

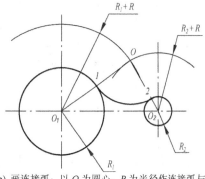

(a) 求圆心和切点：分别以 O_1、O_2 为圆心，以 R_1+R、R_2+R 为半径　　　(b) 画连接弧：以 O 为圆心，R 为半径作连接弧与
　　画圆弧得交点 O 即为圆心，作连心线 O_1O、O_2O，与已知圆弧交　　　　已知圆弧切于 1、2，即完成圆弧的连接
　　点 1、2 即为切点

图 1-34　用圆弧连接两已知圆弧（外切）

(a) 求圆心和切点：分别以 O_1、O_2 为圆心，以 $R-R_1$、$R-R_2$ 为半径画圆弧得交点 O 即为圆心，作连心线 O_1O、O_2O，与已知圆弧交点 1、2 即为切点

(b) 画连接弧：以 O 为圆心，R 为半径作连接弧与已知圆弧切于 1、2，即完成圆弧的连接

图 1-35　用圆弧连接两已知圆弧（内切）

圆弧的几种连接作图如表 1-7 所示。

表 1-7　圆弧连接作图

几种连接	已知条件	求圆心位置	求切点	连接并描粗
直线与直线间的圆弧连接				
直线与圆弧间的圆弧连接				
两圆弧间的外切圆弧连接				
两圆弧间的内切圆弧连接				
两圆弧间的内外外切圆弧连接				

1.4　平面图形

平面图形由许多图形组成，画平面图形时应从哪里着手往往并不明确，因此需要分析图形的组成及其线段的性质，从而确定作图的步骤。

1．平面图形的尺寸分析

平面图形的尺寸按其在平面图形中所起的作用，可分为定形尺寸和定位尺寸两类。

确定平面图形中几何要素大小的尺寸称为定形尺寸，如直线的长短、圆的直径（或半径）等。如图 1-36 手柄中的 $\phi11$、$\phi19$、$\phi26$、$R52$ 等。确定几何元素位置的尺寸称为定位尺寸，如圆心和直线相对于坐标系的位置等。如图 1-36 手柄中的 80 等。

标注定位尺寸的起点称为尺寸基准。对平面图形而言，有上下和左右两个方向的尺寸基准，相当于 X 轴、Y 轴，通常以图形中的对称线、较大圆的中心线、较长的直线作为尺寸基准。如图 1-36 中的中心线。

图 1-36　手柄

2．平面图形的线段分析

根据所标注的尺寸，平面图形中线段（直线和圆弧）可以分为已知线段、中间线段和连接线段三类。现以图 1-36 所示的各段圆弧为例分析如下。

（1）已知线段（直线或圆弧）

有足够的定形尺寸和定位尺寸，能直接画出的线段。图 1-36 手柄中直线段 14、$R5.5$、$\phi11$、$\phi19$ 等即为已知线段，可直接画出。

（2）中间线段（直线或圆弧）

有定形尺寸，但缺少一个定位尺寸，必须依靠其与一端相邻图形的连接关系才能画出的线段。已知半径尺寸和圆心的一个定位尺寸的圆弧称为中间弧。如图 1-36 中的 $R50$ 圆弧，其圆心的 X 方向的定位尺寸不知，需要利用与 $R10$ 圆弧的连接关系（内切），才能求出它的圆心和连接点。

（3）连接线段（直线或圆弧）

只有定形尺寸而无定位尺寸（或不标任何尺寸，如公切线）的线段，也必须依靠其与两端图形的连接关系才能确定画出。只知半径尺寸的圆弧称为连接弧，如图 1-36 手柄中的 $R12$ 圆弧。连接圆弧缺少圆心的定位尺寸，故需要利用与其相邻的两直线的相切关系才能确定圆心位置，如 $R12$ 圆弧必须利用与 $R50$ 和 $R15$ 两圆弧的外切关系才能画出。

3．平面图形的作图步骤

绘制平面图形的步骤是：先画基准线；再按已知线段、中间线段、连接线段的顺序依次画出各线段；最后检查全图，按各种图线的要求加深，并标注尺寸。以手柄为例作图的步骤如图 1-37 所示。

(a) 定出图形的基准线，画已知线段

(b) 画出中间线段 R52，分别与相距 26 的两根平行线相切，与 R5.5 圆弧内切

(c) 画连接线段 R30，分别与相距 14 的两根平行线相切，与 R52 圆弧外切

(d) 擦去多余的作图线，按线型要求加深线，完成全图

图 1-37　手柄作图的步骤

1.5　徒手绘图

　　徒手绘图（草图）是指以目测估计比例，按要求徒手（或部分使用绘图仪器）方便快捷地绘制图形。在设计的开始阶段，为了表明自己的初步设想，常常采用徒手绘图的方式绘出设计方案，经过分析、研究，认为设计合理时，才进一步用仪器或计算机绘出；或在仿制机器和修理机器时，常常需要测绘，由于现场条件限制，一般先画草图，再画正规图；在进行参观和讨论时，为了迅速地把看到的和想到的东西记录下来和表达出来，也需要徒手绘制草图。

　　因此，对于工程技术人员来说，除了要学会仪器绘图和计算机绘图以外，还必须具备徒手绘制草图的能力。徒手绘图的基本要求如下：① 画线要稳，图线要清晰；② 目测尺寸要准（尽量符合实际），各部分比例匀称；③ 绘图速度要快；④ 标注尺寸无误，字体工整。

　　画徒手图一般选用 HB 或 B、2B 的铅笔，铅芯磨成圆锥形，画中心线和尺寸线时磨得较尖，画可见轮廓线时磨得较钝。所使用的图纸无特别要求，为方便也常在方格纸上画图。

1.5.1　徒手绘图的方法

　　一个物体的图形无论怎样复杂，总是由直线、圆、圆弧和曲线组成的，因此要画好草图必须掌握徒手画各种线条的手法。

1. 握笔的方法

　　手握笔的位置要比尺规作图的位置高些，以利于运笔和观察目标。笔杆与纸面成 45°～60°角，执笔要稳而有力。

2．直线的画法

徒手绘图时，手指应握在铅笔上离笔尖约 35 mm 处，手腕和小手指对纸面的压力不要太大。在画直线时，手腕不要转动，使铅笔与所画的线始终保持约 90°，眼睛看着画线的终点，轻轻移动手腕和手臂，使笔尖向着要画的方向作直线运动，如图 1-38 所示。

图 1-38　直线的画法

短线常用手腕运笔，画长线则以手臂动作，且肘部不宜接触纸面，否则不易画直，当直线较长时，也可用目测在直线中间定出几个点，然后分几段画出。画长斜线时，为了运笔方便，可以将图纸旋转一适当角度，使它转成水平线来画。

3．圆及圆角的画法

徒手画小圆时，应先定圆心及画中心线，再根据半径大小用目测在中心线上定出 4 个点，然后过这 4 个点画圆，如图 1-39(a)所示。当圆的直径较大时，可过圆心增画两条 45°的斜线，在线上再定出 4 个点，然后过这 8 个点画圆，如图 1-39(b)所示。

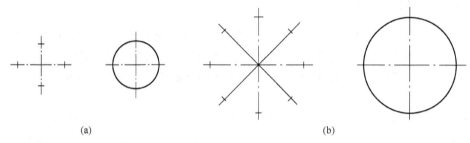

(a)　　　　　　　　　　　　　　　　(b)

图 1-39　圆的画法

当圆的直径很大时，可取一纸片标出半径长度，利用它从圆心出发定出许多圆周上的点，然后通过这些点画圆。或者用手作圆规，以小手指的指尖或关节作圆心，使铅笔与它的距离等于所需的半径，用另一只手小心地慢慢转动图纸，即可得到所需的圆。

图 1-40 是圆角的画法。先用目测在角平分线上选取圆心位置，使它与角的两边的距离等于圆角的半径。过圆心向两边引垂线定出圆弧的起点和终点，并在角平分线上也定出一圆周点，然后用徒手作圆弧，把这三点连起来。

图 1-40　圆角的画法

4．椭圆的画法

先画出椭圆的长短轴，并用目测定出其端点位置，过这 4 个点画一矩形，然后徒手作椭圆与矩形相切，如图 1-41(a)所示。在图 1-41(a)中，也可先画出椭圆的外接四边形，然后分别用徒手方法作两钝角及两锐角的内切弧，即得所需椭圆。相似的方法可以用来画图像上的曲线，如图 1-41(b)所示。

(a)　　　　　　　　　　　　　　　　　　(b)

图 1-41　椭圆和曲线的画法

1.5.2　绘制立体图

如果从正面观察一个物体，往往只能看到它的一个平面，画平面图时只能够知道它的长度和高度。但如果从倾斜的角度观察同一个物体，便会较容易看到它的立体形状，这种图像称为立体图。

徒手绘制平面立体时，应先用细线根据比例画出立方体的外框，再加上细节，最后用粗实线绘出立体图，如图 1-42 所示。

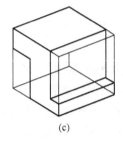

(a)　　　　　　　　　　(b)　　　　　　　　　　(c)

图 1-42　平面立体的绘制

徒手绘制曲面立体时，应先用正方形法绘制斜侧的圆形，然后连接两圆形便成为圆柱体，如图 1-43 所示。

(a)　　　　　　　　　　(b)　　　　　　　　　　(c)

图 1-43　圆柱体的绘制

一些较复杂的物体，也可先分割各部分，再用上述方法绘制立体图，如图 1-44 所示。

图 1-44　复杂立体的绘制

1.5.3　目测的方法

对于徒手画草图，重要的是要保持物体各部分的比例。在开始画图时，整个物体的长、宽、高的相对比例一定要仔细拟定。然后在画中间部分和细节部分时，随时将新测定的线段与已拟定的线段进行比较。因此，掌握目测方法对画好草图十分重要。

在画中、小型物体时，可以用铅笔直接放在实物上测定各部分的大小，如图 1-45(a)所示。然后按该大小画出草图，如图 1-45(b)所示。或者用这种方法估计出各部分的相对比例，然后按该相对比例画出缩小的草图。

图 1-45　中、小物体的测量

在画较大物体时，可以如图 1-46 所示，用手握一铅笔进行目测度量。在目测时，人的位置应保持不动，握铅笔的手臂要伸直。人和物体的距离大小，应根据所需图形大小来确定。在绘制及确定各部分的相对比例时，建议先画大体轮廓。尤其是比较复杂的物体，更应如此。

图 1-46　较大物体的测量

第2章

计算机辅助绘图基础

2.1 计算机辅助绘图的基本介绍

1. CAD 的基本概念及其应用

CAD（Computer Aided Design，计算机辅助设计）是一种用计算机硬件、软件系统帮助人们对产品或工程进行设计的方法与技术，包括设计、绘图、工程分析和文档制作等设计活动，它是一门多学科综合应用的新技术，是一种现代设计方法。

CAD 技术在机械、汽车、船舶、航空、航天、电子、服装、建筑等领域广泛应用并取得了显著的成果和效益。

2. CAD 的常用商用软件

（1）应用于微机的 CAD 软件

国外 CAD 软件：最具代表的是美国 Autodesk 公司的 AutoCAD。AutoCAD 作为一个软件开发平台，在全球有几千家基于其上的开发环境。此外，Intergraph、Sigraph、Microstation、Rhino & A1ias 等也有一定的知名度。

国内自主版权的 CAD 软件：主要有开目 CAD/CAPP、凯思 PICAD、高华 GH-Inte CAD、凯图 CAD-TOOL、北航海尔的 CAXA 电子图版等。国内自主版权的 CAD 软件自 1992 年进入市场后，由于符合国情、遵循国家标准、价格相对低廉，而占据了不少市场份额。

AutoCAD 的二次开发软件：国内产品有华中理工大学华中软件公司的 InterCAD、浪潮 CAD 系统工程公司的浪潮 CAD、国防科技大学的银河 CAD 等。

三维 CAD 软件：最具代表的是美国 Solidworks 公司的 Solidworks，以及以色列的 Cimatron、美国 Autodesk 公司的 Solidedge 等。国内比较成熟的三维 CAD 软件为北航海尔的 CAXA 实体设计、广州红地公司的金银花 MDA 等。

（2）大型集成化的 CAD/CAM/CAE 集成软件系统

世界上较著名的有美国的 Pro/Engineer、UGII、I-DEAS、CADDS5，以及法国的 CATIA、EUCULID Quantun 等。

2.2　AutoCAD 2010 操作的基础知识

2.2.1　AutoCAD 2010 的主界面

1．软件启动

AutoCAD 2010 软件安装完成后，可通过以下 3 种方式启动该软件：

❖ 双击 Windows 桌面上的 图标。

❖ 在"开始"菜单中选择"程序"→"Autodesk"→"AutoCAD 2010 – Simplified Chines"→"AutoCAD 2010"。

❖ 双击已有的 AutoCAD 图形文件（*.dwg 格式，应为 AutoCAD 2010 以下或兼容版本的文件）。

2．工作空间的转换

AutoCAD 2010 中文版提供了"二维草图与注释"、"三维建模"和"AutoCAD 经典"三种工作空间模式。要在三种工作空间模式中进行切换，可单击桌面右下方的"切换工作空间"按钮 ，弹出"切换工作空间"菜单，根据需要或操作习惯进行选择。如选择"AutoCAD 经典"，就会出现图 2-1 所示的"AutoCAD 经典"主界面。

图 2-1　"AutoCAD 经典"主界面

本书以"AutoCAD 经典"主界面作为操作学习及实例训练的主要参照界面。

3．操作主界面介绍

"AutoCAD 经典"主界面可分为位置相对固定的标题栏、下拉菜单栏、绘图窗口、命令输入及显示窗口、状态栏和工具栏（图形菜单，位置可自由移动且可自由打开或关闭），可以实现 AutoCAD 的所有操作。

标题栏：位于主界面最上方，包含"菜单浏览器"按钮 、快速访问工具栏、文件名称、信息中心等内容，其功能如图 2-2 所示。

图 2-2　标题栏的功能

下拉菜单：共 12 条，每条包含一系列命令，几乎包括了 AutoCAD 的所有功能及命令。而常用的功能及命令已包含在 44 个工具栏中。工具选项板则是命令输入的另一途径。

绘图窗口：一切绘图及建模操作的区域。

命令输入及显示窗口：可通过键盘输入命令，同时显示正在进行的操作及命令，并显示出相应的操作提示，是十分重要的人机对话窗口和操作过程记录窗口。

状态栏：位于主界面的最下方，用来显示 AutoCAD 当前的状态，主要包括光标动态坐标显示、绘图状态切换及设置、屏幕图形观察及操作按钮等，如图 2-3 所示。

图 2-3　状态栏的功能

绘图状态切换及设置功能按钮对快速、准确的作图非常重要。单击按钮，则开启，再次单击，则关闭。右击按钮，则弹出绘图状态快速设置菜单，如图 2-4(a)所示，可根据需要滑动光标到相应参数进行选取，也可单击"设置(S)"命令，弹出"草图设置"对话框，如图 2-4(b)所示。根据需要设置相应状态参数后，单击"确定"按钮，结束设置。

如需要绘制与水平线成 30°或以 30°为增量夹角的斜线，则应单击"极轴追踪"按钮，开启极轴追踪，然后右击"极轴追踪"按钮，弹出"绘图状态快速设置菜单"，将光标滑到"30"处时单击鼠标；或单击"设置(S)"命令，弹出"草图设置"对话框，将"增量角"设置为 30°并单击"确定"按钮。这样，在画线时会出现 30°增量夹角的追踪线，从而方便地实现 30°或以 30°为增量夹角的斜线绘制。

(a) 绘图状态快速设置菜单　　　　　　　　(b) "草图设置"对话框

图 2-4　图形状态切换及设置

2.2.2　图形文件管理

在 AutoCAD 中，图形文件管理一般包括创建新文件、打开已有图形文件、保存文件、加密文件及关闭图形文件等。

1．创建新图形文件

在快速访问工具栏中单击"新建"按钮□，或单击"菜单浏览器"按钮🔳，在弹出的菜单中选择"新建"→"图形"命令，可以创建新图形文件，此时打开"选择样板"对话框，如图 2-5 所示。

图 2-5　"选择样板"对话框

在"选择样板"对话框中，可以在样板列表框中选中某个样板文件，这时在右侧的"预览"框中将显示出该样板的预览图像，单击"打开"按钮，可以将选中的样板文件作为样板来创建新图形。例如，打开样板文件 acadiso.dwt 后，效果如图 2-6 所示。样板文件中通常包含与绘图相关的一些通用设置，如图层、线型、文字样式等，使用样板创建新图形不仅提高了绘图的效率，还保证了图形的一致性。

图 2-6　创建新图形文件

2．打开图形文件

在快速访问工具栏中单击"打开"按钮 📄，或单击"菜单浏览器"按钮 📦，在弹出的菜单中选择"打开"→"图形"命令，可以打开已有的图形文件，弹出"选择文件"对话框，如图 2-7 所示。

在文件列表框中选择需要打开的图形文件，右侧的"预览"框中将显示该图形的预览图像。在默认情况下，打开的图形文件的格式都为 DWG 格式。图形文件可以以"打开"、"以只读方式打开"、"局部打开"和"以只读方式局部打开"4 种方式打开。以"打开"和"局部打开"方式打开图形时，可以对图形文件进行编辑；以"以只读方式打开"和"以只读方式局部打开"方式打开图形时，则无法对图形文件进行编辑。

3．保存图形文件

在 AutoCAD 中可以使用多种方式将所绘图形以文件形式存入磁盘。例如，在快速访问工具栏中单击"保存"按钮 💾，或单击"菜单浏览器"按钮 📦，然后选择"保存"命令，以当前使用的文件名保存图形，也可以选择"另存为"→"AutoCAD 图形"命令，将当前图形以新的名称保存。

第一次保存创建的图形时，弹出"图形另存为"对话框，如图 2-8 所示，默认情况下以"AutoCAD 2010 图形（*.dwg）"格式保存，也可以在"文件类型"下拉列表中选择其他格式。

4．加密保护绘图数据

在 AutoCAD 2010 中，保存文件时可以使用密码保护功能，对文件进行加密保存。单击"菜单浏览器"按钮 📦，然后选择"保存"或"另存为"→"AutoCAD 图形"命令，弹出"图形另存为"对话框（见图 2-8）。单击"工具"按钮，然后选择"安全选项"命令，此时弹出"安全选项"对话框，如图 2-9 所示。在"密码"选项卡中，可以在"用于打开此图形的密码或短语"文本框中输入密码，然后单击"确定"按钮，弹出"确认密码"对话框，在"再次输入用于打开此图形的密码"文本框中输入确认密码，如图 2-10 所示。

为文件设置了密码后，在打开文件时，将出现"密码"对话框，如图 2-11 所示，要求输入正确的密码，否则无法打开。这对于需要保密的图纸非常重要。

图 2-7 "选择文件"对话框

图 2-8 "图形另存为"对话框

图 2-9 "安全选项"对话框

图 2-10 "确认密码"对话框

在进行加密设置时，可以在此选择 40 位、128 位等多种加密长度。可在"密码"选项卡中单击"高级选项"按钮，在打开的"高级选项"对话框中进行设置，如图 2-12 所示。

图 2-11 "密码"对话框

图 2-12 "高级选项"对话框

5．关闭图形文件

单击"菜单浏览器"按钮 ，然后选择"关闭"→"当前图形"命令，或在绘图窗口中单击"关闭"按钮 ，可以关闭当前图形文件。执行关闭操作后，如果当前图形未保存，将弹出 AutoCAD 警告对话框，询问是否保存文件，如图 2-13 所示。单击"是"按钮或按 Enter 键，可以保存当前图形文件并将其关闭；单击"否"按钮，可以关闭当前图形文件但不保存；单击"取消"按钮，取消关闭当前图形文件操作，既不保存也不关闭。

图 2-13 信息提示框

CAD 标准
UCS
UCS II
Web
✓ 标注
✓ 标准
标准注释
布局
参照
参照编辑
插入点
查询
动态观察
✓ 对象捕捉
多重引线
✓ 工作空间
光源
✓ 绘图
绘图次序
建模
漫游和飞行
三维导航
实体编辑
视觉样式
视口
视图
缩放
✓ 特性
贴图
✓ 图层
图层 II
文字
相机调整
✓ 修改
修改 II
渲染
✓ 样式

锁定位置(K) ▶
自定义(C)…

图 2-14　工具条菜单

如果当前所编辑的图形文件没有命名，单击"是"按钮后，会弹出"图形另存为"对话框，要求确定图形文件存放的位置并输入文件名。

2.2.3　AutoCAD 2010 的基本操作方法

1．鼠标的操作

用 AutoCAD 绘图时，鼠标是主要的命令输入及操作工具。选择命令及工具栏上的图标、设置状态开关、确定屏幕上点的位置、拾取操作对象等操作按鼠标的左键，查询对象属性、确认选择结束、弹出屏幕对话框、设置状态参数等操作则按鼠标的右键。同时，滑动鼠标滚轮可实现绘图区中图形的实时缩放观察；按住鼠标滚轮再移动鼠标，可实现绘图区中图形的平移观察。因此，掌握鼠标左、右键的配合及滚轮的使用，可大大提高作图的效率。

2．打开或关闭工具栏

将光标移于任意工具栏上，单击右键，即可弹出工具栏菜单，如图 2-14 所示。移动光标到需要打开的工具栏上，单击左键，即可打开该工具栏（已打开的工具栏前有"✓"）。如需关闭某工具栏，可直接用双击工具栏，然后单击工具栏右上角的工具栏关闭符号■。一般情况下不应关闭"标准"工具栏、"图层"工具栏和"特性"工具栏。为了提高作图效率，工具栏应摆放整齐，同时打开的工具栏不宜过多，不用的工具栏可关闭，从而使绘图区域更大。由于 AutoCAD 系统具有自动记忆的功能，在下次进入 AutoCAD 时，AutoCAD 将处于上次退出时的状态，因此上机操作结束时，一般应将主界面整理好后再退出。

3．输入命令的方法

在命令输入及提示窗口出现"命令："状态时，表明 AutoCAD 已处于接受命令状态，可采用下列任一方法输入命令。

① 从工具栏输入：将光标移到工具栏相应的图标上，单击左键即可。

② 从下拉菜单输入：将光标移到相应的下拉菜单上，则自动弹出第二级下拉菜单（部分命令还有第三级、第四级菜单），将光标移到选定的命令上，单击左键即可。此方法通常用于在工具栏上找不到的命令。

③ 从键盘输入：将命令（或命令缩写）直接从键盘输入并按 Enter 键即可。

④ 重复输入：如需重复前一命令，可在下一个"命令："提示符出现时，通过按空格键或 Enter 键来实现；也可单击右键，在弹出的对话框中选择"重复 x"（x 为上一命令名）来实现。

⑤ 终止当前命令：按 Esc 键，可终止或退出当前命令，或者直接从下拉菜单或图标按钮中选择其他新命令，即可中止当前命令，执行新命令。

⑥ 取消上一命令：单击工具栏的 ↶（撤销）按钮，可取消上一次执行的命令。

4．输入数据的方法

当调用一条命令时，通常需要输入某些参数或坐标值等，这时 AutoCAD 会在命令输入及提示窗口中显示提示信息，用户可根据提示信息从键盘输入相应的参数或坐标值。

当提示为"指定下一点："时，表明要求输入点的坐标，这时可从键盘输入相应的坐标，也可将光标移至相应位置后单击鼠标左键来确定。坐标值的定位有如下 6 种形式。

① 绝对直角坐标(x、y、z)。绘图窗口一般以屏幕左下角为坐标原点，从左向右为 x 坐标的正向，从下向上为 y 坐标的正向，进行二维作图时，z 坐标可不输入。如输入点 x = 420mm、y = 297mm，则从键盘输入"420, 297✓"。

② 绝对极坐标（距离<角度）。如过坐标原点画一条距原点 50 且与 x 轴正向成逆时针 30°夹角的直线，则可先输入"0, 0✓"，再输入"50 < 30✓"。

③ 相对直角坐标（@dx, dy）。如新输入点在前一点的左方 50、上方 20 处，则输入"@-50, 20✓"。

④ 相对极坐标（@距离<角度）。如新输入点到前一点的距离为 40 且与 x 轴正向成逆时针 60°夹角的直线，输入"@40<60✓"。

⑤ 方向距离输入法。当第一点的位置确定后，开启正交▯或极轴追踪▱状态，移动光标到下一点的方向上，再从键盘直接输入到下一点的距离。

⑥ 动态输入法。开启状态栏上的▱按钮，选择绘图命令后，在光标处将直接显示出坐标、长度、角度等信息，选定需要的方向后，从键盘输入到前一点的距离即可；也可用 Tab 键切换距离和角度的输入（输入距离后，不回车，接着按 Tab 键，输入角度后再回车）。

提示：在使用键盘输入数据时，必须使输入法处于"英文"状态。

5．操作对象的选择

在绘图操作中，随时都会用到对象选择。选择对象主要有如下 3 种方式。

① 点选：用光标直接单击需要选择的对象，如图 2-15(a)所示。

② 框选：将光标移到需选择对象的左上方，向右下方拖动，直到形成的方框完全框住待选对象，则框内对象被选中，如图 2-15(b)所示。

③ 交叉框选：将光标移到需选择对象的右下方，向左上方拖动，当形成的方框接触到待选对象时，即被选中，如图 2-15(c)所示。

(a) 点选：选中直线 bc　　　(b) 框选：选中直线 ab　　　(c) 交叉框选：选中三角形 abc

图 2-15　操作对象的选择方式

6．图形显示的控制

屏幕上的绘图窗口大小是确定的，所绘对象则可大可小。为了准确作图，也为了方便对图形的观察，随时都会用到图形缩放、平移等图形显示的控制。其操作方法有如下 3 种。

① 运用鼠标中键：滑动鼠标滚轮，可实现绘图区中图形的实时缩、放观察，按住鼠标滚轮再移动鼠标，则可实现绘图区中图形的平移观察。

② 运用"标准"工具栏中的图形控制工具 ▱ ▱ ▱ ▱，可依次实现平移、实时缩放、窗口放大、恢复上一显示。

③ 运用键盘输入缩放命令"zoom✓"，"命令输入及显示窗口"中的提示如下：

命令：zoom
指定窗口的角点，输入比例因子 (nX 或 nXP)，或者
[全部(A)/中心(C)/动态(D)/范围(E)/上一个(P)/比例(S)/窗口(W)/对象(O)] <实时>：

根据提示，输入相应参数，如输入"A✓"，则以最大比例显示全图。

7．改变绘图窗口的背景颜色

AutoCAD 主界面的绘图窗口，如需将背景颜色改变为白色，一般操作如下：选择"工具"→"选项"命令，弹出"选项"对话框；选择"显示"项，再单击"颜色"按钮，弹出"图形窗口颜色"对话框；设置"颜色"为"白"色，单击"应用并关闭"按钮，回到"选项"对话框中，单击"确定"按钮完成。

2.3　AutoCAD 2010 的主要命令

1．"标准"工具栏

"标准"工具栏包括"文件"、"编辑"、"视图"等下拉菜单中的常用命令，其内容及功能如图 2-16 所示。

图 2-16　"标准"工具栏的内容及功能

2．下拉菜单

下拉菜单是软件命令的集合，AutoCAD 2010 下拉菜单的内容如图 2-17 所示。当某些命令及操作从图形菜单（工具栏）中找不到时，则可通过下拉菜单进行查找。

3．"绘图"工具栏

"绘图"工具栏包括"绘图"下拉菜单中的主要命令，包含绘图操作中最常用的创建图形工具，应熟练掌握。"绘图"工具栏各命令的功能及操作说明如表 2-1 所示。

4．"修改"工具栏

"修改"工具栏包括"修改"下拉菜单中的主要命令，包含绘图操作中最常用的修改、编辑工具。"修改"工具栏各命令的功能及操作说明如表 2-2 所示。

图 2-17　下拉菜单的内容

表 2-1　"绘图"工具栏各命令的功能及操作说明

图　标	命　令	功　能	参数及操作说明
	Line	画连接直线	起点→第二点→…↙；Close：封闭（只需输入 c）
	Xline	画参照线	起点→第二点↙；H：水平，V：垂直，A：角度，B：角分线，0：等距线

图　标	命　令	功　能	参数及操作说明
	Pline	画多义线	先输入起点，W：线宽（默认为0），A：画圆弧（默认为直线）
	Polygon	画正多边形	边数（默认为4）→中心点→I（外接）/C（内切）→圆半径
	Rectang	画矩形	第一角点→另一对角点
	Arc	画圆弧	可输入三点，或输入圆心、起点及终点。CE：圆心，A：角度
	Circle	画圆	圆心→半径。SP：过三点，2P：过二点，T：指定二切线及半径
	Revcloud	画云彩边线	起点→按需要轨迹移动光标→终点。A：改变弧长，0：选取对象
	Spline	画自由曲线	起点→控制点→终点↙↙↙
	Ellipse	画椭圆	轴端点→轴的另一端点→另一条半轴长度
	Ellipse	画椭圆弧	弧的轴端点→轴另一端点→另一条半轴的长度→弧起始角→弧终止角
	Insert	插入块	弹出"插入块"对话框
	Block	创建块	弹出"创建块"对话框
	Point	画点	在需要的位置上画点
	Hatch	区域填充	弹出"区域填充"对话框
	Gradient	渐变色填充	弹出"渐变色填充"对话框
	Region	创建面域	将封闭区域转换为面域，以便进行布尔运算及三维建模
	Table	创建表格	弹出"插入表格"对话框
	Mtext	输入多行文字	以两对角线的点确定文字的区域，弹出多行文字编辑器

表2-2　"修改"工具栏各命令的功能及操作说明

图　标	命　令	功　能	参数及操作说明
	Erase	删除对象	命令→选择对象→确认（单击鼠标右键或回车）；或选择对象→命令
	Copy	复制对象	命令→选择对象→确认→输入基准点→移到所需位置↙
	Mirror	镜像变换	命令→选择对象→确认→镜像对称线点1、点2→确认
	Offset	等距变换	命令→输入偏移量→选择对象→在对象的内/外单击鼠标左键→↙（结束）
	Array	阵列变换	命令→选择对象→确认→R（矩形）→行、列数→行、列距。P:环形
	Move	平移变换	命令→选择对象→确认→输入基准点→移到所需位置↙
	Rotate	旋转变换	命令→选择对象→确认→输入旋转中心→输入旋转角度↙
	Scale	比例变换	命令→选择对象→确认→输入基准点→输入缩放比例↙
	Stretch	拉伸变换	命令→框选拉伸部分→点选对象→确认→输入基准点→拉到所需位置↙
	Trim	修剪对象	命令→选择边界→确认→点选需修剪部分→↙
	Extend	延伸到	命令→选择延伸到位置的对象→确认→点选直线需延伸到端→↙

续表

图　标	命　令	功　能	参数及操作说明
	Break	打断于一点	命令→选择需打断直线→选择直线上需打断的点
	Break	打断	命令→选择直线需打断处第 1 点→选择直线需打断处第 2 点
	Join	合并	命令→选择源对象→选择需合并的对象✓
	Chamfer	倒角	命令→D✓→输入参数→点选需倒角的第 1 边→点选需倒角的第 2 边
	Fillet	倒圆	命令→R✓→输入参数→点选需倒圆的第 1 边→点选需倒圆的第 2 边
	Explode	分解	命令→选择对象→确认

在对直线进行延长、缩短、平移编辑时，还可使用"夹点编辑"的方法，即用光标单击直线（选中直线），直线上会出现三个控制点（蓝色小方点），单击中间的控制点可平移直线，单击两端的控制点并拖动，可延长或缩短直线（操作时应关闭状态栏上的"对象捕捉"状态，才能方便地延长或缩短）。

5．"标注"工具栏介绍

用 AutoCAD 绘图时，一般可采用 1∶1 的比例绘图，这样就可直接利用 AutoCAD 的自动尺寸标注功能。进行尺寸标注时，首先需设置"标注样式"，然后利用尺寸标注工具栏的各项命令进行尺寸标注。尺寸标注工具栏的内容及功能如图 2-18 所示。

图 2-18　"标注"工具栏的内容及功能

2.4　绘图环境的设置

国家标准工程图样的幅面、格式、图线、文字、标题栏等均有具体的规定。为工程图样的设计、绘制建立一个符合规定的环境，称为设置绘图环境，一般包括以下内容：① 设置绘图单位和绘图区域；② 设置图层；③ 设置线型比例；④ 定义文字样式；⑤ 定义尺寸标注样式；⑥ 绘制图框和标题栏。

为了提高设计绘图效率，且使机械图样风格统一，可以将这些设置一次完成，并且将其保存为样板文件，以便每次绘图时直接调用。

AutoCAD 提供了一些样板图（这些文件一般保存在默认的 Template 目录下，选择"新建"命令可以看到，如图 2-19 所示），但是与我国的国家标准不相符，因此可以自行建立样板图。下面以A3 图纸为例，介绍建立样板图的具体步骤。

2.4.1　设置绘图单位

功能：该命令确定绘图时的长度单位、角度单位和精度以及极坐标方向等。

图 2-19 "选择样板"对话框

调用命令：

❖ 选择菜单："格式"→"单位(U)"。

❖ 在命令行输入"UNITS✓"。

操作步骤：

① 调用命令后，弹出"图形单位"对话框，设置如图 2-20 所示。注意：选中"顺时针"复选框时，表示角度的测量方向为顺时针，通常情况下采用逆时针方向。

② 单击"方向"按钮，弹出"方向控制"对话框，如图 2-21 所示，图中所示为系统设置的默认状态，即"东"方向为起始角（0°）的方向。

图 2-20 "图形单位"对话框

图 2-21 "方向控制"对话框

2.4.2 设置绘图界限

功能：设置绘图区域，即确定图纸大小，选图幅。

调用命令：

❖ 选择菜单："格式"→"图形界限(I)"。

❖ 在命令行输入：LIMITS✓。

操作：调用命令后，AutoCAD 命令行提示如下：

指定左下角点或 [开（ON）/关（OFF）] <0.00，0.00>：✓

指定右下角点<420.00，297.00)>：✓

命令提示中的"开"或"关"选项用于决定是否可以在图形界限之外指定一点。如果选择"开"选项，则打开图形界限；如果选择"关"选项，则不使用图形界限功能。

2.4.3　图层

1．图层的概念

绘制图样时，通常需要多种线型，如粗实线、细实线、中心线、点画线、虚线等，不同线型还有不同线宽的要求，在 AutoCAD 中是通过图层来实现图线的这些要求的。

形象地说，图层可视为一层没有厚度的透明纸片，同一种作用的图线绘制在同一层上，同一图层中的图线默认情况下都有相同的线型、颜色、线宽，有多少种作用的图线相应地建立多少图层。另外，每个图层都有其控制开关，可以很方便地单独控制其显示、打印和修改等，为绘图提供方便。

启动"图层特性管理器"，可以创建图层、指定图层的各种特性、设置当前图层、选择择图层和管理图层。

2．图层的创建

（1）调用"图层特性管理器"的方法有以下 3 种：

❖ 单击"图层"工具栏的"图层特性管理器"图层图标。

❖ 选择菜单"格式"→"图层特性管理器"命令。

❖ 在命令行输入：LAYER✓。

（2）图层创建步骤

① 单击图标，弹出"图层特性管理器"对话框，其中默认有一个图层，名称为"0"，颜色为"白色"，线型为 Continuous（实线），线宽为"默认"值。"0"不能被删除和重命名。

② 单击按钮，自动建立名为"图层 1"、颜色为"白色"、线型为 Continuous、线宽为"默认"的图层，如图 2-22 所示。

③ 单击"图层 1"，然后输入"中心线"进行改名。

④ 单击"白色"前的小框，弹出"选择颜色"对话框（如图 2-23 所示），选择"红色"，单击"确定"按钮。

图 2-22　系统自动建立的"图层 1"

图 2-23　"选择颜色"对话框

⑤ 单击 Continuous，弹出"选择线型"对话框（如图 2-24 所示），根据需要从线型列表中选择所需的线型，若列表中无所需的线型，则单击"加载"按钮，弹出"加载或重载线型"对话框（如图 2-25 所示），进行线型加载，选择 Center 线型，如图 2-26 所示，单击"确定"按钮。

⑥ 单击"默认"处，弹出"线宽"对话框（如图 2-27 所示），选择"0.25"，单击"确定"按钮，完成线宽设置，回到"图层特性管理器"对话框，如图 2-28 所示。

图 2-24　"选择线型"对话框

图 2-25　"加载或重载线型"对话框

图 2-26　"选择线型"对话框

图 2-27　"线宽"对话框

图 2-28　完成"中心线"设置的图层列表

⑦ 单击"确定"按钮，完成图层创建。用同样的方法创建其他需要的图层，如图 2-29 所示。图层创建完毕后，在"图层"工具栏的下拉列表中可以看到所创建图层的列表，如图 2-30 所示。

3．控制图层状态

在默认状态下，新创建图层的状态均为"打开"、"解冻"、"解锁"、"打印"，在绘图时可根据需要改变图层的状态。

图 2-29　创建完毕的图层列表

图 2-30　"图层"工具栏的下拉列表

（1）打开/关闭图层

该控制按钮用于将指定的图层可见/不可见，控制图标是 💡。在"图层"工具栏上弹出所有图层列表，在选中的图层上单击此图标，图层关闭，该层上的图线不显示，也不能打印；再次单击，图层打开，被隐藏的图线又显示出来。

（2）锁定/解锁图层

该控制按钮用于将指定的图层锁定解锁，控制图标是 和 。在"图层"工具栏上弹出所有图层列表，在选中的图层上单击此图标，图层被锁定，加锁的图层仍然显示，且可以再绘图，但该层的所有对象不可被修改；再次单击，图层解锁，该层的图线又可被修改。该操作通常用于保护设计中的某些图线。

（3）冻结/解冻图层

该控制按钮用于将指定图层的图线予以冻结/解冻，即冻结的图层不予显示且不可修改，也不可打印；解冻后操作可恢复，实际上是前两项操作的综合。该操作又分为"在所有视口冻结/解冻"和"在当前视口冻结/解冻"两种，控制图标分别是 和 。

（4）打印/不打印

打印/不打印用于控制图层上的图线是否被打印出来，若某些图层只是设计中的一些辅助线，不想在打印时被输出，可以将该开关关闭，将该层设为不打印。控制图标是 ，该控制按钮并不在图层列表窗口上，要进入"图层特性管理器"对话框中单击该图标才可实现不打印，但该图层仍然显示；再次单击，该图层又可以打印。

4．有效地使用图层

绘制复杂图形时，用户经常从一个图层切换至另外一个图层，或者频繁改变图层状态，将某些对象移到其他图层上，如果能熟练地使用图层，就能提高绘图效率。

（1）设置当前图层

需要用某图层绘图时，可以先将该图层设置为当前图层，当前图层标识为 。调用图层有如下两种方式。

① 单击"图层"工具栏的下拉列表按钮，弹出创建的所有图层下拉列表，如图 2-37 所示，选择所需图层，此时被选中的图层显示在该工具栏的"图层列表"窗口上。操作完成后，该下拉列表自动关闭。

② 单击"图层"工具栏最右边的按钮，然后选择对象，系统将所选对象的图层设置为当前图层，并将该图层名显示在该工具栏"图层列表"窗口上。

（2）修改图层设置

进入"图层特性管理器"对话框，选择欲修改的图层，对其层名等内容进行重新设定后，单击"确定"按钮即可。

（3）修改图层状态

单击"图层"工具栏图层的下拉列表按钮，弹出下拉列表，单击欲修改的图层状态图标，即可切换其状态。操作完成后，单击列表框外其他位置就可将其关闭。

（4）修该对象的图层

如果想把某些对象的图层换成另一个图层，可以先选择这些对象，再打开图层列表，单击想要的图层即可。操作结束后，列表框自动关闭，被选择的图线对象转移到其他图层上。

（5）删除图层

要删除不使用的图层，先进入"图层特性管理器"对话框，选择一个或多个图层后用鼠标单击该对话框上的"×"（删除）按钮，系统将删除所选的图层。

2.4.4 设置线型比例

非连续线段（如虚线、中心线等）是由短直线、空隙等构成的，其中短直线、空隙大小是由线型比例来控制的。用户作图时常常遇到这种情况：本来绘制的是虚线、中心线，但显示出来的是连续线。原因是线型比例设置不合理，可以通过设置线型比例来调整：选择"格式"→"线型…"命令，弹出"线型管理器"对话框（如图 2-31 所示），从中重新输入"全局比例因子"或"当前对象缩放比例"即可。"全局比例因子"控制图样中所有非连续线型的外观，重新设置"当前对象缩放比例"选项后，在此之后所绘制的所有非连续线型的外观都会受到影响。通常可将"全局比例因子"设为 0.3～0.5，"当前对象缩放比例"仍取 1。

图 2-31 "线型管理器"对话框

2.4.5 文字

1. 新建文字式样

按照国家技术制图标准规定，各种专业图样中文字的字体、字宽、字高都有一定的标准。为了达到国家标准要求，在输入文字以前先设置文字样式或者调用已经设置好的文字样式。文字样式定义了文本所用的字体、字高、宽度比例、倾斜角度等文字特征。

调用命令：

❖ 工具栏："样式"工具栏的文字样式按钮。

❖ 下拉菜单："格式"→"文字样式"。

❖ 命令行：STYLE↙。

【例 2-1】　建立一个符合国家标准的文字样式。

具体步骤：打开"文字样式"对话框，选择"新建"命令，打开"新建文字样式"对话框，输入文本样式名称"GB 字体"，设置如图 2-32 所示，可预览效果，单击"应用"按钮，完成国标文字样式的设置。

图 2-32　国标文字样式设置

注意：如果在对话框中将字体的高度设为 0，那么在使用"单行文字"（TEXT）命令标注文字时，AutoCAD 会提示"指定高度:"；如果在"高度"文本框中输入非 0 的字体高度值，AutoCAD 将按此给定高度标注，即不再提示"指定高度:"。

2．文字输入

AutoCAD 提供了单行文字命令和多行文字命令两种文字输入方式，对简短的输入项多使用单行文字，对带有多种格式的较长输入项建议使用多行文字。

（1）创建单行文本

使用单行文字创建单行或多行文字，按 Enter 键结束每行。每行文字都是独立的对象，可以重新定位、调整格式或进行其他修改。

调用命令：

❖ 工具栏："文字"工具栏的 A 按钮。

❖ 下拉菜单："绘图"→"文字"→"单行文字"。

❖ 命令行：TEXT↙。

① 单行文字的对正方式。AutoCAD 为文字行定义了 4 条定位线：顶线、中线、基线、底线，文字的对正就是参照这些定位线来进行的，如图 2-33 所示。这里的中线是大写字符高度的水平中心线（即顶线至基线的中间），不是小写字符高度的水平中心线。

AutoCAD 共提供了 13 种对正方式和两种文字的调整方式，在命令行"指定文字的起点或［对正(J)/样式(S)］:"提示下，单击右键，在弹出的快捷菜单中激活该选功能，然后选择需要的文字对正方式。

图 2-33　文字定位线

对正方式的含义如下：

❖ "对齐"选项用于提示用户拾取文字基线的起点和终点，系统会根据起点和终点的距离自动调整字高。

❖ "调整"选项用于提示用户拾取文字基线的起点和终点，系统会以拾取的两点之间的距离自动调整宽度系数，但不改变字高。

❖ "中心"选项用于提示用户拾取文字的中心点，此中心点就是文字串基线的中点，即以基线的中点对齐文字。

❖ "中间"选项用于提示用户拾取文字的中间点，此中间点就是文字串基线的垂直中线和文字串高度的水平中线的交点。

❖ "右"选项用于提示用户拾取一点作为文字串基线的右端点，以基线的右端点对齐文字。

❖ "左上"选项用于提示用户拾取文字串的左上点，此左上点就是文字串顶线的左端点，即以顶线的左端点对齐文字。

❖ "中上"选项用于提示用户拾取文字串的中上点，此中上点就是文字串顶线的中点，即以顶线的中点对齐文字。

❖ "右上"选项用于提示用户拾取文字串的右上点，此右上点就是文字串顶线的右端点，即以顶线的右端点对齐文字。

❖ "左中"选项用于提示用户拾取文字串的左中点，此左中点就是文字串中线的左端点，即以中线的左端点对齐文字。

❖ "正中"选项用于提示用户拾取文字串的中间点，此中间点就是文字串中线的中点，即以中线的中点对齐文字。

❖ "右中"选项用于提示用户拾取文字串的右中点，此右中点就是文字串中线的右端点，即以中线的右端点对齐文字。

❖ "左下"选项用于提示用户拾取文字串的左下点，此左下点就是文字串底线的左端点，即以底线的左端点对齐文字。

❖ "中下"选项用于提示用户拾取文字串的中下点，此中下点就是文字串底线的中点，即以底线的中点对齐文字。

❖ "右下"选项用于提示用户拾取文字串的右下点，此右下点就是文字串底线的右端点，即以底线的右端点对齐文字。

提示："正中"和"中间"两种对正方式的中间点位置并不一定完全重合。只有输入的字符为大写或汉字时，此两点才重合。

② 单行文字中特殊符号的输入。由于在工程图中用到的许多特殊符号不能通过标准键盘直接输入，如文字的下画线、直径代号、角度符号等，必须输入相应的控制码，才能创建出所需的特殊字符，这些特殊符号的控制码如表 2-3 所示。

【**例 2-2**】　用单行文本命令输入"轴径为 ϕ30±0.01，拔模斜度为 2～3°"。

命令：

表 2-3　AutoCAD 特殊符号代码及其含义

控制代码	特殊字符
%%O	上画线
%%u	下画线
%%d	度数（°）
%%p	正负号（±）
%%c	直径符号（ϕ）

DTEXT↙

　指定文字的起点或 [对正(J)/样式(S)]：（单击文字输

　入点，默认左下角对齐，默认文字样式为"GB 字体"）

　指定高度<2.5000>：5↙

　指定文字的旋转角度<0>：↙

　输入文字：轴径为 % % c30 % % p0.01，拔模斜度为 2～

3 % % d。↙

　输入文字：↙

（2）创建多行文本

"多行文字"又称段落文字，它可以由两行以上的文字组成一个对象整体选择、编辑。

调用命令：

❖ 工具栏："文字"工具栏的 A 按钮。

❖ 下拉菜单："绘图"→"文字"→"多行文字"。

❖ 命令行：MTEXT↙。

执行多行文字命令，并在绘图窗口中指定矩形对角点之后，将显示如图 2-34 所示的多行文字编辑器，可以在多行文字编辑器中创建或修改多行文字对象，以及从以 ASCII 或 RTF 格式保存的文件中输入或粘贴文字。

图 2-34　"多行文字"对话框

（3）文本编辑

调用命令：

❖ 工具栏："文字"工具栏的 A₂ 按钮。

❖ 下拉菜单："修改(M)"→"对象(O)"→"文字(T)"→"编辑(E)"。

❖ 命令行：DDEDIT↙。

❖ 快捷菜单：选择文字对象，在绘图区域中单击右键，然后选择"文字编辑"。

❖ 双击需要编辑的文本。

❖ 使用"特性"选项面板。

2.4.6　尺寸标注

1. 设置尺寸标注样式

机械图中的尺寸标注必须严格遵守国家标准的有关规定，AutoCAD 提供了"标注样式管理器"，用于控制尺寸标注的格式和外观，用户可以用它来创建新的尺寸标注样式或修改已有的尺寸标注样式。默认尺寸标注样式为 ISO-25。

调用命令：

❖ 工具栏："标注"或"式样"工具栏的 ▦ 按钮。

❖ 下拉菜单："格式" → "标注样式"。

❖ 命令行：DIMSTYLE✓。

尺寸标注样式的具体步骤如下。

（1）本标注父样式的建立

① 单击"标注"或"式样"工具栏的 ▦ 按钮，进入标注样式管理器，如图 2-35 所示。选择"新建"，弹出"创建新标注样式"对话框，输入新样式名"GB-35"，单击"继续"按钮，弹出如图 2-36 所示的对话框。

② 对"线"选项做如图 2-36(a)所示设置。

③ 对"符号和箭头"选项做如图 2-36(b)所示设置。

④ 对"文字"选项做如图 2-36(c)所示设置。

⑤ 对"主单位"选项做如图 2-36(d)所示设置。

（2）同标注类型的子样式的建立

⑥ "角度"子样式的建立：在标注样式管理器中，单击"新建"按钮，弹出"创建新标注样式"对话框，在"用于(U)"中选择"角度标注"，如图 2-37(a)所示。单击"继续"按钮，弹出"新建标注样式"对话框，在"文字"选项中做如图 2-37(b)所示的设置。

图 2-35　新建"GB-35"尺寸父样式

(a)"线"选项的设置　　　　　　　　　(b)"符号和箭头"选项的设置

图 2-36　"GB-35"尺寸父样式的设置

(c) "文字"选项的设置   (d) "主单位"选项的设置

图 2-36 "GB-35"尺寸父样式的设置（续）

(a)   (b)

图 2-37 "角度"子样式的建立

⑦ "直径"子样式的建立：在标注样式管理器中单击"新建"按钮，弹出"创建新标注样式"对话框，在"用于(U)"中选择"直径标注"，单击"继续"按钮，弹出"新建标注样式"对话框，在"文字"选项中将"文字对齐(A)"选为"ISO 标准"；在"调整"选项中如图 2-38 所示设置。

⑧ "半径"子样式的建立：各项设置与"直径"子样式相同。

（3）将新建的"GB-35"尺寸标注样式设置为当前样式

在标注样式管理器中，在"样式"列表中选择"GB-35"，如图 2-39 所示，然后单击"置为当前"按钮。

2．基本尺寸标注

AutoCAD 提供了各种类型尺寸的标注命令，可以用于各种线性尺寸（水平、垂直、倾斜、基线、连续标注、直径标注、半径标注、角度标注、坐标标注、引线标注等）。

调用命令：

❖ "标注"工具栏中的按钮。

❖ 下拉菜单："标注"。

❖ 命令行：（略）。

图 2-38 "直径"子样式中"调整"选项

图 2-39 将新建的"GB-35"设置为当前样式

3．尺寸标注的修改

常用尺寸标注的修改方法有两种，一是使用"编辑标注"（DIMEDIT）命令，二是使用"特性"选项面板，使用修改尺寸标注的许多属性，一次可以修改多个属性，可以非常方便地修改尺寸。

（1）调用"编辑标注"（DIMEDIT）命令

❖ 工具栏："标注"工具栏的 ⌐ 按钮。

❖ 命令行：DIMEDIT↙。

执行"编辑标注"命令后，命令行提示如下：

输入标注编辑类型 [默认(H)/新建(N)/旋转(R)/倾斜(O)]<默认>： （输入选项或按 Enter 键）

其中选项中主要内容含义如下：

❖ 默认(H)：将旋转标注文字移回默认位置。

❖ 新建(N)：使用多行文字编辑器修改标注文字。

❖ 旋转(R)：旋转标注文字。

❖ 倾斜(O)：调整线性标注尺寸界线的倾斜角度，创建尺寸界线与尺寸线方向垂直的线性标注。当尺寸界线与图形的其他部件冲突时，"倾斜"选项将很有用处。

（2）调用"特性"选项卡

❖ 工具栏："标准"工具栏的 ▣ 按钮。

❖ 下拉菜单："修改"→"特性"。

❖ 命令行：PROPERTIES↙。

❖ 快捷菜单：选择要查看或修改其特性的对象，在绘图区域单击右键，然后选择"特性"。或者在大多数对象上双击，以显示"特性"选项面板。

例如，将图 2-40(a)中的尺寸修改为图 2-40(b)的尺寸形式。

方法一：使用"编辑标注"DIMEDIT 命令修改尺寸 66。命令：

　　DIMEDIT（调用"编辑标注"命令 ⌐）

　　输入标注编辑类型[默认(H)/新建(N)/旋转(R)/倾斜(O)] <默认>：O

　　选择对象：找到 1 个（选样所需修改尺寸 66）

　　选择对象：↙

　　输入倾斜角度（按 Enter 键表示无）：135（输入倾斜角度）

方法二：使用"特性"选项卡修改尺寸 34。双击尺寸 34，打开"特性"选项卡，在选项卡中做如图 2-41 所示的设置。

图 2-40　尺寸标注的修改示例

图 2-41　使用选项卡修改尺寸

2.4.7　绘制图框和标题栏

1. 绘制图框

在细实线层绘制图纸边框线，粗实线层绘制图框线。将细实线层作为当前层，单击画矩形命令□，输入 0, 0✓ 和 420, 297✓；将粗实线层作为当前层，单击画矩形命令□，输入 25, 5✓ 和 415, 292✓。

2. 制作带属性的标题栏

① 绘制标题栏。使用"直线"、"偏移"、"修剪"等命令，按照标题栏尺寸绘制图线，见图 2-41。

② 填写标题栏中的文字。标题栏中固定的文字用单行文字或多行文字的命令写入；标题栏中要变动的文字（图 2-42 中用括号括起来的文字）用"绘图"菜单的"块"→"定义属性"命令写入。

图 2-42　GB 标题栏

③ 写块。选中图 2-42 的所有对象，在命令输入"W"后回车，弹出"写块"对话框，如图 2-43 所示，使用"拾取点"按钮拾取基点为图框的右下角点，在目标栏中指定块存放的路径及名称。

3. 在图框中插入标题栏

单击"绘图"工具栏的插入按钮🔲，弹出"插入图块"对话框，选择从"文件"插入，并找到上面做好的标题栏文件，确定后会发现插入基点就是我们定义的标题栏右下角点，拾取图框的右下角点便可插入。这时命令行会逐个提示属性名称，如"单位名称："，则在命令行输入自己单位的名称，如"某某精密仪器厂"等，标题栏就会显示用户定义的属性。插入标题栏的图框如图 2-44 所示。

图 2-43 "写块"对话框

图 2-44 A3 图框及标题栏

　　如果要对已插入的标题栏属性进行修改，只要双击标题栏，选择欲改属性的标题栏图块，弹出"编辑图块属性"对话框（如图 2-45 所示），选中高亮显示要修改的项后，在数值框内输入新的属性，然后单击"应用"按钮即可。

图 2-45 编辑标题栏图块属性

2.4.8　保存样板文件

选择"文件"→"另存为…"命令，弹出"图形另存为"对话框（如图 2-46 所示），从中指定路径，在"文件类型"下拉列表中选择"AutoCAD 图形样板（*.dwt）"，修改文件名为"GB-A3（横放）"，单击"保存"按钮，则保存样板图。

图 2-46　保存样板文件

2.5　AutoCAD 中正等测图的绘制

AutoCAD 系统提供了绘制轴测图（正等测）的工具，可方便地绘出物体的轴测图。但所绘轴测图只提供立体效果，不是真正的三维图形，只是用二维图形来模拟三维对象。这种轴测图无法生成视图。由于用 AutoCAD 绘制轴测图比较简单，且具有较好的三维真实感，因此广泛应用于机械和建筑等专业设计中。本节主要介绍利用 AutoCAD 的轴测模式绘制正等轴测图。

2. 设置轴测模式

① 选择菜单"工具"→"草图设置"命令，打开"草图设置"对话框，进入"捕捉和栅格"选项卡，如图 2-47 所示。

图 2-47　"草图设置"对话框

② 在"捕捉类型"分组框中选择"等轴测捕捉"单选钮，激活轴测投影模式。

将绘图模式设置为轴测模式后，用户可以方便地绘制出直线、圆、圆弧和文本的轴测图，并由这些基本的图形对象组成复杂形体（组合体）的轴测投影图。

在绘制轴测图的过程中，用户需要不断地在上平面、右平面和左平面之间进行切换，图 2-48 表示的是三个正等轴测投影平面，分别为上平面、右平面和左平面。正等轴测上的 X 轴、Y 轴和 Z 轴分别与水平方向成 30°、150°和 90°角。

在绘制等轴测图时，切换表面状态的方法很简单，按 F5 键或 Ctrl+E 组合键，将在"等轴测上平面"、"等轴测右平面"和"等轴测左平面"设置之间循环，三种平面状态时的光标如图 2-49 所示。

图 2-48　平面状态示意

上平面　　右平面　　左平面

图 2-49　三种平面状态时的光标

2．轴测图的绘制

（1）直线的绘制

在轴测模式下画直线常采用以下 3 种方法：

❖ 通过输入点的极坐标来绘制直线。当所绘直线与不同的轴测轴平行时，输入的极坐标角度值将不同。

❖ 激活正交模式辅助画线，此时所绘直线将自动与当前轴测面内的某一轴测轴方向一致。例如，处于右轴测面且激活正交模式，那么所画直线的方向为 30°或 90°。

❖ 利用极轴追踪、自动追踪功能画线。激活极轴追踪、自动捕捉和自动追踪功能，并设定自动追踪的角度增量为 30°，这样能方便地画出 30°、90°或 150°方向的直线。

（2）在轴测面内画平行线

通常用 OFFSET 命令绘制平行线，但在轴测面内画平行线与标准模式下画平行线的方法有所不同。如图 2-50 所示，在顶轴测面内作直线 A 的平行线 B，要求它们之间沿 30°方向的间距是 30，如果使用 OFFSET 命令，并直接输入偏移距离 30，则平移后两线间的垂直距离等于 30，而沿 30°方向的间距并不是 30。为避免上述情况发生，常使用 COPY 命令或 OFFSET 命令的"通过(T)"选项来绘制平行线。

(a) 使用 OFFSET 命令　　　　　　　(b) 使用 COPY 命

图 2-50　画平行线

（3）轴测模式下绘制角的方法

在轴测面内绘制角时，不能按角度的实际值进行绘制，因为在轴测投影图中，投影角度值与实际角度值是不相符的。在这种情况下，应先确定角边上点的轴测投影，并将点连线，以获得实际的角轴测投影。长方体前的斜角绘制，如图 2-51 所示。

(a) 绘制斜线

(b) 制顶面及前面的交线

(c) 修剪整理结果

图 2-51　角的绘制

（4）圆的轴测图

① 圆的绘制。圆的轴测投影是椭圆，当圆平行于不同的轴测面时，投影的椭圆长、短轴的位置将是不同的，如图 2-52 所示。AutoCAD 提供了绘制轴测圆的工具。

单击图标 ⬭ 或输入 ELLIPSE 命令，命令提示如下：

_ellipse
指定椭圆轴的端点或[圆弧(A)/中心点(C)/等轴测圆(I)]: 输入 "I"
指定等轴测圆的圆心:
指定等轴测圆的半径或[直径(D)]:

在绘制圆的轴测投影时应注意，必须选择"等轴测圆(I)"选项，必须随时切换到合适的轴测面，使之与圆所在的平面相对应。

② 圆角的绘制。绘制圆角轴测图时不能用"圆角"命令，而要用"椭圆"命令绘制出圆的轴测投影，如图 2-53(a)所示；再利用"修剪"命令裁剪多余部分，最后画出轮廓线，完成全图，如图 2-53(b)所示。

③ 圆柱的绘制。在绘制圆柱体轴测图时先画出两端面的椭圆，如图 2-54(a)所示，然后画出轮廓线，绘制轮廓线时是从象限点到象限点而不是从切点到切点，如图 2-54(b)所示。裁掉不可见的部分，如图 2-54(c)所示。

图 2-52　轴测圆图　　　　　(a)　　　　　　　　(b)　　　图 2-53　圆角轴测图的画法

(a) 绘制椭圆　　　　　(b) 绘制轮廓线　　　　　(c) 裁剪完成全图

图 2-54　圆柱轴测图的画法

3．轴测图上文字的标注

轴测面上的文字应沿一轴测轴方向排列，且文字的倾斜方向与另一轴测轴平行。在轴测图上书写文字时应控制两个角度：一是文字旋转角度，二是文字倾斜角度。两个角度对文本效果的影响如图 2-55 所示。

图 2-55　轴测图中的文字旋转和倾斜角度

左等轴测面上：文字的倾斜角度为-30°，旋转角度为-30°。

右等轴测面上：文字的倾斜角度为 30°，旋转角度为 30°。

上等轴测面上：文字的倾斜角度为-30°，旋转角度为 30°（当文本平行于 X 轴）。

文字的倾斜角度为 30°，旋转角度为-30°（当文本平行于 Y 轴）。

文字的倾斜角度由文字的样式决定，在轴测图中文字有两种倾斜角度：30°和-30°，因此要建立两个文字样式，以备输入文字时选择。轴测图文字样式的设置如图 2-56 所示。

(a)

(b)

图 2-56　轴测图两种文字样式的设置

文字的旋转角度是在输入文本时确定的。如果是单行文字输入，则在命令提示中指定文字的旋转角度时需输入旋转角度；如果是用多行文字输入，文字格式编辑对话框的命令行提示如下：

指定第一角点：（先指定第一角点）

指定对角点或[高度(H)/对正(J)/行距(L)/旋转(R)/样式(S)/宽度(W)/栏(C)]：（指定对角点时，在命令行中输入"R"，按 Enter 键，然后输入相应的旋转角度）

4. 轴测图上尺寸的标注

标注轴测图上的尺寸时，其尺寸界线应沿轴测轴方向倾斜，尺寸数字方向也应与相应的轴测轴方向一致。而用基本尺寸标注命令标注的尺寸，其尺寸界线及尺寸数字总与尺寸线垂直。因此需要在尺寸标注后，调整尺寸界线及文字的倾斜角度。

在轴测图中标注尺寸时，一般采取以下步骤：

① 创建两种尺寸样式，这两种样式所控制标注文本的倾斜角度分别是 30°和-30°。

② 由于在等轴测图中只有沿与轴测轴平行的方向进行测量才能得到真实的距离值，因此创建轴测图的尺寸标注时，应使用 DIMALIGNED（ ）命令（对齐尺寸）。

③ 标注完成后，利用 DIMEDIT（ ）命令的"倾斜(O)"选项修改尺寸界线的倾斜角度，使尺寸界线的方向与轴测轴的方向一致，这样才能使标注的外观具有立体感。

2.6　用 AutoCAD 绘制剖视图

在绘制剖视图时，断面上的剖面线可以用 AutoCAD 的图案填充命令，剖切符号可以用多段线命令绘制，局部剖视的波浪线可以用样条线命令绘制。

2.6.1　剖面线的填充

图案填充是以某种图案填充封闭的图形区域，在工程图样中可以用来绘制剖面线。

❖　命令：Bhatch。

❖　工具栏："绘图"工具栏中的按钮 。

图案填充命令执行后将显示"图案填充和渐变色"对话框，如图 2-57 所示。绘制剖面线时只需操作"图案填充"选项卡中的各选项。

1. 图案（剖面线）"类型"

下拉列表提供选择剖面线图案的三种类型：预定义、用户定义和自定义。

使用预定义图案时，单击"样例"按钮，一般会弹出"填充图案选项板"对话框，如图 2-58 所示，选择"ANSI"选项卡中的"ANSI31"（一般金属材料）或"ANSI37"（非金属材料）。

图 2-57　"图案填充和渐变色"设置

图 2-58　（剖面线）"填充图案选项板"

2. 设置图案比例和旋转角度

在"角度"编辑框中输入相应的数值，可以使图案旋转相应的角度（默认角度为 0°，即 45°斜线）。在"比例"编辑框中输入相应的数值，可以放大或缩小预定义的图案中线条的距离。

3. 选择填充剖面线的区域

旋转剖面线填充的区域有两种方式。

（1）拾取点

单击"图案填充和中渐变色"对话框中的"拾取点"按钮 ，系统提示：

　　　　选择内部点：

此时用户可用鼠标在希望画剖面线的封闭区域内任意拾取一点，如图 2-59(a)所示，在俯视的区域 a 中拾取一点，该区域的边界以高亮显示，再在区域 b 中拾取一点。回车后返回"图案填充和中渐变色"对话框。拾取点时务必注意所点区域必须封闭。

（2）选择对象

单击"图案填充和中渐变色"对话框中的"选择对象"按钮 ，系统提示：

　　　　选择对象：

在图 2-59(a)的主视图中分别选择 *cdef* 区域的各条边（注意 *cd* 和 *ef* 边必须是独立的直线段）。回车后返回"图案填充和中渐变色"对话框。

完成剖面线的设置和确定剖面线的填充区域后，单击"预览"按钮，可以预览结果。如果不满意，可以再调整。单击"确定"按钮，完成剖面线，如图 2-59(b)所示。

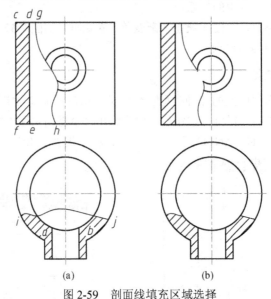

(a)　　　　　　　　(b)

图 2-59　剖面线填充区域选择

2.6.2　波浪线的绘制

局部视图和局部剖视图上的波浪线可以用样条曲线（Spline）命令绘制或先用多段线（Pline）命令画一条折线，再用多段线编辑（Pedit）命令的"样条曲线(S)"选项将折线拟合为样条曲线。

用样条曲线命令绘制如图 2-59(a)所示主视图中的波浪线过程如下。

① 设定"最近点"对象捕捉，以保证起点和结束点在直线上。

② 执行样条曲线命令：

　　_spline
　　指定第一个点或［对象(O)］：g（注意捕捉到直线上）
　　指定下一点：（任取适当点）
　　指定下一点或[闭合(C)/拟合公差(F)]＜起点切向＞：（任取适当点）
　　……
　　指定下一点或[闭合(C)/拟合公差(F)]＜起点切向＞：h（波浪线终点，注意捕捉到直线上）
　　指定下一点或[闭合(C)/拟合公差（F2.69(a)）]＜起点切向＞：（回车）
　　指定起点切向：（任取适当点，使曲线适当）
　　指定端点切向：（任取适当点，使曲线适当）

③ 用修剪（trim）命令剪掉不需要的一段，如图 2-59(b)所示。

2.6.3　剖切符号的画法

剖切（或转折）符号可以利用多段线（Pline）命令绘制。绘制如图 2-60 所示的剖切符号的操作步骤如下：

　　_pline

图 2-60　剖切符号

指定起点：（指定适当的起点）

当前线宽为 0.0000

指定下一个点或[圆弧(A)/半宽(H)/长度(L)/放弃(U)/宽度(W)]: w✓

指定起点宽度<0.0000>: 1

指定端点宽度<1.0000>: ✓ （取默认值 1）

指定下一个点或[圆弧(A)/半宽(H)/长度(L)/放弃(U)/宽度(W)]: @0, 5✓

指定下一点或[圆弧(A)/闭合(C)/半宽(H)/长度(L)/放弃(U)/宽度(W)]: w✓

指定起点宽度<1.0000>: 0✓

指定端点宽度<0.0000>: ✓

指定下一点或[圆弧(A)/闭合(C)/半宽(H)/长度(L)/放弃(U)/宽度(W)]: @5, 0✓

指定下一点或[圆弧(A)/闭合(C)/半宽(H)/长度(L)/放弃(U)/宽度(W)]: w✓

指定起点宽度<0.0000>: 1✓

指定端点宽度<1.0000>: 0✓

指定下一点或[圆弧(A)/闭合(C)/半宽(H)/长度(L)/放弃(U)/宽度(W)]: @4, 0✓

指定下一点或[圆弧(A)/闭合(C)/半宽(H)/长度(L)/放弃(U)/宽度(W)]: ✓

2.7　AutoCAD 绘制零件图

零件图除了图样，还有诸如表面粗糙度、尺寸公差、形位公差等内容的标注。

2.7.1　表面粗糙度符号的标注

表面粗糙度符号可以利用 AutoCAD 创建带有属性的图块，然后插入到零件图中。

1. 创建表面粗糙度符号块

下面结合粗糙度符号块的创建来说明图块及其属性的创建。

（1）按尺寸画好粗糙度符号图形，如图 2-61(a)所示。

（2）定义粗糙度的属性值 Ra：

❖ 命令：ATTDEF。

❖ 下拉菜单："绘图"→"块"→"定义属性"。

执行定义属性（ATTDEF）命令后，将显示"属性定义"对话框，如图 2-62 所示。

図 2-61　粗糙度　　　　　　　　　　　　　　図 2-62　属性定义

① 在属性的"标记"编辑框中输入"Ra3.2"。

② 在属性的"提示"编辑框中输入"粗糙度值："。

③ 在属性的"值"编辑框中输入"Ra3.2"，作为常用的粗糙度 Ra 的默认值。

④ 在属性文字的"对正"列表框中选择"左上"对齐方式，然后单击"拾取点"，指定图2-61中的 b 点为属性文本的对齐点。

⑤ 在属性文字的"高度"编辑框中输入"3.5"。

其他内容不变，单击"确定"按钮，完成属性定义，结果如图2-61(b)所示。

（3）创建粗糙度块（Wblock）：创建块的方式同前面标题栏制作块的方式一样，这里不再叙述

2．插入表面粗糙度

用插入块（Insert）命令插入已定义的块。标注图2-63所示的 A 面的粗糙度，其操作步骤如下：

（1）设定"最近点"对象捕捉。

（2）执行块插入命令。

命令：Insert（或绘图工具栏中的 按钮）。

Insert 命令执行后将显示"插入"对话框，如图2-64所示。

图2-63　标注粗糙度

图2-64　"插入"对话框

① 在"名称"中直接选中图块名"ccd1"。如果要插入 ccd1.dwg 文件，则单击"浏览器(B)"按钮，从弹出的"选择图形文件"对话框中选择 ccd1.dwg 文件。

② 在"插入点"和"旋转"栏中勾选"在屏幕上指定"，表示图块的插入点和旋转角度在屏幕上指定，而缩放"比例"的 X、Y、Z 均设定为1。

③ 单击"确定"按钮后，系统提示如下：

> 指定插入点或[比例(S)/X/Y/Z/旋转(R)/预览比例(PS)/PX/PY/PZ/预览旋转(PR)]：（指定点注意一定要捕捉到 A 面的直线上）
>
> 指定旋转角度<0>：✓（接受 0°默认值）
>
> 粗糙度数值<Ra3.2>：Ra0.8✓

标注 D 面的粗糙度，除指定旋转角度"<0>：90"和粗糙度数值"<Ra3.2>：Rz3.2"修改外，其他操作与 A 面一样。标注面与 C 面的粗糙度，要先画出指引线，再插入粗糙度块。

2.7.2　尺寸公差的标注

根据前面创建的"GB-35"标注样式，符合国家标准的尺寸公差的标注方法常见的有以下 2 种（如线性尺寸 $\phi 50^{-0.010}_{-0.031}$ 的标注）。

1．利用 AutoCAD 的多行文字编辑器对话框的文字堆叠功能添加公差文字

① 选择"线性"标注命令，依次捕捉尺寸的起点和终点。

② 用键盘输入"M"，启动"文字格式"对话框，如图 2-65 所示。

图 2-65　线性标注命令

③ 在文本窗口中默认的标注值前面输入"%%c"，在后面输入"-0.010^ -0.031"（注意上、下偏差用"＾"隔开）。

④ 选中"-0.010^-0.031"，再单击"文字格式"工具栏的"堆叠"按钮，如图 2-66 所示。

图 2-66　文字格式

⑤ 在绘图界面中指定尺寸标注的位置，完成该尺寸公差标注。标注效果如图 2-67 所示。

$$\phi 50^{-0.010}_{-0.031}$$

图 2-67　尺寸公差标注完成

注意：图 2-67 的尺寸公差标注范例采用此方法标注时，如某一极限偏差值为"0"，则需在"0"前加一空格后执行堆叠，以保证上、下偏差中最左边的"0"对齐。

2．利用"编辑标注"按钮编辑尺寸

① 执行线性尺寸标注命令，标注出尺寸 50。

② 调出"编辑标注"命令，从标注编辑类型中选择"新建(N)"，如图 2-68 所示，弹出"文字格式"对话框，后面的操作同方法 1 的步骤③和④。

命令: _dimedit

输入标注编辑类型 [默认(H)/新建(N)/旋转(R)/倾斜(O)] <默认>: n

图 2-68　编辑标注命令

③ 选择已标注的线性尺寸并回车，就可完成如图 2-67 所示的标注。

2.7.3　形位公差标注

利用 AutoCAD 尺寸标注工具栏的"快速引线"可以标注形位公差标注。下面以图 2-69 为例说明其操作。

1．添加"引线"标注图标到工具栏中

选择下拉菜单中的"视图"→"工具栏"命令，弹出"自定义用户界面"，如图 2-70 所示；从"命令"栏中查找到"标注，引线"，用鼠标拖动该命令的图标到"标注"工具栏中，

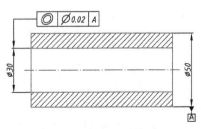

图 2-69　形位公差标注

单击"确定"按钮，即完成了向"标注"工具栏中添加"引线"标注按钮 ▼ 的任务。

2．标注基准符号

单击"引线"标注按钮 ▼，输入 s✓ （设置），显示"引线设置"对话框，如图 2-71 所示；选择"箭头"形式为"实心基准三角形"，单击"确定"按钮，完成引线标注的"箭头"设置。用鼠标选择标注基准三角形的第一个引线点，指定下一引线点，按 Esc 键，实现基准引线的标注。选择形位公差标注命令，弹出"形位公差"对话框，如图 2-72 所示，在"基准 1"下方的方框中输入基准名称"A"（大写字母），单击"确定"按钮；在绘图窗口中对准前面绘制的基准引线位置单击鼠标，即完成基准符号的标注。也可创建成参数"块"，在使用时直接调用。

图 2-70　添加"引线"标注按钮

图 2-71　"引线设置"对话框

图 2-72　"形位公差"对话框

3．标注形位公差代号（标注如图 2-69 所示的形位公差）

① 单击标注工具栏的"快速引线"按钮，或在命令行输入"qleader"命令。

　　_qleader

　　　　指定第一个引线点或［设置(S)］<设置>：✓（弹出如图 2-73 所示的"引线设置"对话框）

② 在弹出的"引线设置"对话框的"注释"选项卡下选中"公差"项，单击"确定"按钮，退出对话框。返回到命令行：

　　　　指定第一个引线点或［设置(S)］<设置>：A

　　　　指定下一点：B

　　　　指定下一点：C（指定 C 点后，弹出如图 2-73 所示的"形位公差"对话框）

③ 在"形位公差"对话框中单击"符号"分栏的小方框，弹出如图 2-74 所示的形位公差特征项目符号，选取"◎"即可。

④ 单击"公差 1"分栏内左边的第一方框，可出现一个符号"φ"（公差带为圆柱时使用）。

⑤ 在"公差 1"分栏内的第二方框中输入公差值"0.02"。

图 2-73 "引线设置"对话框

图 2-74 特征符号表

⑥ 在"基准 1"分栏左侧第一格内输入基准字母"A"。

⑦ 单击"确定"按钮，完成标注。

再次标注形位公差，执行"快速引线"命令后，就不需要设置，而直接进行②～⑦步。

2.7.4 沉孔、孔深等特殊字符的输入

沉孔、孔深等特殊字符的输入如图 2-75 和图 2-76 所示。X 键对应 ▽，V 键对应 └┘，W 键对应 ∨ 。

图 2-75 使用 GDT 字体的设置

图 2-76 GDT 字体与 26 个字母的对应关系

注意：输入时，键盘输入必须是小写状态。

2.8 用 AutoCAD 画装配图

1. 装配图的绘制方法

平面装配图是一般加工生产中最常用的技术文件，对于较复杂的机器，装配图还分为部件装配图和总装配图两种。装配图的绘制一般采用以下两种方式。

（1）采用绘制零件图的方法画装配图

先绘制出基准线、中心线，再绘制已知线段、圆弧或曲线等，然后进行编辑、修改，最后标注

尺寸、编写序号、书写文字和技术要求。

（2）根据已有的零件图画装配图

采用插入块、外部参照以及复制、粘贴、分解等工具，按一定的装配关系，采用搭积木的方法进行拼凑，再对对象进行编辑、修改、标注尺寸、书写文字（标题材栏、明细表、技术要求等）。

一般情况下，装配图是在零件图的基础上产生的，本节利用第二种方法绘制装配图。

2. 配合尺寸的注写

装配图中的尺寸是指装配体的性能规格尺寸、配合尺寸、外形尺寸、安装尺寸和其他重要尺寸等。尺寸注写与前面所讲的零件图上的尺寸标注一样，只是在标注配合尺寸时，略有不同。例如，标注如图 2-77 所示配合尺寸的具体操作方法如下。

(a) 平齐标注　　　　　　　　　(b) 上下标注

图 2-77　配合代号的标注

_dimlinear（按 $\varnothing 20\frac{H7}{f8}$ 标注）

指定第一条延伸线原点或<选择对象>：

指定第二条延伸线原点：

指定尺寸线位置或[多行文字(M)/文字(T)/角度(A)/水平(H)/垂直(V)/旋转(R)]：M↙

弹出如图 2-78 所示"文字格式"编辑对话框，"H7/f8"为输入的配合代号，将其选择后，编辑为堆叠形式，单击"确定"按钮，指定尺寸线位置即可。

图 2-78　多行文本标注配合代号

如果输入$\phi 20H7/f8$ 形式的标注，则只需将输入的配合代号改为"H7# f8"，其他操作一样。

3. 指引线及序号编排

指引线及序号编排是装配图必不可少的内容，说明了组成装配体的不同零件的个数，按顺时针或逆时针方向依次排列整齐。

零件序号应用细实线的指引线从零件上引出，指引线绘制方法是利用"标注"工具栏上的"标注，引线"来实现的。

单击"标注"工具栏中的按钮，命令行中的提示如下：

_qleader

指定第一个引线点或［设置(S)］：<设置>S　　（弹出"引线设置"对话框，"引线和箭头"和"附着"选项的设置分别如图 2-79 和图 2-80 所示）。

图 2-79　"引线和箭头"选项卡

图 2-80　"附着"选项卡

设置好后单击"确定"按钮，依照命令行提示进行如下操作：

　　指定第一个引线点或[设置(S)] <设置>:

　　指定下一点:

　　指定文字宽度<0>: ↙

　　输入注释文字的第一行<多行文字(M)>: 6↙

　　输入注释文字的下一行: ↙

操作完成后，结果如图 2-81 所示。

图 2-81　完成后的零件序号

4．实例演示

本节主要介绍如何用 AutoCAD 由已绘制成的零件图，拼画成装配图。在拼画装配图过程中应注意以下几个问题。

① 用命令调用组成装配图的图块时，其先后顺序应符合装配体的装配过程，即应从主要零件入手，然后通过装配关系将零件一一安装。

② 为了使零件图块精确插到位，在选择插入点位置时应选择装配关键点，在捕捉状态下捕捉所需点；为了整体调整零件图块的位置，建议在插入图块时不将其炸开，待调整到位后再炸开。

③ 拼装时统一各零件的绘图比例与所需的装配图一致。

下面以如图 2-82 所示的千斤顶为例，详细介绍绘制装配图的具体方法和步骤。

（1）绘制好千斤顶的各零件

千斤顶包含的零件如图 2-83 所示。

（2）绘制装配图

① 打开 AutoCAD，选择"文件"→"新建"命令，选择 A3 模板文件（文件名为 GB-A3.dwt），完成绘制装配图的初始设置，并另存为"千斤顶.dwg"。

② 打开"丝杆.dwg"文件，选中全图，按 Ctrl＋C 组合键，复制"丝杆杆的零件图"到"千斤顶.dwg"文件中（可按 Ctrl+V 组合键粘贴）；用相同方法，将组成"千斤顶"的 4 个零件的零件图全部复制到"千斤顶.dwg"文件中。

③ 单击"标注"层和"文字"层中的开关按钮 ，关闭这两个图层。将螺钉、丝杆、调节螺母的零件图创建为"块"（不含变量的内部块），各图的"块"名及基点（"×"处），如图 2-84 所示。

④ 复制"底座"的零件图到 A3 装配图的图幅中，如图 2-85(a)所示。

⑤ 在"底座"的主视图中插入"4"号块（螺母的主视图），操作方法为：选择"插入块"命令 ，弹出"插入"对话框，块名选择"4"，单击"确定"按钮；同理，在"底座"的左视图中插入"5"号块（螺母的左视图），如图 2-85(b)所示。

4	P0504	调节螺母	1	35		
3	P0503	丝杆	1	45		
2	P0502	螺钉 M6X25	1			GB/T 85
1	P0501	底座	1	HT150		
序号	代　号	名　称	数量	材料	单件 总计 重　量	备　注

图 2-82　千斤顶装配图

（6）在主视图中插入"3"号块（螺杆的主视图），操作方法：选择"插入块"命令，弹出"插入"对话框，块名选"3"，选择"旋转"→"角度"，输入"-90°"，单击"确定"按钮，如图 2-85(b)所示。

（7）在主视图中插入"1"号块（螺钉的主视图），在左视图中插入"2"号块（螺钉的左视图），如图 2-85(c)所示。

（8）以"分解"命令打散各块，编辑图形，补充三个视图中缺失的部分，剪掉被前面图形遮住的线条，重新填充剖面线后，如图 2-85(d)所示。

（9）标注尺寸及零件编号，填写明细栏及标题栏，结果如图 2-82 所示。

(a)

图 2-83　千斤顶的零件

(b)

未注圆角为R0.5
螺钉的标准及规格: GB/T 85-M6X25

2	螺钉	

4	调节螺母	35

(c)

图 2-83　千斤顶的零件（续）

图 2-84   建立零件图"块"

(a) 底座的零件图

(b) 装配螺母及丝杆

(c) 装配螺钉

(d) 分解、整理、填充

图 2-85   绘制千斤顶装配图的步骤

2.9　零件图、装配图打印输出

1. 将工程图样输出成图片

当工程图样绘制完成后，如需输出成图片，可通过以下两种方法完成。

方法一：选择"文件"→"输出"命令，将文件输出为图元文件（*.wmf）、位图文件（*.bmp）或封装 PS 文件（*.eps）等。

方法二：直接复制屏幕或打印屏幕。

2. 将工程图样打印成图纸

要将绘图形打印成图纸，在计算机连接有打印机时可进行如下操作：选择"文件"→"打印"命令（或单击"标准"工具栏、"快速访问"工具栏的"打印"按钮 ），弹出打印设置的对话框，如图 2-86 所示。选择打印机的"名称"（应与所连接的打印机型号一致）；设置打印"图纸尺寸"（应小于等于打印机所能输出的最大图幅）、"图形方向"（纵向或横向）、"打印比例"（一般应设为 1:1 或根据图形与图纸的大小确定），设置"打印区域"（一般选择"窗口"，这样便可直接通过窗口选择打印范围）。为了使不同颜色的图线都能通过黑色打印清楚，在"打印样式表"选择框中应选择 monochrome.ctb（或选择所有需要打印的对象，在"特性"工具栏中将对象"颜色"改为"黑/白"色），为了保证所打印图形位于图纸中部，应在"打印偏移"中设置"居中打印"。

图 2-86　打印设置

单击"窗口(O)<"按钮，切换到绘图窗口，选择需打印的范围后，再回到打印设置的对话框；单击"预览"按钮，可看到打印效果的预览状况。预览效果若满足要求，可单击右键，然后选择"打印"命令来立即打印；如不满足要求，可单击"退出"按钮，回到如图 2-86 所示的对话框，重新进行设置并选择打印范围。选择合适后，可单击图 2-86 中的"确定"按钮完成操作。

第3章

点、线、面的投影

在工程技术领域中，广泛采用投影的方法绘制工程图样，它是在平面上表示空间物体的基本方法。为了正确地绘制空间物体的投影图，应首先掌握投影法，并研究空间几何元素的投影规律和投影特性。

3.1 投影的基本知识

在人们的生活中，一切形体都是以三维的空间形态存在的。如何才能在平面上准确无误地把空间物体表达出来呢？通过人们的观察发现，物体在光线照射下，在地面或墙面上就会出现该物体的影子，而且影子和物体之间存在着相互对应的关系。投影法就是从这一自然现象抽象出来，并随着科学技术的发展而发展起来的。

如图 3-1 所示，空间有一平面 P 以及不在该平面上的点 S 和 A，过点 S 和点 A 连一直线 SA，将直线 SA 延长与平面 P 相交于点 a，则点 a 即为空间点 A 在平面 P 上的投影。点 S 称为投射中心，平面 P 称为投影面，直线 SAa 称为投射线。这种利用投射线在投影面上产生投影的方法称为投影法。

3.1.1 投影法的分类

由于投影线、物体和投影面之间的相互关系不同，因而产生了不同的投影法。工程上常用的投影法有中心投影法和平行投影法两种，如图 3-1 和图 3-2 所示。

图 3-1　中心投影法

图 3-2　平行投影法

1. 中心投影法

投射线都通过投射中心的投影法，称为中心投影法，如图 3-1 所示。据此投影法得到的图形称为中心投影。空间物体的中心投影的大小与该物体距投射中心、投影面间的距离有关，不能反映其真实大小。

2．平行投影法

如果把中心投影法中的投影中心移到无穷远处，则各投射线就可视为相互平行，这种投影法称为平行投影法，如图 3-2 所示。空间物体投影的大小，只与物体相对于投影面的位置有关，而与投影面间的距离无关。平行投影法按投射线与投影面的相对位置，可分为斜投影法和正投影法两种。

投射线与投影面相互倾斜的平行投影法称为斜投影法，如图 3-3 所示，由此法所得的投影称为斜投影。投射线与投影面垂直的平行投影法称为正投影法，如图 3-4 所示，由此法所得的投影称为正投影。

图 3-3 斜投影法

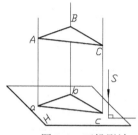

图 3-4 正投影法

3.1.2 工程上常用的几种投影图

各种投影法有各自的特点，适用于不同的工程图样，工程中常用的投影图有以下 3 种。

① 透视图。透视图是用中心投影法绘制的。这种投影图与人的视觉相符，具有立体感而形象逼真。其缺点是度量性差，适用于房屋、桥梁等外观效果图的设计及计算机仿真技术，如图 3-5 所示。

② 轴测图。轴测图是用平行投影法绘制的。这种图有一定的立体感，但度量性不理想，如图 3-6 所示，适用于作为产品说明书的机器外观图等，这种图也常常用于计算机辅助造型的设计中。

③ 多面正投影图。将物体的一个方向用正投影法向一个投影面进行投射所得的图形，称为单面正投影图，如图 3-7 所示。将物体的几个不同方向用正投影法向相互垂直的多个投影面进行投射所得的图形，称为多面正投影图，如图 3-8 所示。这种图虽然立体感差，但能完整地表达物体的各方位的形状、度量性好，便于指导加工，因此多面正投影图被广泛应用于工程的设计、制造中。

图 3-5 透视图

图 3-6 轴测图

图 3-7 单面正投影图

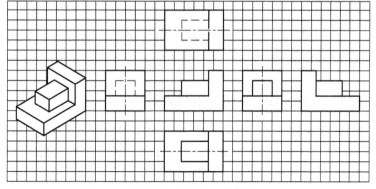

图 3-8 平面立体的多面正投影图

3.1.3　正投影法的基本性质

正投影的基本性质如表 3-1 所示。这些性质可用几何学知识证明，它们是正投影法作图的重要依据。

表 3-1　正投影法基本性质

性质	实形性	积聚性	类似性
图例			
投影特性	直线、平面平行于投影面，则在平行的投影面上的投影反映直线的实长或平面的实形	直线、平面、柱面垂直于投影面，则在该垂直的投影面上的投影分别积聚为点、直线、曲线	当直线、平面倾斜于投影面时，直线的投影仍为直线，平面的投影为平面的类似形
性质	平行性	从属性	定比性
图例			
投影特性	空间相互平行的直线，其投影一定相互平行；空间相互平行的平面，其有积聚性的投影对应平行	直线或曲线上对应点的投影必在该直线或曲线的投影上；平面或曲面上点、线的投影必在该平面或曲面的投影上	点分线段的比值，投影后保持不变，即 $AS:AB=as:ab$；空间两平行线段长度的之比，投影后保持不变，即 $AB:CD=ab:cd$
说明	类似形：指平面图形投影后所得的投影，与原平面图形保持基本特征不变。即边数不变，凸、凹状态相同，平行关系保持不变		

3.2　点的投影

任何立体都可以视为点的集合。点是构成物体的最基本的几何元素，研究点的投影性质和规律是掌握其他几何要素投影的基础。

3.2.1　点在两投影面体系中的投影

如图 3-9(a)所示，过空间点 A 向投影面 H 作投射线，与投影面 H 的交点 a 即是点 A 在投影面上的投影。所以，空间点在确定的投影面 H 上的投影是唯一的。反之，如图 3-9(b)所示，若已知点 A 的一个投影 a，过 a 作垂直于投影面 H 的投射线上的点 A_1，A_2，A_3，…，各点都可能是投影 a 对应的空间点。因此，空间点的一个投影不能唯一确定该点的空间位置。所以，确定一个空间点至少需要两个投影。

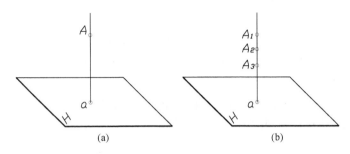

图 3-9 点的投影特性

图 3-10 为两个相互垂直的投影面，处于正面直立位置的投影面，称为正立投影面，用大写字母 V 表示，简称正面或 V 面；处于水平位置的投影面称为水平面，用大写字母 H 表示，简称水平面或 H 面。V 面和 H 面的交线称为投影轴，用 OX 表示。

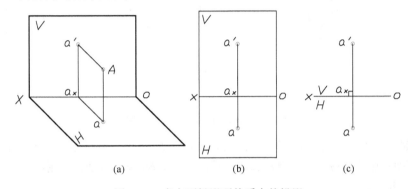

图 3-10 点在两投影面体系中的投影

过空间点 A 向 H 面作垂线，其垂足就是点 A 在 H 面上的水平投影，用 a 表示，过 A 点向 V 面作垂线，其垂足就是点在 V 面上的正面投影，用 a' 表示。

点在两面投影体系中的投影规律如下：① 点的投影连线垂直于投影轴；② 点的投影到投影轴的距离，反映该点到相邻投影面的距离，即 $aa_x = Aa'$，$a'a_x = Aa_x$。

3.2.2 点的三面投影

由前述可知，点的两面投影即可确定该点的空间位置，但对于复杂的物体，可能需要三面投影才能表达清楚，因此需要研究点在三面投影体系中的投影规律。

1. 三面投影体系的建立

在图 3-10 所示的两投影面基础上，再增加一个与 H、V 面均垂直的投影面，如图 3-11(a)所示，该投影面称为侧立投影面，简称侧面或 W 面。这三个相互垂直的面就构成三面投影体系。V 面与 H 面交于 OX 轴，H 面与 W 面交于 OY 轴，V 面与 W 面交于 OZ 轴，OX、OY、OZ 称为投影轴，它们的交点 O 称为原点。同时，三根投影轴 OX、OY、OZ 必定相互垂直。

2. 点的三面投影

由空间点 A 向 W 面投影，在 W 面上的投影为 a''。点 A 的三个投影分别为正面投影 a'、水平投影 a、侧面投影 a''。（注：空间点通常用大写字母表示，它的三个投影都用同一个小写字母表示，其中水平投影不加撇，正面投影加一撇，侧面投影加两撇）。

为了使三个投影面位于同一平面，规定投影面的展开如图 3-11(b)所示：V 面位置不变，H 面绕 OX 轴向下旋转 90°，W 面绕 OZ 轴向后旋转 90°，则 H 面、W 面与 V 面均位于同一水平面上。注意，三面投影展开后，空间的 OY 轴分为两部分，在 H 面上的用 Y_H 表示，在 W 面上的用 Y_W 表示，它们表示的都是空间 OY 轴。

投影面可以认为是任意大的，通常在投影图上不画它们的范围，如图 3-11(c)所示，称为点的三面投影图；投影图上各投影点之间的细实线称为投影连线。

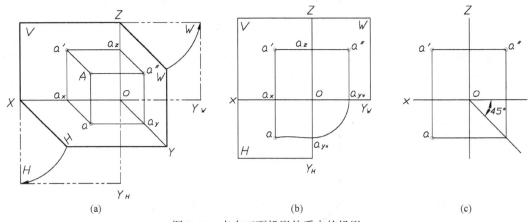

|(a)|(b)|(c)|

图 3-11　点在三面投影体系中的投影

为了统一起见，规定空间点用大写字母表示，如 A、B、C 等，水平投影用相应的小写字母 a、b、c 表示，正面投影用相应的小写字母加撇表示，如 a'、b'、c'，侧面投影用相应的小写字母加两撇表示，如 a''、b''、c''。

3．点在三面投影图中的投影规律

① 点的正面投影和水平投影的连线垂直于 OX 轴，即 $a'a \perp OX$，并且 $a'a$ 到原点 O 的距离反映 X 坐标。

② 点的正面投影和侧面投影的连线垂直于 OZ 轴，即 $a'a'' \perp OZ$，并且 $a'a''$ 到原点 O 的距离反映 Z 坐标。

③ 点的水平投影到 OX 轴的距离等于其侧面投影到 OZ 轴的距离，即 $aa_X = a''a_Z$。

点的每个投影均能反映两个坐标：正面投影反映 X、Z 坐标，水平投影反映 X、Y 坐标，侧面投影反映 Y、Z 坐标。

【例 3-1】 已知点 A 的两个投影 a'、a''，如图 3-12(a)所示，求第三面投影 a。

方法一：如图 3-12(b)所示。由点的投影规律可知，$a'a \perp OX$，$aa_X = a''a_Z$，故过 a' 作垂直于 OX 的投影连线 $a'a$，交 OX 于 a_X，在 $a'a$ 上量取 $aa_X = a''a_Z$，即可得到点 A 的第三面投影 a。

方法二：如图 3-13 所示。

① 由点 O 作与水平线成 45° 的辅助线，如图 3-13(a)所示。

② 由 a' 作 OX 轴的垂线，交 OX 轴并延长，如图 3-13(b)所示。

③ 由 a'' 作 OY_W 轴的垂线，并延长与 45° 辅助线相交，由此交点再作 Y_H 轴的垂线与过 a' 的垂线交于一点，即为空间 A 点的水平投影 a，如图 3-13(b)所示。

4．点的投影与坐标之间的关系

在三面投影体系中，由于 OX、OY、OZ 轴相互垂直，可在其上建立笛卡儿坐标系，O 为原

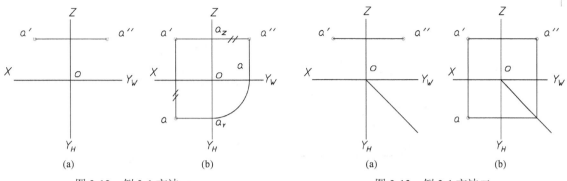

图 3-12　例 3-1 方法一　　　　　　图 3-13　例 3-1 方法二

点。空间点的位置可由三个坐标 X、Y、Z 表示，分别代表点到 W、V、H 面的距离，如图 3-14(a) 所示。

在点的三面投影图中，点的每个投影都可以由两个坐标确定，如图 3-14(b)所示，a' 由 x_A、z_A 确定，a 由 x_A、y_A 确定。由此可知，点的任意两个投影都包含三个坐标，即两个投影可确定点的空间位置。利用投影和坐标的关系，就可由点的两个投影量出三个坐标，也可由点的三个坐标画出点的三个投影。

【例 3-2】　已知点 A(12, 10, 15)，求作它的三面投影（见图 3-15）。

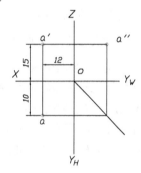

　　　　(a)　　　　　　　　　(b)

图 3-14　点的投影与坐标的关系　　　　图 3-15　已知点的坐标求三面投影

方法一：如图 3-15 所示。

① 画坐标轴（X，Y_H，Y_W，Z）。

② 在 X 轴上量取 $oa_X = 12$，得 $aa_X = 10$。

③ 过 a_X 作 X 轴的垂线，在垂线上量取 $aa_X = 10$，$a'a_X = 15$，得 a 和 a'。

④ 过 a' 作 Z 轴的垂线，并使 $a''a_Z = aa_X$，得 a''，即得点 A 的三面投影。

方法二：由 a' 作 OZ 轴垂线交 OZ 于 a_Z 并延长，由 a_Z 向右量出 $y = 10$，得 a''。

3.2.3　两点的相对位置及重影点

1. 两点的相对位置

空间两点的相对位置是指空间两点的左右、前后和上下位置关系，其可以用坐标的大小来判断。规定 X 坐标大者为左，反之为右；Y 坐标大者为前，反之为后；Z 坐标大者为上，反之为下。

已知空间两点 A、B 及其投影，在投影图中判断其相对位置，如图 3-16 所示。

① b' 在 a' 的上方（或 b'' 在 a'' 的上方），即 $z_B > z_A$，表示点 B 在点 A 的上方，两点的上下距离由 z 的坐标差 $|z_B - z_A|$ 确定。

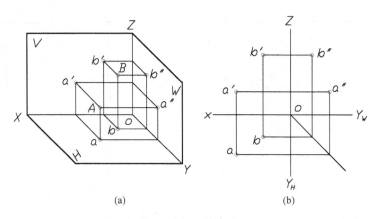

图 3-16　两点的相对位置

② b 在 a 的后方（或 b″在 a″的后方），即 $y_B < y_A$，表示点 B 在点 A 的后方，两点的前后距离由 y 的坐标差$|y_B - y_A|$确定。

③ b′在 a′的右方（或 b 在 a 的右方），即 $x_B < x_A$，表示点 B 在点 A 的右方，两点的左右距离由 x 的坐标差$|x_B - x_A|$确定。

在判别相对位置的过程中应注意：对水平投影而言，由 Y_H 轴向下就代表向前；对侧面投影而言，由 Y_W 轴向右也代表向前。

2．重影点及其可见性

当两点的某两个坐标相同时，该两点将处于同一投射线上，它们在该投射线垂直的投影面上的投影重合，此两点称为对该投影面的重影点。如图 3-17 所示，点 A 与点 B 同在一垂直于 V 面的投射线上，所以它们的正面投影 a′、b′重合，由于 $y_A > y_H$，表示点 A 位于点 B 的前方，故点 B 被点 A 遮挡，因此 b′不可见。不可见点加括号（b′）表示，以示区别。同理，若在 H 面上重影，则 Z 坐标值大的点其 H 面投影为可见点；而在 W 面上重影，则 X 坐标值大的点其 W 面投影为可见点。

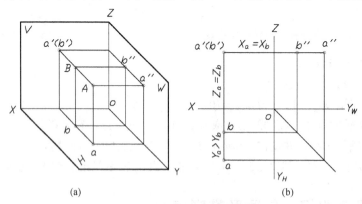

图 3-17　重影点及可见性的判别

总结：判断点的可见性的方法：前遮后、上遮下、左遮右，被遮的点要在同面投影符号旁边加圆括号，以区别其可见性。

3.3　直线的投影

直线的空间位置由线上任意两点决定，绘制直线的投影图时，只要作出直线上的任两点的投影，并将它们的同面投影相连即可。如图 3-18 所示，求作直线的三面投影时，分别作两端点的投影 a、a'、a'' 和 b、b'、b''，再将其与面投影连接（用粗实线绘制），即得直线 AB 的三面投影 ab、$a'b'$、$a''b''$。

(a)　　　　　　　　　　　　　　　　　(b)

图 3-18　直线的投影

3.3.1　各种位置直线的投影特性

直线与投影面的相对位置关系有三种情况：投影面的平行线、投影面的垂直线、一般位置直线。前两种又称为特殊位置直线。

1.　一般位置直线

对三个投影面都倾斜的直线称为一般位置直线。直线与某投影面的夹角称为直线对该投影面的倾角。空间直线与投影面 H、V、W 之间的倾角分别用 α、β、γ 表示。如图 3-19 所示的 AB，它的三个投影均与投影轴倾斜，它的投影均小于其真实长度，其中，$ab=AB\cos\alpha$，$a'b'=AB\cos\beta$，$a''b''=AB\cos\gamma$。

(a)　　　　　　　　　　　　　　　　　(b)

图 3-19　一般位置直线

一般位置直线的投影特性如下：① 三个投影都倾斜于投影轴，且小于实长；② 三个投影与相应投影轴的夹角均不反映对各投影面的倾角。

2.　投影面平行线

平行于一个投影面而与另外两个投影面倾斜的直线称为投影面平行线。平行于 H 面且倾斜于 V、W 面的直线称为水平线；平行于 V 面且倾斜于 H、W 面的直线称为正平线；平行于 W 面且倾斜于 H、V 面的直线称为侧平线。它们的投影特性见表 3-2。以表 3-2 中水平线为例，$AB//H$ 面而与 V、W 面倾斜，H 面投影反映直线 AB 的实长，即 $ab=EF$，ab 与 OX 轴的夹角反映直线 AB 与 V 面的倾角 α，ab 与 OY_H 轴的夹角反映直线 ab 与 W 面的倾角 β。其他两个投影 $a'b'//OX$，$a''b''//OY_W$，且小于实长。

表 3-2　投影面平行线的投影特性

名　称	水平线	正平线	侧平线
实例图			
立体图			
投影图			
投影特性	① 水平投影 $ab=AB$ ② 正面投影 $a'b'$ //OX，侧面投影 $a''b''$ //OY_W ③ ab 与 OX 和 OY 的夹角 α、γ 等于 AB 对 V、W 面的倾角	① 正面投影 $c'd' = CD$ ② 水平投影 cd//OX，侧面投影 $c''d''$ //OZ ③ $c'd'$ 与 OX 和 OZ 的夹角 α、γ 等于 CD 对 H、W 面的倾角	① 侧面投影 $e''f'' = EF$ ② 水平投影 ef//OY_H，正面投影 $e'f'$ //OZ ③ $c'd'$ 与 OX 和 OZ 的夹角 α、β 等于 EF 对 H、V 面的倾角

　　由表 3-2 可知，投影面平行线的投影特性如下：① 在所平行的投影面上的投影是斜线且反映实长；投影与两投影轴的夹角，分别反映直线对另两个投影面的真实倾角；② 在另外两个投影面上的投影分别平行于相应的投影轴，且长度小于实长。

3．投影面垂直线

　　垂直于投影面的直线，称为投影面垂直线。垂直于一个投影面必平行于另外两个投影面。其中，垂直于 H 面的直线称为铅垂线，垂直于 V 面的直线称为正垂线，垂直于 W 面的直线称为侧垂线。投影特性见表 3-3。

　　以表 3-3 中铅垂线为例，其垂直于 H 面，且与另外两个投影面平行。因此，其的水平投影积聚于一点，其他两个投影反映实长，并平行于 OZ 轴。

　　由表 3-3 可知，投影面垂直线的投影特性如下：① 在垂直的投影面上的投影积聚为一点；② 另外两个投影面上的投影分别垂直于相应的投影轴，并反映线段实长。

表 3-3　投影面垂直线的投影特性

名　称	铅垂线	正垂线	侧垂线
实例图			
立体图			
投影图			
投影特性	① 水平投影 ab 积聚为一点 ② $a'b' \perp OX$，$a''b'' \perp OY_W$；$a'b'$、$a''b''$ 均反映实长	① 正面投影 $a'b'$ 积聚为一点 ② $ab \perp OX$，$a''b'' \perp OZ$；ab、$a''b''$ 均反映实长	① 侧面投影 $a''b''$ 积聚为一点 ② $a'b' \perp OZ$，$ab \perp OY_H$；ab、$a'b'$ 均反映实长

3.3.2　直线上的点

直线与点的相对位置分为点在直线上和点不在直线上两种情况。若点在直线上，则点的投影有两个特性。① 直线上点的各个投影必在直线的同面投影上。例如在图 3-20 中，$C \in AB$，则有 $c \in ab$，$c' \in a'b'$，$c'' \in a''b''$。② 点的投影分割线段同面投影之比等于空间点分割线段之比，称为定比特性。在图 3-20 中，$C \in AB$，则 $AC:CB = ac:cb = a'c':c'b' = a''c'':c''b''$，如图 3-20 所示。在投影图上，点与直线的三面投影如果符合上述点的两个特性中的任一特性，则点一定在直线上，否则点就不在直线上。

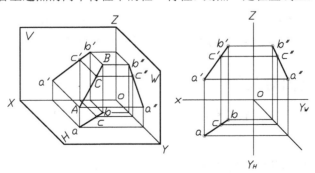

图 3-20　点在直线上的投影特性

【例 3-3】 如图 3-21(a)所示，已知线段 AB 上一点 K 的正面投影 k'，求点 K 的水平投影 k。

分析：根据直线上点的投影的两个特性，此题有两种作图方法。

方法一：利用侧面投影确定 k，如图 3-21(b)所示。先求出 AB 的 W 面投影 $a''b''$，根据点在直线上的投影特性，确定 k''，由 k'、k'' 可求出点 K 的水平投影 k。

方法二：如图 3-21(c)所示，根据点的定比特性 $a'k' : k'b' = ak : kb$，确定 K 的水平投影 k。

  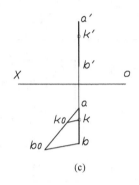

(a)　　　　　　　　　　　(b)　　　　　　　　　　　(c)

图 3-21　点在直线上的投影特性

作图步骤：

① 过 a（或过 b）任意画一线段 ak_0，使 $ak_0 = a'k_0$，$k_0b_0 = k'b'$，得 b_0、k_0。

② 连接 b_0b，过 k_0 作 $k_0k // b_0b$ 交 ab 于 k，即为所求。

【例 3-4】 如图 3-22(a)所示，判断点 E 是否在线段 AB 上。

方法一：如图 3-22(b)所示。由已知投影图可判断出 AB 是侧平线，虽然点 E 的正面投影和水平投影都在 AB 的同面投影上，但仍不能说明该点就一定在 AB 上，作线段 AB 和点 E 的侧面投影，可判断出 e'' 不在 $a''b''$ 上，所以点 E 不在线段 AB 上。

方法二：利用点的定比特性直接判断。由已知投影图可判断出 $a'e' : e'b' \neq ae : eb$，所以点 E 不在线段 AB 上。

 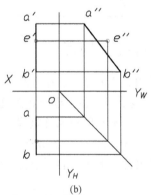

(a)　　　　　　　　　　　　　(b)

图 3-22　判断点是否在直线上的两种方法

3.3.3　两直线相对位置

空间两直线的相对位置关系有三种：平行、相交、交叉（又称为异面）。

1. 两直线平行

若空间两直线相互平行，则它们的同面投影必互相平行。如图 3-23 所示，由于 $AB // CB$，则 $ab // cd$，$a'c' // c'd'$，$a''b'' // c''d''$。反之，如果两直线同面投影都互相平行，则两直线在空间必互相平行。

若空间两直线互相平行，则两直线长度之比等于其投影之比。如图 3-23 所示，由于 *AB//CB*，则 *ac*∶*cb*= *a'c'*∶*c'd'*= *a"c"*∶*c"b"*。

(a)

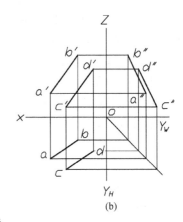

(b)

图 3-23　两直线平行

若两条直线为一般位置直线，只要有两组同面投影相互平行，就可判定两直线在空间相互平行，如图 3-24(b)所示。如果两直线都是投影面平行线，则要根据直线在所平行的投影面上的投影是否平行，来断定它们在空间是否相互平行。如图 3-25 所示的 *EF*、*GH* 为侧平线，虽然 *V* 面、*H* 面两组投影都各自互相平行，仍不能判定两直线平行，通常求出 *EF* 和 *GH* 在 *W* 面上的投影后判定。因 *e"f"* 与 *g"h"* 不平行，所以 *EF* 与 *GH* 不平行。

图 3-24　两直线平行

图 3-25　判断两直线是否平行

2. 两直线相交

如图 3-26 所示，若空间两直线相交，其同面投影一定相交，且交点的投影应符合点的投影规律；反之，若两直线的同面投影都相交，且投影交点符合点的投影规律，则两直线在空间一定相交。

(a)

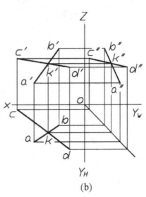

(b)

图 3-26　相交两直线的投影

若两直线是一般位置直线，只要两直线的两个投影相交，并且交点符合点的投影规律，则空间两直线相交，如图 3-27 所示。但当两直线中有一直线是投影面平行线时，则两组同面投影中必须包括直线所平行的投影面上的投影。在图 3-28 中，虽然 AB、CD 的正面投影和水平投影都相交，且交点连线垂直于 OX 轴，但因 CD 是侧平线，因此不能判定两直线相交。需要根据其侧面投影 a"b" 和 c"d" 是否相交，且正面投影和侧面投影的连线是否符合点的投影规律来判断。a'b' 和 c'd' 的交点与 a"b" 和 c"d" 交点连线与 Z 轴不垂直，故此两直线不相交。若只凭 V、H 两投影来判断，则可根据点在直线上的定比特性来判定。因两直线 V 面投影的交点分割 c'd' 之比不等于其 H 面投影交点分割 cd 之比，所以 AB 与 CD 不相交。

图 3-27　判断两直线是否相交

图 3-28　判断两直线是否相交

3. 两直线交叉

既不平行又不相交的两直线称为交叉两直线。如图 3-29 所示，两直线的同面投影虽相交，但投影交点连线不符合点的投影规律，所以两直线既不相交，也不平行，是交叉两直线。

从点的投影性质可知，交叉两直线同面投影的交点实际上是重影点的投影，如图 3-29 所示，正面投影的交点是直线 AB、CD 上的 1、2 两点的投影，由于 $Y_1 > Y_2$，所以 1' 可见，2' 不可见。同理，可判断出水平投影重影点的可见性。

(a)　　　　　　　　　　　　　(b)

图 3-29　交叉两直线的投影

【例 3-5】　判断两侧平线 AB、CD 的相对位置，如图 3-30(a) 所示。

方法一：如图 3-30(b) 所示。根据 AB、CD 的 V、H 投影，作其 W 面投影，若 a"b"//c"d"，则 AB//CD；反之，则 AB 和 CD 交叉。按作图结果可判断 AB 与 CD 是交叉两直线。

方法二：如图 3-30(c) 所示。分析：分别连接 A 和 D、B 和 C，若 AD、BC 相交，则 A、B、C、D 四点共面，故 AB//CD；反之，则 A、B、C、D 四点不共面，AB 和 CD 交叉。

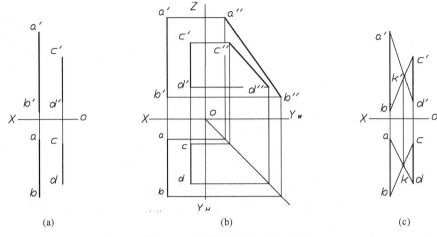

图 3-30　判断两直线的相对位置

作图：连接 $a'd'$、$b'c'$ 得交点 k'，连接 ad、bc 得交点 k，因 $k'k$ 不垂直于 OX 轴，故 AB 与 CD 交叉。

【例 3-6】　已知直线 AB、CD 的两面投影和点 E 的水平投影 e，求作直线 EF 与 CD 平行，并与 AB 相交于点 F，如图 3-31(a)所示。

如图 3-31(b)所示，因所求直线 $EF \text{//} CD$，故先过 e 作 $ef \text{//} cd$；又因 EF 与 AB 相交，故 ef 与 ab 的交点 f 即为点 F 的水平投影；按点的投影规律，在 $a'b'$ 上求得 f'，然后从 f' 作 $f'e' \text{//} c'd'$，使 e' 在过 e 的投影连线上。则 ef 和 $e'f'$ 即为所求。

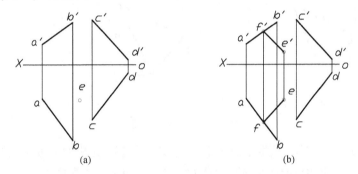

图 3-31　求作直线与一直线平行且与另一直线相交

3.4　平面的投影

3.4.1　平面的投影表示法

（1）用几何元素表示平面

在空间，平面可以由如下一组几何元素确定：① 不在同一直线上的三点；② 一直线和该直线外一点；③ 相交两直线；④ 平行两直线；⑤ 任意平面图形。如图 3-32 所示，同一平面的表示方式是多种多样的，而且是可以相互转换的。可以看出，不在同一直线上的三点是决定平面位置最基本的几何元素。

（2）省略投影轴的画法（也称为无轴投影图的画法）

在平行投影的条件下，物体对投影面距离的远近并不影响它在该投影面上的投影形状和大小，所以在实际画图时，当不需要确定物体与投影面的距离时，影轴常不画，这种情况称为无轴投影图。

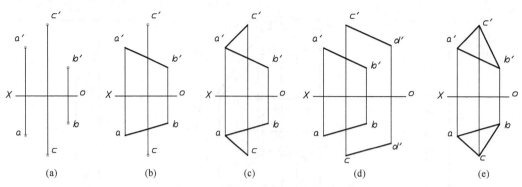

图 3-32　平面在投影图上的表示方法

图 3-33(a)中给出了△ABC 的两个投影。在无轴投影的情况下，先确定一个点的第三投影，再根据点的相对位置确定其他点的第三个投影。

如图 3-33(b)所示，先画出点 A 的侧面投影。过点 a'向右方作一水平线，在线上任取一点 a"。过 a"作一竖垂线，与过 c'所作水平线交于 1"点，然后在这条水平线上从 1"向左量取 1"c"等于 1c（在水平投影上定出的 A、C 两点的前后距离之差），即得点 c"。

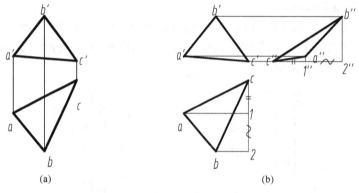

图 3-33　无轴投影图

再在这条水平线上从 1"向右量取 1"2"等于 12（在水平投影上定出的 A、B 两点的前后距离之差），从 2"作竖直线，与过 b'点所作的水平线交于点 b"。将 a"、b"、c"连接起来，即得三角形 ABC 的侧面投影 a"b"c"。作图时，应注意各点的水平投影与侧面投影的前、后对应关系。

3.4.2　平面对投影面的各种相对位置

与直线一样，根据平面在三面投影体系中位置不同，平面可分为三类，即投影面垂直面、投影面平行面和一般位置平面。前两类平面又称为特殊位置平面。

平面与投影面 H、V、W 之间的夹角，分别称为平面对该投影面的倾角，分别用 α、β、γ 表示。

1．投影面垂直面

垂直于一个投影面而与另外两个投影面都倾斜的平面称为投影面垂直面。根据其所垂直的投影面不同，又可分为三种，即垂直于 V 面的称为正垂面、垂直于 H 面的称为铅垂面、垂直于 W 面的称为侧垂面。它们的投影图及投影特性见表 3-4。以表 3-4 中铅垂面为例，平面 ABCD 垂直于 H 面，在 H 面投影积聚成一条直线，此直线与 OX 轴和 OY 轴夹角 β、γ 分别反映平面 ABCD 对 V 面、W 面的倾角。在 V 面、W 面上的投影 a'b'c'd'、a"b"c"d"均为小于平面 ABCD 的类似形。

表 3-4　投影面垂直面的投影特性

名　称	铅垂面	正垂面	侧垂面
实例			
立体图			
投影图			
投影特性	① 水平投影积聚成直线，与 OX 轴夹角为 β，与 OY 轴夹角为 γ ② 正面投影和侧面投影具有类似性	① 正面投影积聚成直线，与 OX 轴夹角为 α，与 OZ 轴夹角为 γ ② 水平投影和侧面投影具有类似性	① 侧面投影积聚成直线，与 OY 轴夹角为 α，与 OZ 轴夹角为 β ② 正面投影和水平投影具有类似性

由表 3-4 可知，投影面垂直面具有以下投影特性：① 在所垂直的投影面上的投影，积聚为一条直线，且这条直线与投影轴的夹角分别反映该平面对另两个投影面的投影；② 平面在另两个投影面上的投影均为小于原平面的类似形。

判断方法：一个平面只要有一个投影积聚成一倾斜线，它必然垂直于积聚性投影所在的投影面。

2．投影面平行面

平行于一个投影面即同时垂直于其他两个投影面的平面称为投影面平行面。根据其所平行的投影面不同，投影面平行面也可分为三种，即平行于 H 面的平面称为水平面、平行于 V 面的投影面称为正平面、平行于 W 面的平面称为侧平面。它们的投影图及投影特性见表 3-5。

以表 3-5 中水平面为例。平面 ABCD 平行于 H 面，则必垂直于 V 面和 W 面，所以在 H 面上的投影 abcd 反映实形，在 V、W 面上的投影 a'b'c'd'、a"b"c"d"均积聚成一线段，并分别平行于 OX 轴与 OY 轴。

由表 3-5 可知，投影面平行面具有以下投影特性：①平面在所平行的投影面上的投影反映实形；② 平面在另两个投影面上的投影积聚为一条直线，且分别平行于相应的投影轴。

判断方法：一个平面只要有一个投影积聚成一条平行于投影轴的直线，该平面必平行于非积聚性投影所在的投影面，且非积聚性投影反映平面的实形。

表 3-5　投影面平行面的投影特性

名称	水平面	正平面	侧平面
实例			
立体图			
投影图			
投影特性	① 水平投影反映实形 ② 正面投影积聚成平行于 OX 轴的直线 ③ 侧面投影积聚成平行于 OY 轴的直线	① 正面投影反映实形 ② 水平投影积聚成平行于 OX 轴的直线 ③ 侧面投影积聚成平行于 OZ 轴的直线	① 侧面投影反映实形 ② 正面投影积聚成平行于 OZ 轴的直线 ③ 水平投影积聚成平行于 OY 轴的直线

3. 一般位置平面

与三个投影面都处于倾斜位置的平面称为一般位置平面。它在三个投影面上的投影都不反映实形，而是小于原平面的类似形，如图 3-34 所示，平面 ABC 对 H 面、V 面、W 面都是倾斜面，它的三个投影都不反映实形。

由图 3-34 可知一般位置平面的投影特性：① 它的三个投影均为类似形，而且面积比实际小；② 投影图上不能直接反映平面对投影面的倾角的真实大小。

图 3-34　一般位置平面的投影特性

3.4.3 平面上的点和直线

（1）点在平面上的几何条件

如果一点位于平面上的一已知直线上，则此点必定在该平面上。如图 3-35 所示，D、E 点分别在属于 P 平面的直线 AB、BC 内，则 D、E 两点在 P 平面上。

（2）直线在平面上的几何条件

① 一直线通过平面上的两个点，则此直线必定在该平面上，如图 3-35(a)所示。② 一直线通过平面上的一个点，且平行于平面上另一直线，则此直线必定在该平面上，如图 3-36(b)所示。

(a) 经过两点

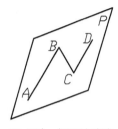

(b) 经过一点且平行直线

图 3-35   取属于平面内点的示意

图 3-36   取属于平面上的直线的示意

【例 3-7】 已知相交两直线 AB、CD 确定的一个平面，试作属于该平面的任意两直线，如图 3-37 所示。

作图：可以用两种不同的方法作平面内的直线。

方法一：取该平面内的任意两已知点 D（d'、d）和 E（e'、e），过 D、E 点的直线 DE（$d'e'$、de）必属于该平面内的直线。

方法二：过该平面内的已知点 C（c'、c）作直线 CF（$c'f'$、cf）平行于已知直线 AB（$a'b'$、ab），则直线 CF 一定是属于该平面的直线。

【例 3-8】 判别点 m 是否在平面△ABC 内，并作△ABC 平面上的点 n 的正投影，如图 3-38(a)所示。

(a)

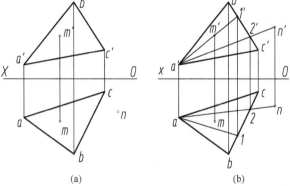

(b)

图 3-37   取属于平面内的直线

图 3-38   平面上的点

分析：判别点是否在平面上和求平面上点的投影，都可利用"若点在直线上，那么点一定在平面内的一条直线上"这一投影特性。

作图：连接 $a'm'$ 并延长交 $b'c'$ 于 $1'$，作点 1 的水平投影 1，这样 $a1$ 为△ABC 平面内的直线，由于 m 不在 $a1$ 上，所以点 m 不在△ABC 平面上；连接 an 交 bc 于 2，作出点 2 的正面投影 $2'$，连接

$a'2'$并延长与过 n 作的投影连线相交于 n'。因 $A2$ 是△ABC 平面上的直线，点 n 在此直线上，所以点 n 在△ABC 平面上。

从本例可以看出，判断点是否在平面内，不能只看点的投影是否在平面的投影轮廓内，一定要用几何条件和投影特性来判断。

【**例 3-9**】 已知△ABC 平面的两面投影，作平面上水平线 AD 和正平线 CE 的两面投影，如图 3-39(a)所示。

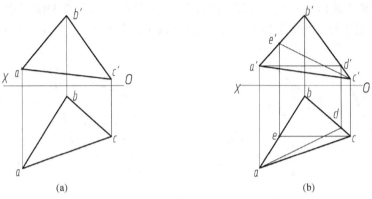

(a)　　　　　　　　　　(b)

图 3-39　求平面上的水平线和正平线的投影

分析：由于水平面的正面投影平行 OX 轴，故可先求 AD 的正面投影，而正平线的水平投影平行于 OX 轴，故可先求 CE 的水平投影。

作图：如图 3-39(b)所示，过 a'作 $a'd'$平行 OX 轴交 $b'c'$于 d'，在 bc 上求出 d，连接 ad 即为所求。过 c 作 ce//OX轴交 ab 于 e，在 $a'b'$上求出 e'，连接 $c'e'$即为所求。

【**例 3-10**】 完成平面图形 $ABCDE$ 的正面投影，如图 3-40(a)所示。

分析：现已知 A、B、C 三点的正面投影和水平投影，平面的空间位置已经确定，E、D 两点应在△ABC 平面上，故利用点在平面上的原理作点的投影即可。

作图：如图 3-40(b)所示，连接 $a'c'$和 ac，即求出△ABC 的两面投影。求△ABC 上一点 E 的正面投影 e'：连接 be 交 ac 于 1，求出与之对应点的正面投影 $1'$；连接 $b'1'$并延长与过 e 的投影连线交于 e'。同理，求△ABC 上另一点 D 的正面投影 d'。依次连接 c'、d'、e'、a'，得到平面图形 $ABCDE$ 的正面投影。

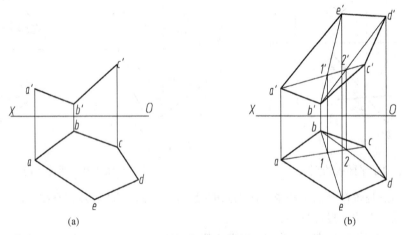

(a)　　　　　　　　　　(b)

图 3-40　完成平面图形的投影

第**4**章

立体的投影

立体是由内外表面所组成的，立体的投影就是构成立体的所有表面投影的总和；根据立体表面的性质，可以把立体分为平面立体和曲面立体；立体表面全部由平面围成的立体称为平面立体，立体表面由平面和曲面围成，或全部由曲面围成的立体称为曲面立体。

基本几何体是指外形简单而形状规则的形体，常见的基本几何体有棱柱、棱锥、圆柱、圆锥、球体等，如图 4-1 所示。

| 棱柱 | 棱锥 | 圆柱 | 圆锥 | 圆球 | 圆环 |

图 4-1　基本几何体

本节在点、线、面投影的基础上，分析几种基本几何体的投影及其表面取点的作图方法，进而研究图解法求立体表面交线的问题。

4.1　平面立体的投影及其表面上的点

平面立体由底面和棱面组成。底面和棱面均为平面多边形，棱面与棱面的交线称为棱线，底面和棱面的交线称为底边。因此，绘制平面立体的投影可归结为绘制它的所有棱线及底边的投影，然后判断可见性，将可见的棱线的投影画成粗实线；不可见的棱线的投影画成虚线；当粗实线与虚线重合时，应画成粗实线。常见的平面立体可分为棱柱和棱锥。

4.1.1　棱柱

1. 棱柱的投影

图 4-2 为一个正六棱柱的立体图和投影图。从本节开始，在投影图中不再画投影轴，但各点、线、面的三面投影仍要遵守正投影规律。

图 4-2(a)所示的正六棱柱由顶面、底面和 6 个棱面组成，它的顶面和底面为水平面；6 个棱面与 H 面垂直，其中前、后棱面是正平面，其他棱面为铅垂面。6 条棱线为铅垂线。

(a) (b)

图 4-2   正六棱柱的三视图

作投影图时，先画顶面和底面的投影：水平投影为反映顶面和底面实形且两面重影的正六边形；正面、侧面投影都积聚成一条直线。再画 6 条棱线的投影：在水平投影上，6 条棱线积聚在六边形的 6 个顶点上，正面、侧面投影为反映棱柱高的直线段。

作图步骤：

① 用细点画线画出正六棱柱三面投影的对称中心线，用细实线画出正面投影和侧面投影中底面的基准线，画出反映顶面和底面实形的水平投影——正六边形，如图 4-3(a)所示。

② 根据投影规律画出正面投影，如图 4-3(b)所示。

③ 根据投影规律画出侧面投影，检查无误后加深三面投影（用粗实线），如图 4-3(c)所示。

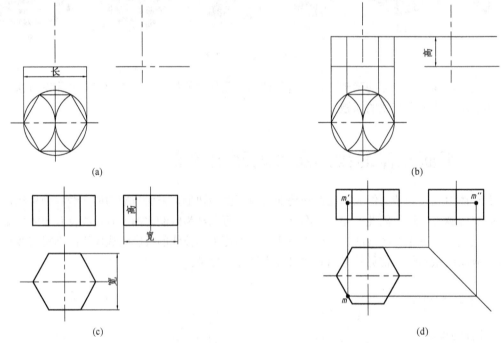

(a) (b)

(c) (d)

图 4-3   正六棱柱三视图的作图步骤

2. 棱柱表面取点

棱柱表面取点，原理和方法与平面上取点相同，先要确定点所在的平面并分析平面的投影特性。

【例 4-1】 在图 4-3(d)中，六棱柱左前棱面上点 M 的正面投影为 m'，求其余两个投影 m 和 m''。

解   由于图示棱柱的表面都处在特殊位置，所以棱柱表面上点的投影均可用平面投影的积聚性来作图。作图步骤：

① 由于左棱面的水平投影积聚成直线，所以点 M 的水平面投影 m 一定在左棱面的水平面投影上。据此从 m' 向俯视图作投影连线，与该直线的交点即为 m，如图 4-3(d) 所示。

② 根据投影规律，由正面投影 m' 和水平面投影 m 就可以求得侧面投影 m''，如图 4-3(d) 所示。

③ 判断可见性，属于立体表面的点的可见性是由点所在表面的可见性决定的。图 4-3 中点 M 所在棱面的侧面投影是可见的，故 m'' 是可见的；当点所在的表面积聚成线段时，则不需要判断点在该投影中的可见性，如图 4-3 中点 M 的水平投影。

4.1.2　棱锥

1. 棱锥的投影

底面为一多边形，侧面为有一公共顶点的三角形，即各条棱线相交于一点的平面立体，称为棱锥。以正三棱锥为例，棱锥的三面投影的画法如图 4-4 所示。

(a)

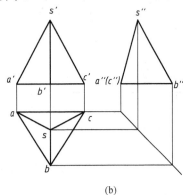

(b)

图 4-4　正三棱锥的三视图

正三棱锥由底面 △ABC 和三个棱面组成。底面 △ABC 是一水平面，所以它的水平投影是一反映实形的正三角形 △abc，其正面投影和侧面投影则积聚成直线；棱面 △SAC 为侧垂面，它的侧面投影积聚成直线，正面投影和水平投影均为类似形；棱面 △SAB 和 △SBC 都是一般位置平面，它们的三面投影均为类似形。

按直线的投影特性来分析正三棱锥各棱线的投影，即棱线 AB、BC 为水平线，AC 为侧垂线，棱线 SB 为侧平线，SA、SC 为一般位置直线。各棱线的作图结果与按面分析的结果一致。作图步骤：

① 用细点画线画出正三棱锥在正面投影和水平投影中的左右对称中心线，用细实线画出底面的三面投影，如图 4-5(a) 所示。

② 画出顶点的三面投影，并用细实线连接各棱线的同名投影，如图 4-5(b) 所示。

(a)

(b)

(c)

图 4-5　正三棱锥三视图的作图步骤

③ 检查无误后用粗实线加深三面投影，如图 4-5(c)所示。

2. 棱锥面上取点

棱锥的表面可能有特殊位置平面，也可能有一般位置平面，对于特殊位置平面内点的投影可利用平面投影的积聚性作出；对于一般位置平面内点的投影，则要运用点、线、面的从属关系通过作辅助直线的方法求出。

【例 4-2】 已知三棱锥表面上点 *M* 的正面投影 *m′*，求点 *M* 的水平投影 *m* 和侧面投影 *m″*，如图 4-6 所示。点 *M* 所在的面△*SAB* 是一般位置平面，故点 *M* 的其他投影必须过点 *M*。在△*SAB* 上过 *m′* 点作一辅助直线，如图 4-6(a)所示，即过 *m′* 作该直线的正面投影平行于 *a′b′*；再求该直线的水平投影（平行 *ab*），点 *M* 的水平投影 *m* 必在该直线的水平投影上；最后由 *m′*、*m* 求出 *m″*。

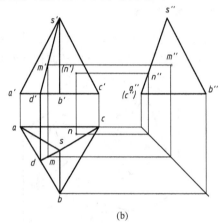

(a)　　　　　　　　　　　　　　　　　(b)

图 4-6　三棱锥表面取点

图 4-6(b)为求点 *M* 的另一种作辅助直线求解的方法，作图操作：连接 *s′m′* 并延长，使其与 *a′b′* 交于 *d′*；再在 *ab* 上求出 *d*，连接 *sd*，则 *m* 点必然在 *sd* 上，最后根据 *m′*、*m* 求出 *m″*。

又如图 4-6(b)所示，已知 *N* 点的水平投影 *n*，求 *N* 点的正面投影 *n′* 和侧面投影 *n″*，因为 *N* 点所在的面△*SAC* 是侧垂面，所以可利用侧垂面积聚性先求出 *n″*；再根据 *n*、*n″* 求出 *n′*，*N* 点的 *V* 面投影为不可见。

4.2　常见回转体

常见的回转体有圆柱、圆锥、圆球和圆环等。回转体的表面是由回转面和平面或完全是回转面组成。回转面是由一动线（直线、圆弧或其他曲线）绕一定线（直线）回转一周后形成的曲面。如图 4-7 所示，形成回转面的定线称为轴线，动线称为母线，母线在回转面上的任意位置称为素线。回转面的形状取决母线的形状，以及母线与轴线的相对位置。

从回转面的形成过程可知，母线上任意一点的轨迹是一个圆，称为纬圆，纬圆的半径是该点到轴线的距离，纬圆所在的平面与轴线垂直。这一基本性质是关于在回转面上取点作图的重要依据。

4.2.1　圆柱

1. 圆柱的形成及投影分析

圆柱面可以视为由一直母线绕与它平行的回转轴线旋转而成。圆柱体由圆柱面及两底面所组成。

图 4-7　回转体的形成

图 4-8 所示的圆柱体的轴线是铅垂线,圆柱面垂直于水平面,因此圆柱面的水平投影有积聚性,积聚成一个圆。圆柱体的顶面和底面是水平面,它们的水平投影为反映实形的圆。

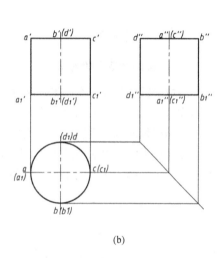

图 4-8　圆柱体的三视图

在正面和侧面投影中,轴线的投影用点画线画出,顶面和底面分别积聚为直线段,其长度等于直径,而圆柱面的投影范围由各投影面的转向轮廓线限定。最左、最右两素线 AA_1 和 BB_1 的正面投影 $a'a_1'$ 和 $b'b_1'$ 是正面投影的转向轮廓线。最前、最后两素线 CC_1 和 DD_1 的侧面投影 $c''c_1''$ 和 $d''d_1''$ 是侧面投影的转向轮廓。转向轮廓线是圆柱面的投影外轮廓线,又是圆柱面投影可见与不可见的分界线。正面投影以 $a'a_1'$ 和 $b'b_1'$ 为界,前半圆柱面为可见,后半圆柱面为不可见。侧面投影以 $c''c_1''$ 和 $d''d_1''$ 为界,左半圆柱面为可见,右半圆柱面为不可见。

画圆柱投影时,如图 4-9 所示,一般先画出轴线和底圆中心线,然后画出上、下底圆的投影和圆柱面投影的转向轮廓线。注意,在任何回转体的投影图中,必须用点画线画出轴线和圆的中心线。

2. 圆柱体表面上取点

当圆柱体轴线是投影面垂直线时,圆柱面在该投影面上的投影积聚成一个圆,所以圆柱面上点和线的投影必在该圆上,要充分利用这一特性进行作图。

【例 4-3】 已知圆柱体表面 M、N 两点的正面投影 m' 和 (n'),求作它们的水平投影和侧面投影,如图 4-10 所示。根据正面投影 m' 为可见,(n') 为不可见,可知点 M 在前半圆柱面上;而点 N 在后半圆柱面上,由于该圆柱面的侧面投影有积聚性,就可由 m'、(n') 按投影规律作 m'' 和 n'';再由 m'、

m''、(n')、n''按投影关系作水平投影(m)、n。由于点 M 在下半圆柱面上，点 N 在上半圆柱面上，所以点 M 的水平投影 m 为不可见，而点 N 的水平投影 n 为可见。

图 4-9   圆柱体三视图的作图步骤

图 4-10   圆柱体表面上取点

4.2.2   圆锥

1. 圆锥的形成及投影分析

组成圆锥体的表面有圆锥面和底圆平面。圆锥面可以视为直母线 SA 绕与其相交轴线 SO 回转一周而成。因此，圆锥面的素线都是通过锥顶的直线。

当圆锥体的轴线垂直于水平面时，圆锥体的俯视图为一圆，这个圆既是圆锥面的水平投影，也是底面（水平面）的水平投影，如图 4-11 所示。注意：这个圆没有积聚性，因为圆锥面上所有素线都倾斜于水平面。底面的正面投影和侧面投影均积聚成直线。

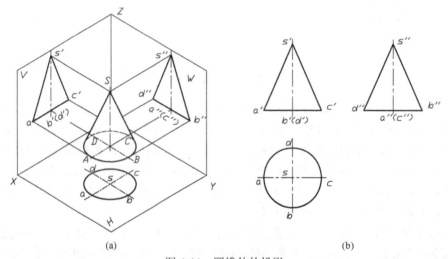

图 4-11   圆锥体的投影

圆锥体的正面投影为等腰三角形，其两腰 $s'a'$、$s'c'$是圆锥体正面投影的最左、最右转向轮廓线，也是前半圆锥面与后半圆锥面可见与不可见的分界线，其侧面投影与轴线重合。圆锥体的侧面投影与正面投影为同样大小的等腰三角形。等腰三角形的两腰 $s''b''$、$s''d''$是圆锥体最前、最后转向轮廓线，是左半圆锥面与右半圆锥面可见与不可见的分界线，转向轮廓线的水平投影与圆的中心线重合，省略不画。图 4-12 为圆锥体三面投影的作图方法，一般应先画出轴线和底圆的中心线，再画出底圆的投影及圆锥面的转向轮廓线。

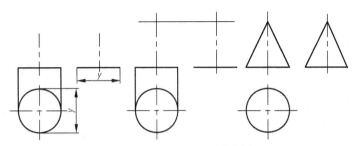

图 4-12　圆锥体三视图的作图步骤

2. 圆锥表面取点

【例 4-4】　如图 4-13(a)所示，假设已知圆锥面上一点 K 的正面投影 k'，求作它的水平投影 k 和侧面投影 k''。

由于圆锥面的三面投影均没有积聚性，所以在圆锥面上取点，一般要借助于辅助线。作辅助线的方法有下面两种。

① 辅助素线法。在圆锥面上过点 K 及锥顶 S 作辅助素线 SA。这种过锥顶作辅助素线的方法称为素线法，即过点 K 的已知投影 k' 作 $s'a'$，求出 sa，按 "宽相等" 的关系求出 $s''a''$，即得素线 SA 的三面投影，又因点 K 在 SA 上，故可由 k' 求出 k 和 k''。另由于点 K 在左半圆锥面上，所以 k'' 是可见的，如图 4-13(a)所示。

② 辅助纬圆法。过点 K 作一个平行于底面的圆，这个圆就是点 K 绕轴线旋转所形成的，称为 "纬圆"。这种利用纬圆求解的方法称为纬圆法，如图 4-13(b)所示。

已知圆锥面上点 K 的正面投影 K'，求作水平投影 k 和侧面投影 k'' 时，可在圆锥面上过点 K 作水平纬圆，其水平投影反映实形。具体如下：过 k' 作纬圆的正面投影 $1'2'$，即过 k' 作轴线的垂线 $1'2'$，再以 $1'2'$ 为直径、s 为圆心画圆，求得纬圆的水平投影 12，则 k 必在此圆周 12 上，然后由 k' 和 k 求得 k''。

(a)　素线法　　　　　　　　　　　　　　　　　　(b)　纬圆法

图 4-13　圆锥面上取点

4.2.3　圆球

1. 圆球的形成及投影分析

圆球是一圆母线以其直径为回转轴旋转而成的。圆球在 3 个投影面上的投影都是等直径的圆。这三个圆是圆球向三个转向轮廓线的投影。

如图 4-14 所示，正面投影的圆 A 是圆球正面投影的转向轮廓线，是前半球面和后半球面的分界

(a)   (b)

图 4-14   圆球的三视图

线。水平面投影的圆 B 是圆球水平投影的转向轮廓线，是上半球面和下半球面的分界线，侧面投影的圆 C 是圆球侧面投影的转向轮廓线，是左半球面和右半球面的分界线。在投影图上当转向轮廓线的投影与中心线重合时，按规定只画中心线。

在画圆球的投影时，应先画出三面投影中圆的对称中心线，对称中心线的交点为球心，然后再分别画出三面投影的转向轮廓线。

2．圆球表面上取点

圆球表面上取点必须利用辅助线。因圆球面上不能取到直线，所以只能用纬圆法来确定圆球面上的点的投影。而当点位于圆球的最大圆上时，可直接利用最大圆的投影求出点的投影。

已知圆球和圆球表面上的一点 M 的水平投影 m，求点 M 的正面投影 m′和侧面投影 m″。作图时，可过点 M 在圆球面上作平行于正投影面的纬圆求解。如图 4-15(a)所示，过 m 作纬圆 12，再以 12 为直径，以球心为圆心在主视图上画圆得纬圆的正面投影 1′2′，则 m′ 必在圆 1′2′的上半个圆周上（因 m 可见，表示点 M 在上半个圆球面上），由 m、m′可求出 m″。因 m 在前左方，所以 m′、m″均可见。本例也可以用平行于水平投影面或侧投影面的纬圆求解。图 4-15(b)为利用水平纬圆求作点 M 投影的作图方法。至于如何作侧面纬圆求解，请读者自行分析和作图。

(a)   (b)

图 4-15   圆球表面上的点

4.3   立体表面的截交线

平面与立体（平面立体或曲面立体）相交，称为截切，如图 4-16 所示。截切立体的平面称为截平面；截平面与立体表面的交线称为截交线；截交线围成的平面图形称为截断面。

截交线具有以下基本性质：① 截交线即在截平面上，又在立体表面上，因此截交线是截平面与立体表面的共有线，截交线上的点是截平面与立体表面的共有点；② 由于立体表面是封闭的，因此截交线必定是封闭的线段，截断面是封闭的平面图形；③ 截交线的形状取决于立体表面的形状和截平面与立体的相对位置。

图 4-16　立体表面的截交线

由以上性质可以看出，求截交线的实质就是要求出截平面与立体表面的一系列共有点，然后依次连接各点即可。可以根据立体表面的性质，在其上选取一系列适当的线（棱线、素线或纬圆），求出这些线与截平面的交点，然后按其可见性用粗实线或虚线依次连接就可得到所求的截交线。

4.3.1　平面与平面立体相交

平面与平面立体相交时，截交线是平面多边形，多边形的各边是截平面与立体各相关表面的交线，多边形的各顶点一般是立体的棱线与截平面的交点。因此，求平面立体截交线的问题，可以归结为求两平面的交线和求直线与平面的交点问题。

【例 4-5】　求图 4-17(a)中三棱锥 S-ABC 被正垂面 P 截切后的投影。

分析：由图 4-17(a)可知，平面 P 与三棱锥的三个棱面相交，交线为三角形，三角形的顶点是三棱锥三条棱线 SA、SB、SC 与平面 P 的交点。

(a)　　　　　　　　　(b)　　　　　　　　　(c)

图 4-17　三棱锥的截交线

作图步骤：

① 平面 P 为正垂面，可直接得到各棱线与平面 P 交点的正面投影 $1'$、$2'$、$3'$。

② 根据 $1'$、$2'$、$3'$，在各棱线的水平投影上求出截交线各顶点的水平投影 1、2、3。

③ 根据 $1'$、$2'$、$3'$，在各棱线的侧面投影上求出截交线各顶点的侧面投影 $1''$、$2''$、$3''$。

④ 依次连接各顶点的同面投影，即得截交线的水平投影 $\triangle 123$ 和侧面投影 $\triangle 1''2''3''$。

⑤ 整理轮廓线，并判断可见性。

【例 4-6】　求图 4-18 中带切口的五棱柱的投影。

分析：当立体被两个或两个以上的截平面截切时，首先要确定每个截平面与立体截交线，还要考虑截平面之间有无交线。

图 4-18 为带有切口的五棱柱，即五棱柱被正平面 P 和侧垂面 Q 所截切而成。五棱柱与 P 平面的交线为 B-A-F-G 四边形，其水平投影和侧面投影积聚成直线段；与 Q 平面的交线为 B-C-D- E-G 五边形，其水平投影重合在五棱柱棱面的水平投影上，侧面投影积聚成直线段；P、Q 两截平面的交线为 BG。作图时，只要分别求出五棱柱上点 A、B、C、D、E、G、F 的三面投影，然后顺序连

接各点的同面投影即可。

作图步骤：

① 画出五棱柱的正面投影。在五棱柱的侧面投影上，求出截交线上点 *A*、*B*、*C*、*D*、*E*、*G*、*F* 的侧面投影 *a''*、*b''*、*c''*、*d''*、*e''*、*f''*、*g''*。

② 由五棱柱棱面的积聚性，求出各点的水平投影和正面投影：*A*、*F* 点，*B*、*G* 点，*C*、*E* 点，*D* 点。

③ 连线求截交线的投影，按 *A-B-C-D-E-G-F-A* 的顺序，分别求截交线 *B-A-F-G* 四边形和截交线 *B-C-D-E-G* 五边形的投影。

④ 整理轮廓线，并判断可见性。

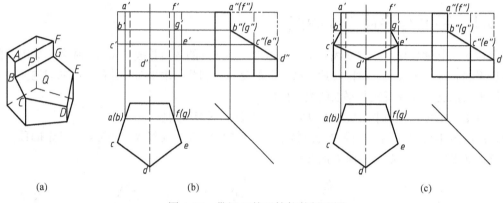

(a)　　　　　　　　　(b)　　　　　　　　　(c)

图 4-18　带切口的五棱柱的投影图

4.3.2　平面与回转体相交

平面与回转体相交，截交线一般是由曲线或曲线与直线组成的封闭的平面图形，当其投影为非圆曲线时，可以利用表面取点的方法求出截交线上一系列点的投影，再连成光滑的曲线。

1．圆柱体的截交线

当平面截切圆柱体时，底面上的截交线为直线；而圆柱面上的截交线，由于两者的相对位置不同，所得的截交线分别为圆、椭圆或直线，如表 4-1 所示。

表 4-1　圆柱面的截交线

截平面的位置	垂直于轴线	平行于轴线	倾斜于轴线
截交线的形状	圆	两平行直线	椭圆
立体图			
投影图			

① 截平面(表中为正平面)平行于圆柱轴线:截平面与圆柱面的交线为平行于圆柱轴线的两条平行线,与圆柱的截交线为矩形。由于截平面为正平面,所以截交线的正面投影反映实形,水平投影和侧面投影分别积聚成直线段。

② 截平面(表中为水平面)垂直于圆柱轴线:截交线为圆,其水平投影与圆柱面的水平投影重合,正面投影和侧面投影分别积聚成直线段。

③ 截平面(表中为正垂面)倾斜于圆柱轴线:截交线为椭圆,其正面投影积聚为直线段,水平投影与圆柱面的水平投影重合,侧面投影一般仍为椭圆。

下面举例说明圆柱的截交线投影的作图方法。

【例 4-7】 求图 4-19(a)中圆柱被正垂面 P 截切后的投影。

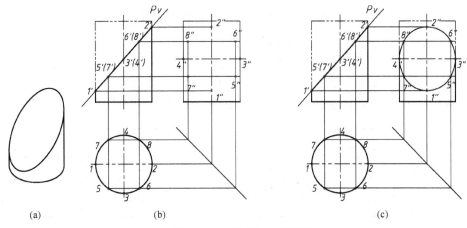

图 4-19 圆柱截切的投影图

分析:由于正垂面倾斜于圆柱的轴线,截交线在空间是一个椭圆,其长轴为 I II,短轴为 III IV。因为截交线是截平面和圆柱表面的共有线,所以截交线的正面投影积聚为一斜线。又因为圆柱轴线垂直于水平面,圆柱面的水平投影积聚成圆。而截交线又是圆柱表面上的线,所以截交线的水平投影就在此圆上。利用圆柱表面取点的方法,由已知的正面投影(斜直线)和水平投影(圆),求出各点的侧面投影,再按顺序光滑连接,就是截交线的侧面投影。圆柱被截切后的正面投影和水平投影已很明显,主要是求其侧面投影。

作图步骤:

① 求截交线上特殊点的投影。求轮廓线上点 I、II、III、IV。利用轮廓线的投影,按照点线从属关系,可直接得到其点 I、II 的投影为 1、2、1′、2′、1″、2″,点 III、IV 的投影为 3、4、3′、4′、3″、4″; I、II 点也是椭圆长轴的端点,III、IV 点是椭圆短轴的端点。

② 求截交线上一般位置点的侧面投影。为了使截交线作图比较准确、便于连接,还应求出适当数量的一般位置点的投影。例如图中的 V、VI点和 VII、VIII点,它们的投影分别是 5、6、5′、6′、5″、6″和 7、8、7′、8′、7″、8″。

③ 光滑连线。按照水平投影 1-5-3-6-2-8-4-7-1 的顺序,将相应各点的侧面投影按 1″→5″→3″→6″→2″→8″→4″→7″→1″的顺序光滑连接,得到所求截交线的侧面投影。

④ 判断可见性。在图 4-19(a)中,由于圆柱上部被截去,并左低右高,所以截交线上所有点的侧面投影均可见,连线时用粗实线。

⑤ 整理投影轮廓线。在图 4-19(c)中,圆柱其侧面投影轮廓线从 3″、4″两点以上部分不应画出。当截平面与圆柱轴线斜交的夹角发生变化时,其侧面投影上椭圆的形状也随之变化;当夹角为

45°时，截交线的侧面投影为圆，如图4-20所示。

图4-20 截平面倾斜角度对截交线投影的影响

【例4-8】 求图4-21中带切口圆柱的投影。

分析：图4-21所示的圆柱切口由三个截平面组成，截交线也由三部分组成。其中正垂面倾斜于圆柱轴线，截交线是部分椭圆 Ⅰ Ⅲ Ⅱ；侧平面平行于圆柱轴线，截交线是两条直线 Ⅰ Ⅷ、Ⅱ Ⅸ；水平面垂直于圆柱轴线，截交线是圆弧 Ⅷ Ⅸ Ⅹ。三个截平面的交线是直线 Ⅰ Ⅱ、Ⅷ Ⅸ。

图4-21 带切口圆柱的投影

作图步骤：

① 画出圆柱的侧面投影图。

② 求正垂面的截交线。正面投影积聚为一条斜线、水平投影为部分圆、侧面投影为部分椭圆。求特殊点 Ⅰ、Ⅱ、Ⅲ、Ⅳ、Ⅴ，求一般点Ⅵ、Ⅶ；判断可见性连线，如图4-21(b)所示。

③ 求侧平面与圆柱表面的截交线 Ⅰ Ⅷ、Ⅱ Ⅸ；该截交线正面投影为一直线，水平投影积聚为两点，侧面投影为平行两直线。

④ 求水平面的截交线。该截交线正面投影、侧面投影都积聚为一直线，水平投影反映部分圆的实形。

⑤ 画出截平面之间的交线 Ⅰ Ⅱ、Ⅷ Ⅸ的投影。

⑥ 整理投影轮廓线。由正面投影可知，圆柱被正垂截平面和水平截平面切去一部分，所以侧面投影图中应没有这部分投影轮廓线，如图4-21(c)所示。

【例4-9】 求图4-22中圆柱开槽后的投影。

分析：由图4-22可知，圆柱槽口的截交线由两个平行于圆柱轴线侧平面 P_1、P_2 和一个垂直于

(a)　　　　　　　　　　　(b)

图 4-22　圆柱开槽

圆柱轴线的水平面 Q 相交而成。平面 P_1、P_2 截圆柱顶面得截交线 $I\,VII$、$III\,V$；截圆柱面的截交线为四条平行于圆柱轴线的直线 $I\,II$、$III\,IV$、$V\,VI$、$VII\,VIII$。平面 Q 截得的截交线为两段圆弧 $II\,IV$、$VI\,VIII$。直线 $IV\,VI$、$II\,VIII$ 分别为截平面 Q 与 P_1、P_2 的交线。

作图步骤：

① 画出圆柱的侧面投影图。

② 画出截平面 P_1、P_2 与圆柱的截交线的正面投影，即直线 $1'2'$、$7'8'$、$3'4'$、$5'6'$，截平面 Q 与圆柱的截交线的正面投影为直线 $2'4'$、$6'8'$。

③ 画出各截交线的水平投影，顶面上截交线的投影为直线 17 和直线 35，圆柱面上截交线的投影积聚在圆上。

④ 求出各截交线的侧面投影。

⑤ 求截平面之间交线 $II\,VIII$、$IV\,VI$ 的投影。正面投影积聚成点 $2'8'$、$4'6'$，水平投影直线 28、46 分别与直线 17、35 重合，侧面投影为虚线 $2''8''$ 和 $4''6''$。

⑥ 整理投影轮廓线。

圆柱切口、开槽、穿孔是机械零件中常见的结构，应熟练地掌握其投影的画法。

图 4-23 是空心圆柱被平面截切后的投影，其外圆柱面截交线的画法与例 4-5 相同。内圆柱表面也会产生另一组截交线，画法与外圆柱面截交线画法类似，但要注意它们的可见性，截平面之间的交线被圆柱孔分成两段，所以 $6''$、$8''$ 之间不应连线。

2．圆锥体的截交线

当截平面与圆锥轴线的相对位置不同时，圆锥表面上便产生不同的截交线，其基本形式有 5 种，如表 4-2 所示。① 当截平面通过圆锥顶点时，截交线是过锥顶的两条直线。连同它与圆锥底面的交线构成一个三角形；② 当截平面垂直于圆锥轴线时（即 $\beta=90°$）截交线为圆；③ 当截平面倾斜于圆锥轴线且 $\beta>\alpha$ 时，截交线为椭圆；④ 当截平面倾斜于圆锥轴线且 $\beta=\alpha$ 时，截交线为抛物线；⑤ 当截平面平行或倾斜于圆锥轴线（$\beta<\alpha$ 或 $\beta=0°$）时，截交线为双曲线。

【例 4-10】求图 4-24 中正垂面截切圆锥的投影。

分析：由于正垂面倾斜于圆锥轴线，且 $\theta>\alpha$，所以截交线在空间是椭圆，其长轴为 $I\,II$，短轴为 $III\,IV$。因截交线属于截平面，而截平面的正面投影有积聚性，所以截交线的正面投影为斜线段，它反映椭圆长轴的实长。又因为截交线也属于圆锥面，所以可以利用圆锥表面取点的方法（一般点及特殊点），求出椭圆上一系列点的水平和侧面投影，再将同面投影顺序光滑连接，即得截交线水平和侧面投影。

作图步骤：

(a)   (b)

图 4-23　空心圆筒开槽

表 4-2　圆锥面的截交线

截平面位置	过锥顶 $\beta < \alpha$	与轴线垂直 $\beta = 90°$	与轴线倾斜 $\beta > \alpha$	与一条素线平行 $\beta = \alpha$	与轴线平行 $\beta = 0°$
截交线形状	相交两直线	圆	椭圆	抛物线	双曲线
立体图					
投影图					

注：β 为截平面与回转轴线的夹角，α 为素线与回转轴线的夹角。

(a)   (b)

图 4-24　正垂面截切圆锥

① 求圆锥的侧面投影。

② 求截交线上特殊点的侧面投影和水平投影。

　　<1> 求轮廓线上点。截交线在圆锥正面投影轮廓线上的点 *1'*、*2'* 的对应水平投影 *1*、*2* 及侧面投影 *1"*、*2"*。圆锥侧面投影轮廓线上点 *5"*、*6"* 可以根据 *5'*、*6'* 直接求得，再求出水平投影 *5*、*6*。

　　<2> 求截交线（椭圆）长、短轴的端点。*1'*、*2'* 是长轴端点的正面投影，*1*、*2* 和 *1"*、*2"* 分别是其水平投影和侧面投影。*1'2'* 的中点(*3'4'*)是短轴端点的正面投影。本例中用辅助纬圆法求得椭圆短轴端点的水平投影 *3*、*4* 和侧面投影 *3"*、*4"*。

　　③ 求截交线上一般位置点的投影。利用纬圆法，求一般位置点 *Ⅶ*、*Ⅷ* 的投影。

　　④ 光滑连线。将求得的点的水平投影按 *1→7→3→5→2→6→4→8→1* 的顺序光滑连接，并在侧面投影上将各点的侧面投影以同样顺序连接，即得所求截交线的水平投影和侧面投影。

　　⑤ 整理投影轮廓线。圆锥侧面投影轮廓线自 *V*、*Ⅵ* 两点以上部分被截平面截去，所以圆锥侧面投影轮廓线的 *5"*、*6"* 以上部分不应画出。

　　图 4-25 为侧平面截切圆锥的截交线的作图。侧平面与圆锥轴线平行，所以截交线为双曲线。双曲线的正面投影和水平投影分别在侧平面的正面和水平积聚投影上；侧面投影反映实形，作图时用表面取点法求出双曲线的顶点 *Ⅲ*（正面投射轮廓线上点）的侧面投影 *3"* 和 *I*、*Ⅱ* 两点（截交线上最低点）的侧面投影 *1"2"*，再求出若干一般位置点的投影，例如点 *IV*、*V* 的投影 *4"*、*5"*。按 *1"→4" →3"→5"→2"* 的顺序连接成光滑曲线，即是截交线的侧面投影。

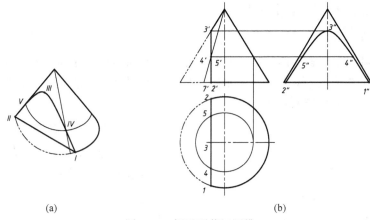

　　　　　　　　　(a)　　　　　　　　　　　　　　　　　(b)

图 4-25　侧平面截切圆锥

　　【例 4-11】　求图 4-26 中截切圆锥的投影。

　　分析：圆锥被三个平面截切，其中一个是垂直于圆锥轴线的水平面，它截圆锥的截交线为圆弧 *Ⅱ I Ⅲ*；一个是过锥顶的正垂面，截得的截交线为直线段 *Ⅱ V*、*Ⅲ Ⅵ*（延长线过锥顶）；另一个是倾斜于圆锥轴线的正垂面，截得的截交线为椭圆弧 *V IV Ⅵ*。*Ⅱ Ⅲ*、*V Ⅵ* 是三个截平面的交线。

　　作图步骤：

　　① 求圆锥的侧面投影。

　　② 求截交线的投影。

　　<1> 水平面截圆锥的截交线的投影。截交线正面投影为直线段 *1'2'3'*，对应水平投影为反映实形的圆弧 *213*，侧面投影为一直线段 *1"2"3"*（该线段两端画到圆锥侧面投影轮廓线），均可直接画出。

　　<2> 过锥顶的正垂面与截圆锥的截交线的投影。其正面投影为 *2'5'*、*3'6'*，对应的水平投影为 *25*、*36* 和侧面投影 *2"5"*、*3"6"*；图中 *Ⅱ*、*V*、*Ⅵ*、*Ⅲ* 四点是截交线的结合点，在投影图中它们的投影仍是截交线投影的结合点。

　　<3> 正垂面截圆锥的截交线的投影。作其特殊点 *IV*、*V*、*Ⅵ*、*Ⅶ*、*Ⅷ* 的投影，一般点的 *IX*、*X* 投影（利用纬圆法）；判断可见性，光滑连线。

(a)　　　　　　　　　　　　　　　　　　　(b)

图 4-26　截切圆锥

③ 求截平面交线（$II III$、$V VI$）的投影。

④ 整理投影轮廓线并擦去多余的线。

3. 圆球的截交线

平面与圆球的截交线是圆，圆的直径大小与截平面到球心的距离有关。截交线圆的投影与截平面对投影面的相对位置有关。图 4-27 为一水平面截切圆球，其截交线圆的正面投影和侧面投影分别为直线段，而水平投影反映圆的实形。

(a)　　　　　　　　　　　　　　　　　　　(b)

图 4-27　水平面截切圆球

当截平面为某一投影面的垂直面时，则截交线圆在该投影面上投影为直线段，其他两个投影分别为椭圆。图 4-28 是一正垂面截切圆球，截交线的正面投影为直线段，其长度为截交线圆的直径；截交线圆的水平投影和侧面投影分别为椭圆。

【例 4-12】　求图 4-29 中半球切槽的投影。

分析：半球被两个侧平面和一个水平面截出一个凹槽，凹槽上的截交线均为圆弧。它们的正面投影都是直线。在水平投影上，由水平面截切出的截交线的投影（圆弧）反映实形；由两个侧平面截切出的截交线分别投射成直线段。在侧面投影上，由水平面截切出的截交线投射成两段直线，由两个侧平面截切出的截交线的投影反映实形，即圆弧，两个截平面的交线为正垂线 $I II$ 和 $III IV$。

作图步骤：

① 求半球的侧面投影。

(a)　　　　　　　　　　　(b)

图 4-28　正垂面截切圆球

(a)　　　　　　　　　　　(b)

图 4-29　半球切槽

② 求截交线的投影：求侧平面截球的截交线，求水平面截球的截交线。

③ 求截平面的交线 *I II* 和 *III IV*。

④ 整理轮廓线。

注意：半球侧面投射轮廓线在水平截平面以上部分已被切去，因此该部分的侧面投影不应画出。截平面交线的侧面投影 *1″2″*、*3″4″* 不可见，应画成虚线。

4．组合回转体的截交线

组合回转体的回转面由几个基本回转面组成。求组合回转体被截切后的截交线的投影时，必须首先分析组合回转面由哪些基本回转面组成，根据截平面截切各基本回转面的部位确定截交线的形状，然后将各段截交线的投影分别求出，并连接起来就是所求组合回转面的截交线投影。

【例 4-13】 求图 4-30 中吊环的截交线。

分析：吊环主体是由直径相等的半球和圆柱光滑相切组成的，在其左右两侧各用侧平面和水平面截去一部分。侧平面截半球所得截交线为半圆，侧平面截圆柱所得截交线为平行两直线，半圆与平行两直线相切。水平面截圆柱所得截交线为圆弧，并在中间作圆柱孔。两截平面的交线为正垂线。

(a)   (b)

图 4-30 吊环的投影图

作图步骤：

① 求组合回转体侧面投影。

② 求截交线的投影：求侧平面截半球的截交线 → 求侧平面截圆柱的截交线 → 求水平面截圆柱的截交线。

③ 求截平面的交线 $I\,II$和$III\,IV$。

④ 求圆柱孔的投影。

⑤ 整理轮廓线。

【例 4-14】 求图 4-31 所示中连杆头部的截交线。

分析：连杆头部的外表面由同轴的球面、环面（内环面）和圆柱面组成。前、后两个对称的正平面截切球面和环面所得的组合截交线由圆弧和非圆平面曲线组成。点 I、II 是两段截交线的分界点，圆弧是截切球面所得，非圆平面曲线是截切环面所得。圆柱面未被切到，所以不产生截交线。组合截交线的水平投影和侧面投影均为直线段，正面投影反映实形。

作图步骤：

① 求截交线的投影：求球面截交线的投影 → 求环面截交线的投影，特殊点 I、II、III和一般点IV、V → 光滑连线并判别可见性。

② 求圆柱孔的投影。

③ 整理投影轮廓线。

(a)   (b)

图 4-31 连杆头部的截交线

4.4　回转体与回转体相交

两立体相交称为相贯，相交两立体表面的交线称为相贯线。根据立体的几何性质，两立体相贯可分为：平面立体与平面立体相交、平面立体与曲面立体相交、两曲面立体相交。求平面立体与平面立体、平面立体与曲面立体的相贯线问题，实质上是求一个平面立体的表面（平面）与另一个平面立体或曲面立体的截交线的问题，可以用前面求截交线的方法解决。

图 4-32 是方柱和圆柱、圆柱和方孔、空心圆柱和方孔相贯，其相贯线由圆弧和直线组成，可用求方柱、方孔各平面与圆柱面截交线的方法作图。本节重点讲述两回转体相交的情况。

图 4-32　圆柱面和方柱、方孔相贯

两回转体相交时，相贯线的基本性质如下：① 相贯线是相交两立体表面的共有线，是两立体表面的共有点的集合；② 相贯线是相交两立体表面的分界线；③ 相贯线一般为封闭的空间曲线，特殊情况下为平面曲线或直线，如图 4-33 所示。

(a)　　　　　　　　　　(b)　　　　　　　　　　(c)

图 4-33　两回转体相交的相贯线

求相贯线的方法有表面取点法和辅助平面法。

4.4.1　表面取点法

两圆柱相贯或圆柱与其他回转体相贯时，如果圆柱的轴线垂直于某一投影面，则圆柱面在这个投影面上的投影有积聚性，相贯线的投影就是已知的。利用这个已知投影，按照回转体表面取点的方法，求出相贯线的其他投影。这种求相贯线的方法称表面取点法。

【例 4-15】求图 4-34 中正交两圆柱的相贯线。

分析：图中两圆柱轴线垂直相交，称为正交，其交线的形状为一封闭的空间曲线。根据相贯线的共有性，相贯线是直立圆柱表面的线，而直立圆柱表面的水平投影积聚成圆，相贯线的水平投影也重合到这个圆上，这是相贯线的一个已知投影。又因为相贯线也是水平圆柱表面的线，水平圆柱的侧面投影积聚成圆，相贯线的侧面投影积聚成圆弧，即是两圆柱侧面投影的共有区域内的一段圆

(a)　　　　　　　　　　　　(b)

图 4-34　两圆柱正交的相贯线

弧，也是一个已知投影，因此只需求出相贯线的正面投影。

作图步骤：

① 求两立体的正面投影轮廓线。

② 求相贯线的投影。

<1> 求相贯线上的特殊点（轮廓线上点）；分别求正面转向轮廓线上的点 *I*、*II* 和侧面转向轮廓线上的点 *III*、*IV*。它们的水平投影 *1*、*2*、*3*、*4* 和侧面投影 *1″*、*2″*、*3″*、*4″* 都可以直接求出，再利用投影规律求出它们的正面投影 *1′*、*2′*、*3′*、*4′*。

<2> 求一般位置点；根据连线的需要，作出适当数量一般位置点，如点 *V*、*VI*、*VII*、*VIII*。可先在相贯线水平投影上取点 *5*、*6*、*7*、*8*，再在相贯线的侧面投影上求出 *5″*、*6″*、*7″*、*8″*，然后求出 *5′*、*6′*、*7′*、*8′*。

<3> 光滑连线；判断交线的可见性，光滑连接各点相应的正面投影。因相贯线前后对称，所以只需光滑连接 *1′*→*7′*→*3′*→*5′*→*2′*，即为相贯线的正面投影。

③ 整理轮廓线。

1．正交两圆柱相贯线变化趋势

① 直径不相等的两正交圆柱相贯，相贯线在平行于两圆柱轴线的投影面上的投影为双曲线，曲线总是分布在大圆柱轴线的两侧，向着大圆柱轴线内弯曲，如图 4-35(a)、(b)所示。

② 当两正交圆柱直径相等时，其相贯线为两条椭圆曲线，相贯线在平行于两圆柱轴线的投影面上的投影为相交两直线，如图 4-35(c)所示。

(a)　　　　　　　　　　(b)　　　　　　　　　　(c)

图 4-35　两正交圆柱相贯线变化趋势

2．两圆柱轴线相对位置变化时对相贯线的影响

图 4-36(a)是两圆柱轴线垂直交叉时，一个圆柱完全贯穿在另一圆柱内。图 4-36(b)是两圆柱轴线垂直交叉时，两个圆柱互贯的情形。

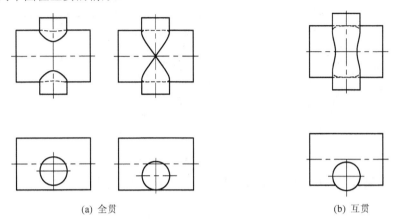

(a) 全贯　　　　　　　　　　　　　　　　　　(b) 互贯

图 4-36　两圆柱轴线垂直交叉

3．圆柱上穿孔及两圆柱孔的相贯线

圆柱上穿孔后，形成内圆柱面。图 4-37 表示了常见的 3 种穿孔形式。图 4-37(a)所示的相贯线为外圆柱面与内圆柱面相交的交线。图 4-37(b)所示为两内圆柱面相贯，图 4-37(c)所示既有内、外圆柱面相贯，又有两内圆柱面相贯。这些相贯线的求法与圆柱体外表面相贯线的求法相同。

(a) 两外表面相交　　　　　　(b) 外表面与内表面相交　　　　　　(c) 两内表面相交

图 4-37　圆柱穿孔及两圆柱孔相贯

【例 4-16】求图 4-38 中偏交两圆柱的相贯线。

分析：图 4-38 中相交两圆柱的轴线交叉垂直，相贯线是一条封闭的空间曲线。直立圆柱的轴线垂直于水平面，其水平投影积聚成圆。相贯线是该圆柱表面上的线，因此相贯线的水平投影与该圆柱的水平投影重合，从而找到相贯线的一个投影。相贯线又是轴线侧垂的半个圆柱表面上的线，因此相贯线的侧面投影是处于轴线铅垂圆柱与轴线侧垂圆柱侧面投影重叠域内的一段圆弧。有了相贯线的水平投影和侧面投影，可求出其正面投影。

作图步骤：

① 求两立体正面投影的轮廓线。

② 求相贯线的投影：

<1> 求相贯线上的特殊点（轮廓线上点）。

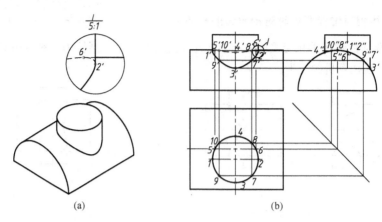

图 4-38 求两圆柱偏交的相贯线

i. 求轴线铅垂圆柱正面投影转向轮廓线上的点 I、II，其水平投影为 1、2，其侧面投影为 1″、2″，求得正面投影为 1′、2′。

ii. 求轴线铅垂圆柱侧面投影转向轮廓线上的点 III、IV，作图步骤同上，对应的投影为 3、4、3″、4″，求得正面投影为 3′、4′。

iii. 求轴线侧垂圆柱正面投影转向轮廓线上点 V、VI，其投影为 5、6、5′、6′、5″、6″。

<2> 求一般位置点。根据连线的需要，适当求出若干一般位置点，如图中的点 VII、VIII、IX、X 的投影。

<3> 光滑连线并判断可见性。按水平投影各点 1→9→3→7→2→6→8→4→10→5 的顺序，将各点对应的正面投影光滑连接起来。连接时，相贯线的可见部分用粗实线连接，不可见部分用虚线连接。当两立体表面在某一投影面上的投影均可见时，其相贯线在该投影面上的投影才是可见的，否则为不可见。本例的正面投影中，由于相贯线的 I-IX-III-VII-II 一段处于两立体表面的可见部分，因此 1′-9′-3′-7′-2′为可见，用粗实线画出。而相贯线的 I-V-X-IV-VIII-VI-II 一段，在轴线铅垂圆柱的后半圆柱面上，其正面投影 1′、5′、10′、4′、8′、6′、2′不可见，应画成虚线。

③ 整理轮廓线。求出相贯线后还要整理投影轮廓线，将应画的投影轮廓线画全，并分清虚实。本例中，两圆柱的正面投影转向轮廓线不相交，而是交叉，轴线铅垂圆柱的两条正面投影转向轮廓线应分别从上画到 1′和 2′两点为止，这两段轮廓线为可见。轴线侧垂圆柱的正面投影转向轮廓线与轴线铅垂圆柱转向轮廓线的交点为 V、VI。所以轴线侧垂圆柱的正面投影轮廓线应从左画到点 5′，从右画到点 6′，而且被轴线铅垂圆柱挡住的部分应画成虚线，详见图中局部放大图。

【例 4-17】 求图 4-39 中圆柱与半球的相贯线。

分析：两相贯立体中，圆柱的水平投影积聚成圆。因相贯线是圆柱表面的线，所以相贯线的水平投影在此圆上，为已知投影。又因为相贯线也是球面上的线，可以利用圆球的表面取点法求出相贯线的正面投影。

作图步骤：

① 求相贯线的投影。

<1> 求相贯线上的特殊点。

i. 求圆柱正面投影转向轮廓线上的点（同时也是球面上的点）I、II，其水平投影在水平投影图上已知为 1、2，其正面投影利用辅助正平圆求得为 1′、2′（下同）。

ii. 求圆柱侧面投影转向轮廓线上的点 III、IV，其水平投影为 3、4，利用圆球表面取点的方法求出正面投影为 3′、4′。

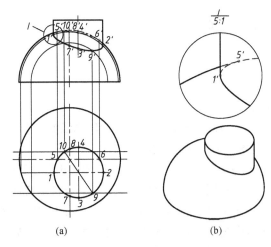

(a)　　　　　　　　(b)

图 4-39　求圆柱和半球的相贯线

iii. 求圆球面正面投影转向轮廓线上的点 V、VI，其水平投影为 5、6，正面投影为 5′、6′。

iv. 求圆球面侧面投影转向轮廓线上的点 VII、VIII，其水平投影 7、8，正面投影为 7′、8′。

v. 求最高、最低点。在水平投影上将两圆心连线延长，并与相贯线水平投影相交于 9、10 两点，10 点距球心最近，所以 X 点是相贯线在球面上的最高点。利用正平辅助圆法，由 10 点求出 10′，10′ 是相贯线正面投影最高点；9 点距球心最远，对应的 9′ 是最低点。

<2> 求一般位置点；根据连线的需要，适当求出若干一般位置点。

<3> 光滑连线并判断可见性。将相贯线各点的正面投影按水平投影 1→7→3→9→2→6→4→8 →10→5→1 的顺序光滑连接起来。连线时，由于相贯线上点 I、VII、III、IX、II 对圆柱面和圆球面来说，正面投影都可见，所以 1′-7′-3′-9′-2′ 可见，用粗实线画出，其他为不可见，画成虚线。

② 整理轮廓线。圆柱的两条正面投影转向轮廓线与球面分别相交于 I、II 点，所以圆柱正面投影转向轮廓线应分别画到点 1′、2′ 为止，因可见，故画成粗实线。球面的正面投影转向轮廓线与圆柱面相交于 V、VI 点，所以球面的正面投影转向轮廓线 5′6′ 一段不应画出，其余的轮廓线被圆柱挡住的部分应画成虚线。

4.4.2　辅助平面法

若用一辅助平面截切相贯两立体，则辅助平面与两立体表面都产生截交线。截交线的交点既属于辅助平面，又属于两立体表面，是三面共有点，即相贯线上的点（如图 4-40 所示）。利用这种方法求出相贯线上若干点，依次光滑连接起来，便是所求的相贯线。这种方法称为"三面共点辅助平面法"，简称辅助平面法。

图 4-40　圆柱与半球的相贯线

用辅助平面法求相贯线时，要选择合适的辅助平面，以便简化作图。选择的原则是：辅助平面与两曲面立体的截交线投影是简单易画的图形，即由直线或圆弧构成的图形。

【例 4-18】　求图 4-41 中圆柱和圆锥正交的相贯线。

分析：圆柱轴线为侧垂线，圆锥的轴线为铅垂线，选用水平面作为辅助平面，它与圆柱面的截交线是与轴线平行的两直线，与圆锥面的截交线为圆；两直线与圆的交点即为相贯线上的点。两直线和圆的投影都是简单易画的图形（圆和直线）。本例中，相贯线的侧面投影在圆柱的侧面投影上，所以只需求相贯线的水平投影和正面投影。

作图步骤：

① 求两立体的正面投影转向轮廓线。

② 求相贯线的投影。

<1> 求相贯线上的特殊点（轮廓线上点）。

i．求圆锥正面投影转向轮廓线和圆柱正面投影转向轮廓线的交点 *I*、*II*，其投影 *1′*、*2′*和 *1″*、*2″*可以直接确定，然后利用轮廓线对应关系求出 *1*、*2*。

ii．求圆柱水平投影转向轮廓线上的点*III*、*IV*。由侧面投影可以直接得到 *3″*、*4″*，然后用过这两点的水平面 P_1 为辅助平面，它与圆锥的截交线为圆，与圆柱的截交线为平行两直线（圆柱水平投影转向轮廓线），圆、直线水平投影的交点即为 *3*、*4*；由 *3*、*4* 和 *3″*、*4″*可求出 *3′*、*4′*。

<2> 求一般位置点。根据连线的需要，适当求一些一般位置点，如 *V*、*VI*、*VII*、*VIII*点，它们的投影是选用水平面 P_2、P_3 作为辅助平面求出的，作图方法如图 4-41(c)所示。

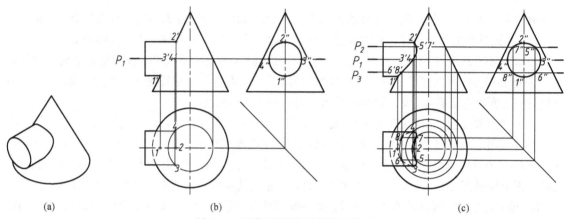

图 4-41　圆柱和圆锥正交的相贯线

<3> 光滑连线并判断可见性。在正面投影中，相贯线的前半部分为可见，后半部分为不可见；因相贯线前、后对称，后半部分与前半部分投影重合，所以用粗实线按 *1′→6′→3′→5′→2′*顺序光滑连线。水平投影中，圆柱上半部分可见，下半部分不可见，所以相贯线的水平投影以 *3*、*4* 点为界，*3-5-2-7-4* 段为可见，用粗实线连接，*4-8-1-6-3* 段为不可见，用虚线连接。

③ 整理轮廓线。水平投影中，*3*、*4* 两点是圆柱水平投影转向轮廓线与圆锥面的交点的水平投影，所以圆柱水平投影轮廓线应自左画到 *3*、*4* 两点。

【例4-19】　求图 4-42 中斜交两圆柱的相贯线。

分析：两圆柱斜交，轴线都平行于正面，可选用正平面作为辅助平面，辅助平面与两圆柱面的截交线都是平行于轴线的直线。由于直立圆柱的水平投影有积聚性，所以相贯线的水平投影是一段圆弧。本例是求相贯线的正面投影。由于相贯线前后对称，所以图 4-42 中只标出了前半部分相贯线上的点。

作图步骤：

① 求特殊点。由水平投影可知，两圆柱正面投影轮廓线相交，其交点 *1′*、*2′*即为交点的正面投影。点 *3′*可根据 *3* 直接求得。

② 求一般位置点。用正平面 *P* 截切两圆柱，与直立圆柱的截交线是平行于直立圆柱的轴线的直线；与斜圆柱的截交线是平行于斜圆柱轴线的直线。分别作斜圆柱轴线的平行线，与正平面和直立圆柱截交线的正面投影交于 *4′*、*5′*两点，该两点即为两个一般位置点的正面投影。

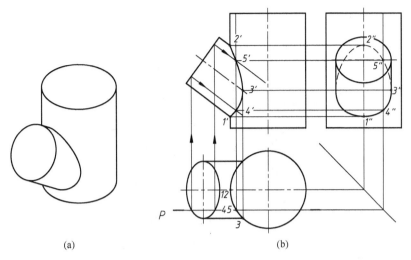

(a)　　　　　　　　　　　　(b)

图 4-42　斜交两圆柱相贯

③ 连线。顺序将 *1′→4′→3′→5′→2′*光滑连接，即得相贯线的正面投影。

综合以上各例可知，辅助平面法不受立体表面有无积聚性的限制，所以得到了广泛的应用。

4.4.3　相贯线的特殊情况

两回转体相交，其相贯线一般是封闭的空间曲线。但在某些特殊情况下，相贯线是平面曲线或直线。

（1）两同轴回转体的相贯线

两同轴回转体相交，其相贯线是垂直于轴线的圆。当轴线平行于某一投影面时，交线圆在该投影面上的投影是过两立体投影轮廓线交点的直线段。

（2）两个外切于同一球面的回转体的相贯线

图 4-43(a)表示两个等径圆柱正交，两圆柱外切于同一球面，其相贯线是两个相同的椭圆。椭圆的正面投影为两圆柱投影轮廓线交点的连线。图 4-43(b)表示两个外切于同一球面的圆柱和圆锥正交。其相贯线也是两个相同的椭圆，正面投影也是两立体投影轮廓线交点的连线。图 4-43(c)和图 4-43(d)表示圆柱和圆柱、圆锥和圆柱斜交的情况，它们分别外切于同一球面，其交线为大小不等的椭圆，椭圆的正面投影也是两立体投影轮廓线交点的连线。

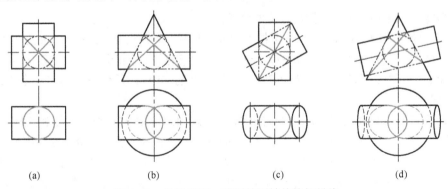

(a)　　　　　　　(b)　　　　　　　(c)　　　　　　　(d)

图 4-43　外切于同一球面的回转体的相贯线

（3）两轴线平行的圆柱、两共顶锥的相贯线

两轴线平行的圆柱相交时，其相贯线为平行于圆柱轴线的直线，如图 4-44(a)所示。两共顶锥相

交时，其相贯线为过锥顶的直线，如图 4-44(b)所示。

(a)   (b)

图 4-44 相贯线为直线

4.4.4 多体相贯

前面几节讲述了两个立体相交时相贯线的求法。在实际物体中，有时会遇到两个以上的立体相交的情况，如图 4-45 所示。求多个立体相交的相贯线，其作图方法与求两个立体相交的相贯线一样，只是在作图前先要分析各相交立体的形状和相对位置，确定每两个相交立体的相贯线形状，然后分别求出各部分相贯线的投影。

(a)   (b)

图 4-45 三个圆柱相交

【例 4-20】 求图 4-45 中三个圆柱相交的交线。

分析：直立圆柱 *A* 和 *B* 同轴，水平圆柱 *C* 分别与圆柱 *A*、*B* 正交；圆柱 *C*、*A* 的相贯线和圆柱 *C*、*B* 的相贯线都是空间曲线；圆柱 *B* 的上表面（平面）和圆柱 *C* 相交，它们的截交线是两条平行于圆柱 *C* 轴线的直线段。通过以上分析可知，三圆柱之间的交线由两段空间曲线和两条直线段组成。

作图步骤：

① 求圆柱 *C* 与 *A* 的相贯线及圆柱 *C* 与 *B* 的相贯线。由于圆柱 *C* 的侧面投影和圆柱 *A* 的水平投影均有积聚性，所以它们的相贯线 *VI*-*II*-*I*-*III*-*V* 的侧面投影和水平投影都分别在相应的圆弧上，利用侧面投影和水平投影可求出相贯线的正面投影 *1'2'4'*。其中，点 *I* 为圆柱 *C* 和 *A* 正面投射轮廓线上的点，点 *II*、*III* 为圆柱 *C* 水平投射轮廓线上的点。同理，可求出圆柱 *C* 与 *B* 相贯线 *VIII*-*VI*-*VII* 的三面投影。

② 求圆柱 *B* 的上表面与圆柱 *C* 的截交线。由于圆柱 *C* 的轴线是侧垂线，所以截交线 *IVVII*、*V*

VIII 是侧垂线,它们的侧面投影积聚为点 *4"7"* 和 *5"8"*。水平投影为直线段 *47* 和 *58*,正面投影为 *4'7'* 和 *5'8'*,其中 *47* 和 *58* 为虚线。

③ 整理轮廓线判断可见性。圆柱 *C* 水平投影轮廓线应画到 *2*、*3*;圆柱 *B* 的水平投影中,被圆柱 *C* 挡住的部分应画成虚线。圆柱 *B* 的上表面的侧面投影中 *5"4"* 一段不可见,画成虚线。

如图 4-46 所示,相贯线可以是外表面与外表面相交产生的交线,也可以是外表面与内表面相交产生的交线,还可以是内表面与内表面相交产生的交线。

图 4-46 相贯线的产生

在工程实际中,正交圆柱相贯线的投影可用简化画法画出,如图 4-47 所示。以大圆柱半径为半径,过 *1'*、*2'* 两点作圆弧。这种方法是以圆弧代替相贯线的投影,在以后的作图中可以采用。

图 4-47 正交圆柱相贯线投影的简化画法

第5章

轴测投影

轴测图是一种用平行投影的方法将立体的长、宽、高三个方向形状在一个投影上同时反映出来的图形，因此有较强的立体感。图 5-1 是一个简单立体的轴测图。但是，由于轴测图的度量性差，且难以完整地表达立体（如图 5-2 所示），所以工程上只将其作为辅助图样。

图 5-1　简单立体的轴测图

图 5-2　轴测图

5.1　轴测图的基本知识

1．轴测投影的形成

得到轴测投影，一般有两种方法。

① 在不改变正投影的情况下，改变物体和投影面的相对位置，使物体的正面、上面和侧面与轴测投影面处于倾斜位置，由于采用的是正投影法，所以把这样得到的轴测投影图称为正轴测投影图，如图 5-3(a)所示。

② 在不改变物体和投影面的相对位置的情况下，改变投影方向，使投影方向与轴测投影面成倾斜位置，这样在一个投影面上就会同时看到物体的三个方向的形状，此时，由于投射线与轴测投影面之间是倾斜的关系，所以把这样得到的轴测投影称为斜轴测投影图，如图 5-3(b)所示。

可见，轴测投影的两种形成方法都是根据平行投影的原理作出的，所以它必然符合平行投影的投影特性。

2．轴测投影中的常用术语

（1）轴测轴与轴间角

在轴测投影中，投影平面称为轴测投影面，物体上三条相互垂直的坐标轴 OX、OY、OZ 在轴测

(a) 正轴测投影的形成　　　　　　　　(b) 斜轴测投影的形成

图 5-3　轴测投影的形成

投影面上的投影 O_1X_1、O_1Y_1、O_1Z_1 称为轴测轴。轴测轴之间的夹角（即 $\angle X_1O_1Y_1$、$\angle X_1O_1Z_1$、$\angle Y_1O_1Z_1$）称为轴间角，如图 5-3 所示。

在画图时，规定把 O_1Z_1 轴画成竖直方向，此时 O_1X_1 与 O_1Y_1 与水平线的夹角分别记为 ϕ 和 σ，即为轴倾角。

（2）轴向变形系数

空间直角坐标系上的线段在轴测投影面上的投影，长度一般都要发生变化，所以把这种由直角坐标系到轴测坐标系中各个轴向的变化率称为轴向变形系数。即 $O_1X_1/OX = p$，$O_1Y_1/OY = q$，$O_1Z_1/OZ = r$。其中，p、q、r 分别表示 OX 轴、OY 轴、OZ 轴的轴向变形系数。对于常用的轴测图，三个轴的轴向变形系数是已知的，这样可以在轴测图上对于与三个轴平行的线段按轴向变形系数来度量线段的长度。

（3）轴测投影的投影特性

轴测投影是根据平行投影原理作出的，所以它必然具有平行投影的投影规律，即物体上平行于三根坐标轴的线段，在轴测投影上都分别平行于相应的轴测轴；物体上平行于坐标轴的线段的轴测投影长度与线段实长之比，等于相应的轴向变形系数。

可见，只要给出各轴测轴的方向（轴间角的大小或轴倾角 ϕ 和 σ）及各轴向变形系数 p、q、r，便可根据物体的多面正投影图作出它的轴测投影。注意，在画轴测投影时，只有那些平行于坐标轴的线段才能按相应的轴向变形系数计算其轴测投影的长度。"轴测"的含义就是"沿轴测量"。

3．轴测投影的分类

由图 5-3 可知轴测投影分为正轴测投影和斜轴测投影两大类。

根据轴向变形系数的不同，正轴测投影又分为以下 3 种：① 正等轴测投影，简称正等测，此时满足 $p = q = r$；② 正二轴测投影，简称正二测，此时满足 $p = r \neq q$；③ 正三轴测投影，简称正三测，此时满足 $p \neq q \neq r$。

在斜轴测投影中，斜二轴测投影简称斜二测，是常用的斜轴测投影，该投影应满足 $p = r \neq q$，或 $p = q \neq r$。

5.2　正轴测投影

5.2.1　正等轴测图及画法

正等轴测投影的相关参数为 $p = q = r = 0.82$，$\phi = \sigma = 30°$。这是最常用的一种轴测投影，可以直接利用丁字尺和 30°三角板作图。为了作图简便，习惯上将三个轴向变形系数简化为 1 来作图，此时画出的图比实际投影要大些，如图 5-4 所示。利用简化轴向变形系数画出的轴测投影称为轴测图。

图 5-4　轴向伸缩系数为 0.82 的正等轴测投影和按简化系数 1 作出的正等测图

作正等轴测图，可根据要表达物体的特征，选择各种不同的作图方法，如坐标法、装箱法、端面法、叠砌法等。

图 5-5　正等轴测轴的画法

绘制平面立体的正等轴测图的基本方法如下。

① 画轴测轴。利用丁字尺和 30°三角板直接作出正等轴测图的轴测轴，如图 5-5 所示。

② 确定物体的坐标系。在多面正投影图中，确定物体的坐标系。当坐标原点选在物体的不同位置时，物体轴测图的位置发生移动，如图 5-6(a)和(b)所示；当坐标轴的方向发生改变时，物体的轴测图发生旋转，如图 5-6(c)和(d)所示。

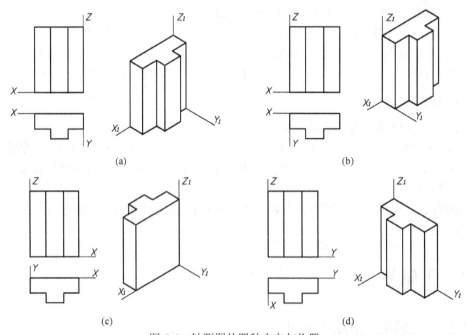

图 5-6　轴测图的四种方向与位置

③ 确定物体的坐标系。确定物体的坐标系时一般遵循如下两条原则：第一，使作图尽量简便；

第二，使所作轴测图可见面最能反映物体的特征。

④ 作出物体的正等轴测图。根据物体的特征，利用恰当的方法作出物体的轴测图。其中，度量作图是画轴测图的关键。

在能表达清楚的前提下，轴测图一般不画虚线。

5.2.2 正等轴测图的画法举例

1. 利用坐标法作出图5-7所示长方体的正等轴测图

坐标法：根据物体形状的特点，在视图中选定合适的坐标轴，然后在相应的轴测图上按坐标关系画出物体各点的轴测图，进而把相关各点连接起来从而得到物体的轴测图，这种作图方法，即为坐标法。

作图步骤：

① 画出轴测轴，如图 5-8(a)所示，并在相关坐标轴上截取底面长度 x_1、y_1。然后根据轴测投影的规律，画出长方体底面的轴测图，如图 5-8(b)所示。

② 从底面各顶点引 O_1Z_1 的平行线，并截取长方体高度 z_1，连接相关各顶点。这样，就得到长方体的正等轴测图，如图 5-8(c)所示。

图 5-7　长方体的正投影图

2. 利用切割法作出图5-9所示立体的正等轴测图

图 5-8　用坐标法作长方体的正轴测图的步骤

图 5-9　立体的正投影图

对于某些带有缺口的立体，可先画出其完整立体的轴测图后，再按立体形成过程逐一切去多余部分而得到立体的轴测图的方法，即为切割法。

作图步骤：

① 画出轴测轴，如图 5-10(a)所示。

② 先把图 5-9 中的立体补充为一个完整的长方体，并作其轴测图，如图 5-10(b)所示。

③ 根据图 5-9 中的要求，按照图 5-10(c)、图 5-10(d)、图 5-10(e)顺序完成所要求的正等轴测图。

3. 利用组合法作出图5-11所示立体的正等轴测图

组合法又称为叠加法，是指对于较复杂的组合体而言，用形体分析法将物体分解为一些简单的组成部分，然后，按照相对位置关系先画出各部分的轴测图，再处理各部分之间的邻接关系，这种获得轴测图的方法即为组合法。

图 5-10　用切割法作立体正轴测图的步骤

作图步骤：

① 画出轴测轴，如图 5-12(a)所示。

② 根据图 5-11 中的要求，按照图 5-12(b)～(d)的顺序完成所要求的正等轴测图。

图 5-11　立体的正投影图　　　　图 5-12　用组合法作立体正轴测图的步骤

5.2.3　圆的正等轴测图

在平行投影中，当圆所在的平面与投影面平行时，其投影仍为圆；否则，其投影即为椭圆。当画平行于坐标面的圆的正等测图时，它的投影是一个椭圆。椭圆是平面曲线，一般用近似方法画出。

下面以 $X_1O_1Z_1$ 面为例，说明椭圆的近似画法。

① 作图 5-13 中圆的外切四边形的正轴测投影图，得椭圆上 4 个点 A_1、B_1、C_1、D_1，如图 5-14(a)所示。此时，得到椭圆上的两段近似圆弧的圆心 O_1、O_2。

② 连 O_1A_1、O_1D_1，它们交椭圆长半轴于 O_3、O_4，这也是椭圆上的另两段近似圆弧的圆心，如图 5-14(b)所示。

③ 以 O_1 为圆心，O_1A_1 为半径画圆弧，得弧 A_1D_1；以 O_2 为圆心，O_2B_1 为半径画圆弧，得弧 B_1C_1，如图 5-14(b)所示。

④ 以 O_3 为圆心，O_3A_1 为半径画圆弧，得弧 A_1B_1；同理，以 O_4 为圆心，O_4D_1 为半径画圆弧，得弧 C_1D_1，如图 5-14(c)所示。

图 5-13　圆的正投影图

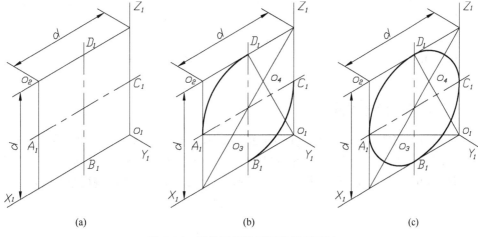

(a)　　　　　　　　　　(b)　　　　　　　　　　(c)

图 5-14　圆的正等轴测图的近似画法

上述所作出的近似椭圆称为四心椭圆。图 5-15 为平行于坐标面的圆的正等测图。

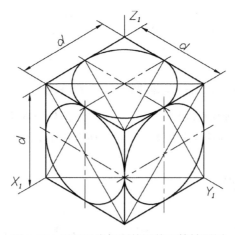

图 5-15　平行于坐标面的圆的正等轴测图

5.2.4　圆柱的正等轴测图

图 5-16 为一轴线铅垂的圆柱的视图，图 5-17 中给出了该圆柱的正等测图的作图方法。

① 根据圆柱的尺寸，画出其上、下底面的正轴测投影图，如图 5-17(a)所示。

② 连接上、下底面椭圆长轴的对应端点，将不可见的部分去掉，即得到圆柱的正等轴测图，如图 5-17(b)所示。

图 5-16　圆柱的正投影

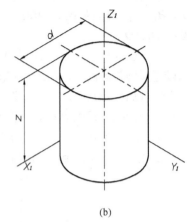

(a)　　　　　　　　　　　　　　　　(b)

图 5-17　圆柱的正等轴测图的画法

5.2.5　其他正轴测图

正二等轴测投影的轴向变形系数为 $p = r = 2q$。其中，$p = r = 0.94$，$q = 0.47$，轴倾角 $\phi = 7°10'$ 和 $\sigma = 41°25'$，如图 5-18 所示。正二等轴测投影的立体感较强，但作图较麻烦。画图时，常把 $p=r$ 简化为 1，q 简化为 0.5，此时画出的图称为正二测图，它比实际的正二等轴测投影大些。

图 5-18　正二等轴测图的轴向变形系数与轴倾角

除了轴向伸缩系数和轴测轴的方向不同外，正二测图的作图方法与正等轴测图基本是一样的。正三测由于三个方向的轴向伸缩系数都不一样，所以作图更麻烦。

5.3　斜轴测投影

由斜轴测投影的形成条件可知，在斜轴测投影中轴测轴的夹角中总有一个为 90°，如 $\angle X_1O_1Z_1 = 90°$，此时 X、Z 轴的轴向变形系数为 1，Y 轴的轴向变形系数可以任选。常选第三轴的轴间角为 45° 或 135°，轴向变形系数为 0.5，如图 5-19 所示。以 V 面或 V 面平行面作为轴测投影面，所得斜轴测投影称为正面斜轴测投影；以 H 面或 H 面平行面作为轴测投影面，所得斜轴测投影称为水平面斜轴测投影。斜二轴测图适用于物体某一个方向上形状比较复杂，尤其是有较多圆或曲线时。

图 5-20 所示支架的正面斜二轴测图的画法如下。

① 画出轴测轴，并作出物体后面在斜二测中的投影（反映实形），如图 5-21(a)所示。

② 作出底版长方体在斜二测中的投影，如图 5-21(b)所示。

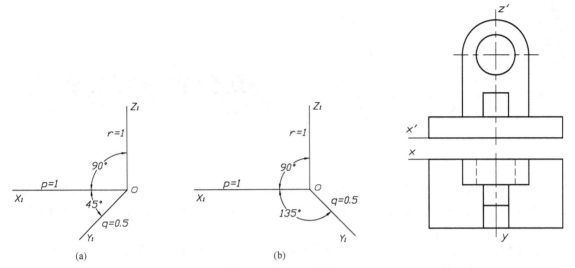

图 5-19　正面斜二轴测图的轴间角和轴向变形系数

图 5-20　支架的视图

③ 作出半圆柱与小长方体结构在斜二测中的投影，并画出肋板最后面在斜二测中的投影，如图 5-21(c)所示。

④ 完成肋板在斜二测中的投影，把不可见的部分处理干净，这样支架的正面斜二轴测图就作好了，如图 5-21(d)所示。

图 5-21　支架的正面斜二测图

第6章

组合体的三视图

按照一定方式，由若干个基本立体组合而成的比较复杂的立体被称为组合体。本章在学习投影法以及基本立体的基础上，通过形体分析法为主、线面分析法为辅的方法，分析和进行组合体的画图、看（读）图和标注尺寸。

通过本章的学习，读者应熟练掌握三视图间的投影规律，在画图、看图和标注尺寸的实践中自觉运用形体分析法和线面分析法，培养观察问题、分析问题和解决问题的能力。

6.1 组合体的三视图的形成及投影规律

1. 三视图的形成

在绘制机械图样时，用正投影的方法将机件向投影面投射所获得的图形称为视图。如图 6-1(a) 所示，在三投影面体系中，将机件由前向后投影，在 V 面内所获得的视图称为主视图；将机件由上向下投影，在 H 面内所获得的视图称为俯视图；把机件由左向右投影，在 W 面内所获得的视图称为左视图。展开后三视图的配置如图 6-1(b)所示。在工程图样中，视图主要用来表达物体的形状，没有必要表达物体与投影面间的距离，因此在绘制组合体视图时不需画出投影轴；为了图形清晰，也不必画出投影连线。

(a) 三视图的形成   (b) 展开后的三视图

图 6-1　组合体的三视图

2. 三视图位置的关系和投影规律

三视图的位置关系为：俯视图位于主视图的正下方，左视图位于主视图的正右方，如图 6-2 所示。按照这种位置配置视图时，国家标准规定一律不标注视图的名称。

由图 6-1 和图 6-2 还可以看出：① 主视图反映物体上下、左右的位置关系，即反映物体的高度和长度；② 俯视图反映物体的左右、前后的位置关系，即反映了物体的长度和宽度；③ 左视图反映物体的上下、前后的位置关系，即反映了物体的高度和宽度。

由此可得出三视图的投影规律：主、俯视图——长对正；主、左视图——高平齐；俯、左视图——宽相等。

三视图投影规律是组合体画图和读图所必须遵循的基本投影规律。不仅整个物体的投影要符合这个规律。物体局部结构的投影也必须符合这一规律。在应用投影规律作图时，要注意物体的上、下、左、右、前、后六个部位与视图的关系（如图 6-2 所示）。特别是物体的前后方向的位置关系为：俯、左视图远离主视图的一面为物体的前方，接近主视图的一面为物体的后方。在俯、左视图上量取宽度时，不但要注意距离相等，还要前后方位对应。

图 6-2　三视图的位置关系和投影规律

6.2　组合体及其形体分析法

1. 组合体的组合形式及种类

组合体通常有叠加、切割及综合等几种组合形式，根据组合体的组合形式与形体特征，组合体可分为如下 3 类。

① 叠加式组合体：由各种基本体简单叠加而成的组合体，如图 6-3 所示。

② 切割式组合体：由一个基本体进行多次切割（包括穿孔）形成的组合体。图 6-4 为一长方体被切去形体 1 和形体 2 后形成的切割式组合体。

③ 综合式组合体：由若干基本体叠加和切割形成的组合体，最常见的组合体，如图 6-5 所示。该组合体由底板 1、柱体 2 和肋板 3 经叠加而成。其中底板 1 是一长方体经切割和穿孔后形成，柱体 2 是一长方体和一半圆柱体叠加后穿孔形成。

图 6-3　叠加式组合体　　　　　　　　　　　图 6-4　切割式组合体

图 6-5　综合式组合体

2．形体的表面过渡关系

形体经叠加、挖切组合后，形体的邻接表面间可能产生平齐、相切和相交三种过渡关系，如图6-6～6-8所示。

① 平齐：两形体邻接表面共面时（可以是共平面或共曲面），两形体邻接表面不应有分界线，如图6-6(a)所示。当两形体邻接表面不平齐时，两形体邻接表面应有分界线，如图6-6(b)所示。

② 相切：两形体邻接表面相切时，由于相切是两个基本体表面（平面与曲面或曲面与曲面）光滑过渡，此时两表面无明显的分界线，如图6-7所示，相切处无线，相应的轮廓线画到切点处为止。

③相交：两形体的邻接表面相交，邻接表面之间产生交线，在相交处要按投影关系画出表面交线，如图6-8所示。

图 6-6   表面平齐与不平齐

图 6-7   表面相切

(a)　　　　　　　　　　(b)　　　　　　　　　　(c)

图 6-8　表面相交

3．形体分析法

图 6-9(a)所示支座可看成由圆筒、底板、肋板、耳板和凸台组合而成，如图 6-9(b)所示。进一步分析各简单体的组合形式及表面过渡关系：底板、圆筒以相切方式叠加；肋板对称叠加在底板上方圆筒体左侧；凸台位于圆筒体前方，并挖孔；耳板与圆筒体上表面平齐，位于圆筒体右侧并挖孔。综合起来即可想象出整个形体。

(a) 直观图　　　　　　　　　　　　(b) 分解图

图 6-9　组合体的形体分析

任何复杂的物体都可以视为由若干个基本几何体组合而成。这些基本体可以是完整的，也可以是经过钻孔、切槽等加工的。将组合体分解为若干基本体的叠加与切割，并分析这些基本体的相对位置、组合形式、表面过渡关系，便可产生对整个组合体形状的完整概念，这种方法称为形体分析法。形体分析法是一种分析复杂立体的方法，它将复杂问题分解为简单问题来进行处理，在画图、读图和标注尺寸的过程中都离不开形体分析法。

运用形体分析法分解组合体时，分解过程并非唯一和固定的，分析的中间过程可能各不相同，但其最终结果都是相同的。因此，对一些常见的简单组合体，可以直接把它们作为构成组合体的形体，不必再作过细的分解。

6.3　组合体三视图的画法

6.3.1　叠加式组合体的画法

形体分析法是画组合体视图的基本方法，尤其对于叠加式组合体尤为有效。现以图 6-10 所示的轴承座为例来说明形体分析法画图的方法和步骤。

1. 形体分析

图 6-10 所示的轴承座是用来支承轴的。应用形体分析法，可以把它分解成 5 部分：形体 I（安装用的底板）、形体 II（用来支承圆筒体的支承板）、形体III（用来支承圆筒的筋板）、形体IV（与轴相配的圆筒体）和形体 V（注油用的凸台）。它们的基本组合方式都是叠加。其中位于底板 I 上方的支承板 II 其后表面与底板的后表面平齐叠加，并与其上方的圆筒体IV表面相切；筋板III对称叠加于底板的上方支承板的前方，并与其上方的圆筒体表面相交；凸台 V 位于圆筒体上方，并由凸台上表面挖一同轴圆柱孔通向圆筒体内表面，因而在圆筒体内外表面均产生相贯线。

图 6-10　轴承座形体分析

2. 选择主视图

组合体三视图中，主视图是最主要的视图。选择主视图时首先确定组合体的安放位置，一般应将组合体放正，使其主要平面平行或垂直于投影面，以便在投影时得到实形。其次是确定投射方向，一般应选择形状特征最明显，位置特征最多的方向作为主视图的投射方向，同时应考虑投影作图时避免在其他视图上出现较多的虚线，影响图形的清晰性和标注尺寸。

如图 6-11 所示的轴承座，通常将底板放为水平位置，并将圆筒体的轴线放置为与投影面垂直的位置。在 A、B、C、D 四个方向中，显然 B 方向主视图方向较好，因为组成该轴承座的各基本体及它们之间的相对位置在此方向表达较为清楚，也最能反映该轴承座的形状特征。

图 6-11　选择主视图

3．合体视图

① 确定绘图比例及图幅大小。要根据组合体的实际大小，按国标规定选择比例和图幅。一般情况下，应采用 1：1 的比例作图。选择图幅时，应留有足够的空间标注尺寸。

② 布置视图。根据组合体的长度、高度、宽度在图纸上均匀布置三视图的位置。因此，画图时应先画出各视图两个方向的基准线：主要回转体的轴线和较大平面的对称中心线，如图 6-12(a)所示。

③ 画底稿。逐一绘制每个简单形体的三面投影图，三视图同步绘制。先画主要形体、大形体，后画次要形体、小形体；对各形体先定位后定形，先主体后细节。底稿中的图线应分出线型，线要画得细而轻淡，以便修改和保持图面整洁。如图 6-12(b)～(e)所示。

④ 检查、加深图线。底稿完成后，要仔细检查全图，改正错误。准确无误后，按国家标准规定的线型加粗、描深，如图 6-12(f)所示。描深时应先画圆或圆弧，后画直线；先画虚线、点画线、细实线，后粗实线，画圆弧时应先小后大再中等；画直线时，应先水平后竖直再倾斜。

(a) 画作图基线　　　　　(b) 画底板、圆筒体三视图　　　　　(c) 画支承板三视图

(d) 画肋板三视图　　　　　(e) 画凸台三视图　　　　　(f) 检查、加深

图 6-12　轴承座三视图的作图步骤

【**例 6-1**】　画轴承座三视图。

作图时应注意以下几点：

① 作图时，应运用形体分析法，将组合体的各组成部分从主要部分到次要部分、从大形体到小形体，逐个画出它们的三视图。作图时，应先画出反映形状特征的视图，再画其他视图，三个视图应配合画出，各视图一定要遵循"长对正、高平齐、宽相等"的三等关系。

② 在作图过程中，每增加一个组成部分，要特别注意分析该部分与其他部分之间的相对位置关

系和表面连接关系，同时被遮挡部分应随手改为虚线，避免画图时出错。

由上述分析可知，运用形体分析法把组合体分解为基本几何形体，可以把复杂的画、看组合体视图的问题，转化为简单的画、看基本几何形体视图的问题。如果能在理解的基础上记忆一些形体的三视图，就能保证正确而迅速地画图和看图。可见，形体分析法是学习画组合体三视图或看组合体三视图的最基本的方法。

6.3.2　切割式组合体的画法

例 6-1 讨论的是以叠加为主的组合体，其形体关系明确、容易识别，适于用形体分析法作图。而切割式组合体在切割过程中形成的面和交线较多，形体不完整。解决这类问题时，除了用形体分析法外，还应对一些局部复杂的部分用线面分析法，如分析物体表面形状、面与面的相对位置、表

图 6-13　切割式组合体

面交线等。作图时，一般先画组合体未被切割前的原形，然后再按切割顺序依次画出切割后形成的各个表面的三视图。

下面以图 6-13 所示组合体为例说明切割式组合体的作图方法与步骤。

【例 6-2】　画压块的三视图。

① 形体分析。该组合体未被切割前的原形是一四棱柱，先用侧垂面 P 从左至右切去四棱柱的前方上部，再用正平面 T 和水平面 S 切去四棱柱的前方下部，最后用两个铅垂面 R 和侧垂面 Q 从前至后切去四棱柱上方中部而最终形成压块的形状。

② 选择主视图。选择箭头所指方向为主视图的投影方向。

③ 选比例、定图幅，按 1∶1 画图。

④ 布图、画基准线。以立体的底面、后面为基准作图，如图 6-14(a)所示。

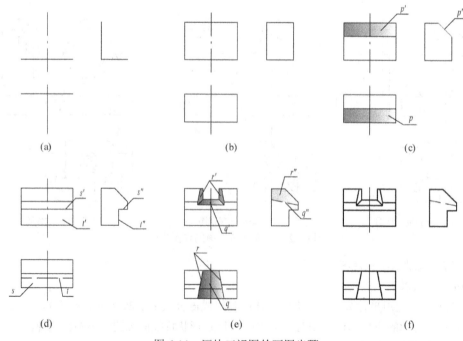

图 6-14　压块三视图的画图步骤

⑤ 画底稿。先画切割前四棱柱的三视图，如图 6-14(b)所示；接着画被侧垂面 P 切割后的三视图，如图 6-14(c)所示；再画下方被正平面 T 和水平面 S 截切后的三视图，如图 6-14(d)所示；最后画上方中部被铅垂面 R 和侧垂面 Q 截切后的三视图，如图 6-14(e)所示。

⑥ 检查、描深图线，如图 6-14(f)所示。

6.4　组合体的尺寸注法

组合体的视图只能表达物体的形状，形体各部分的真实大小及准确相对位置则要靠标注尺寸来确定。同时，尺寸也可配合图形来说明物体的形状。组合体大多是由机器零件抽象而成的几何模型，省略了零件的一些工艺结构，如圆角、倒角、沟槽等，只保留了主体结构。因此，研究组合体尺寸注法就是研究机械零件尺寸标注方法的基础。

1．尺寸标注的基本要求

① 正确：尺寸标注要严格遵守国家标准中有关尺寸注法的规定。

② 完全：尺寸标注齐全，不遗漏，不重复。

③ 清晰：尺寸布置要整齐、清晰，便于阅读。

④ 合理：标注的尺寸要符合设计要求及工艺要求。

尺寸标注的合理性与零件的功能及加工、测量和装配等密切相关，需要在后续课程中学习相关专业知识后逐渐掌握。

2．基本几何体的尺寸标注

组合体是由基本几何体组成的，基本几何体的尺寸是组合体尺寸的重要组成部分，因此要标注组合体的尺寸，必须先掌握基本几何体的尺寸注法。图 6-15 为常见基本几何体的尺寸标注方法，其尺寸注法都已定型，一般情况下不能多注，也不可随意改变注法。

3．组合体的尺寸分析

将组合体分解为若干基本体和简单体，在形体分析的基础上标注三类尺寸。

① 定形尺寸：确定组合体中各基本几何体的形状和大小的尺寸。如图 6-16 中的尺寸 R10、$\phi 10$、30 等。

② 定位尺寸：确定组合体中各基本几何体之间的相对位置的尺寸。

要标注定位尺寸，必须先选定尺寸基准。确定尺寸位置的几何元素称为尺寸基准。对组合体，常选用其底面、重要的端面、对称平面、回转体的轴线以及圆的中心线等作为尺寸基准。在组合体的长、宽、高三个方向中，每个方向至少有一个主要尺寸基准。如果形体复杂，则允许有一个或几个辅助尺寸基准。图 6-16 所示组合体长度方向尺寸基准为形体长度方向的对称轴线，高度方向尺寸基准为形体下底面，宽度方向尺寸基准为形体后表面。尺寸 20 和 38 为底板上两个直径为 $\phi 5$ 圆柱孔长度和宽度方向的定位尺寸，尺寸 29 为 $\phi 10$ 圆柱孔高度方向的定位尺寸。

③ 总体尺寸：直接确定组合体总长、总宽、总高的尺寸。

若定形、定位尺寸已标注完整，在加注总体尺寸时应对相关的尺寸做适当调整，避免出现封闭尺寸链（这一部分内容将在零件图尺寸标注的合理性当中详细介绍）。另外，当组合体的一端为有同心孔的回转体时，该方向上一般不注总体尺寸。如图 6-16 所示，组合体总长尺寸为 30，总宽尺寸为 42，在组合体上端为同心孔回转体，因而不注总高尺寸。图 6-17 中的组合体上端及左右两端均为同心孔回转体，所以不标注总长及总高尺寸。

图 6-15　基本体的尺寸标注

图 6-16　组合体的尺寸分析

图 6-17　不标注总体尺寸的情况

4．带有截交线、相贯线的立体的尺寸注法

截交线的形状，取决于立体的形状、大小及截平面与立体的相对位置，所以在注截交部分尺寸时，只需注立体的定形尺寸和截平面的定位尺寸。例如，图 6-18(a)中的尺寸 *64* 为错误标注，不能

直接标注截交线的定形尺寸，正确标注如 6-18(b)所示，应标注截平面的定位尺寸 25、40。同理，相贯线的形状取决于参与相交两立体的形状、大小及相对位置，标注相贯部分的尺寸时只需标注参与相贯的各立体的定形尺寸及其相互间的定位尺寸，不能标注相贯线的尺寸。图 6-19(a)中的尺寸 *R34* 为相贯线定形尺寸，是错误标注。正确注法如图 6-19(b)所示，应标注参与相交两圆柱的定位尺寸 58、40。

图 6-18 截切形体的尺寸标注

图 6-19 相贯形体尺寸标注

5．尺寸标注要清晰

为了便于看图，布置尺寸时应注意下列几点：

① 尺寸尽量注在投影图之外，与两投影图有关的尺寸最好注在两投影图之间，如图 6-20 所示。

② 同轴回转体的各直径尺寸最好注在平行于非圆视图上，如图 6-21 所示。

③ 如有可能，尽量避免在虚线上注尺寸。例如，图 6-21(a)中内圆柱直径尺寸 $\phi48$ 应标注在俯视图中。

④ 同一要素的尺寸应尽可能集中标注在最能反映其形状特征的视图上，如孔的直径和深度、槽的深度和宽度等。如图 6-22(a)中底板上凹槽的高度尺寸 4 和长度尺寸 24 就集中标注在主视图上。

图 6-20 尺寸标注清晰一

图 6-21 尺寸标注清晰二

图 6-22 尺寸标注清晰三

⑤ 尽量避免尺寸线相交，相互平行的尺寸，应按大小顺序排列，小尺寸在内，大尺寸在外，如图 6-22(a)所示。

6．组合体尺寸标注方法与步骤

现以支座为例，说明标注组合体尺寸的具体步骤。

① 对组合体进行形体分析，确定尺寸基准。如图 6-23 所示，该组合体是由底板、圆筒体、肋板和长方体四个基本体组成的综合式组合体。其长度方向基准为主视图所示组合体左右方向对称的对称轴线，宽度方向基准为俯视图中所示圆筒体水平方向回转轴线，高度方向基准为左视图中所示底板下底面。

图 6-23　支座的尺寸基准

② 如图 6-24 所示标注支座的定位尺寸，其中俯视图中尺寸 22、56 为底板上 4 个圆柱孔。在宽度和长度方向上定位尺寸。主视图中，26 为前方柱体上加工的圆柱通孔在高度方向的定位尺寸；左视图中，尺寸 25 为前方柱体上加工的圆柱通孔在宽度方向的定位尺寸。

图 6-24　支座定位尺寸

③ 标注支座定形尺寸。运用形体分析法依次标注各基本形体的定形尺寸，如图6-25所示。

图 6-25　支座定形尺寸

④ 标注总体尺寸。为了表示组合体外形的总长、总宽和总高，应标注相应的总体尺寸。如图 6-26 所示，尺寸 70 为支座总长尺寸，尺寸 44 为支座总高尺寸，尺寸 45 为支座总宽尺寸。总体尺寸、定位尺寸、定形尺寸可能重合，这时需调整，以免出现多余尺寸。如尺寸 70 既是底板的定形尺寸又是支座的总长尺寸，只需标注一次，不能重复标注。

图 6-26　支座总体尺寸

以上各点，并非标注尺寸的固定模式，在实际标注尺寸时，有时会出现不能完全兼顾的情况，应在保证尺寸标注正确、完整、清晰的基础上，根据尺寸布置的需要，灵活运用和进行适当的调整。

6.5　组合体读图

读图是画图的逆过程。画图是把空间的组合体用正投影法表示在平面上，而读图则是根据已画出的视图，运用投影规律，想象出组合体的空间形状。画图是读图的基础，而读图既能提高空间想象能力，又能提高投影分析能力。

6.5.1　读图的基本方法和要点

1．读图的基本方法

读图仍以形体分析法为主，线面分析法为辅。根据形体的视图，逐个识别出各个形体，进而确定形体的组合形式和各形体间邻接表面的相互位置。初步想象出组合体后，还应验证给定的每个视图与想象的组合体的视图是否相符。当两者不一致时，必须按照给定的视图来修正想象的形体，直至各个视图都相符为止，此时想象的组合体即为所求。

2．读图的要点

（1）必须几个视图联系起来看

由投影规律可知，一个视图是不能确定空间物体的形状的。图 6-27 中，由一个视图至少可构思出(a)至(e)所示的这些空间形体。

图 6-27　一个视图可构思不同的形体

即使有时给出了两个视图，也不能唯一的确定形体的形状。图 6-28(a)由已知两视图至少可构思出三种不同的形体，图 6-28(b)由已知两视图也至少可构思出三种不同的形体。在图 6-29 中，已知主俯视图可想象出至少两种不同的形体。由此可见，看图时要把几个视图联系起来进行分析，才能想象出组合体的形状。

（2）抓住特征视图

在各视图中最能反映物体形状特征的那个视图，就称为形状特征视图。最能反映物体位置特征的那个视图，称为位置特征视图。例如，图 6-28(a)中的左视图与图 6-28(b)中的俯视图是形状特征视图，结合主视图，能很快想象出形体的空间形状。图 6-29 中的左视图为位置特征视图，能较清楚地反映形体内部两线框之间的位置关系。看图时要善于抓住反映组合体各组成部分形状与位置特征较多的视图，并从该视图入手，就能较快地将其分解成若干个基本体；再根据投影关系，找到各基本体所对应的其他视图，经分析、判断后，想象出组合体各基本体的形状，最后达到看懂组合体视图的目的。

图 6-28 由两个视图可构思多个不同形体

图 6-29 由两个视图可构思多个不同形体

（3）利用线框，分析表面相对位置关系

① 视图中一个封闭线框一般情况下表示一个面的投影，当视图中呈现线框套线框时，则可能表示有一个面是凸出的、凹下的、倾斜的，或者是具有打通的孔，如图 6-30 所示。

图 6-30 线框套线框

② 当呈现为线框连线框时，表示两个面高低不平或相交。如图 6-31 所示。

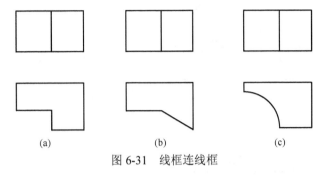

图 6-31　线框连线框

（4）注意图中线条线型的虚实变化，区分不同的形体

例如，图 6-32(a)与(b)三个视图基本相同，由于主视图中虚实线各异，而得出两种不同的形体。

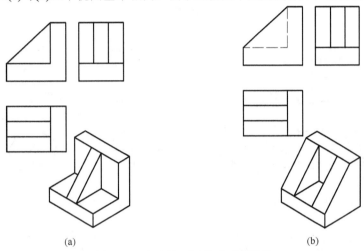

图 6-32　虚实线不同构成不同形体

6.5.2　读组合体三视图的步骤

下面以图 6-33 所示轴承座为例，介绍形体分析法读组合体的步骤。

【例 6-3】　根据轴承座三视图，想象轴承座空间形状。

（1）分线框、对投影

在图 6-33 中反映形体特征较多的是主视图。从主视图入手，将轴承座分解为 1、2、3 封闭线框，并根据三等关系，找到其对应的另外两面投影。

（2）识形体、定位置

利用三等关系，找出每个线框对应的三面投影，并依次想象出各形体的空间形状，如图 6-33(b)和(c)所示。形体 1 为底板是一个长方体，在其下方中部从前向后切了一个矩形的通槽，并在底板后方中部挖去了一个拉长圆的通孔；形体 2 为圆筒体，位于底板的上方；形体 3 为支承板，位于底板的上方，圆筒体的下方，并且与圆筒体表面相切，支承板的后表面与圆筒体的后表面平齐。

（3）综合起来想整体

在看懂每部分形体的基础上，进一步分析它们之间的组合方式和相对位置关系，从而想象出整体的形状。分析清楚底板、支撑板、圆筒体的相对位置，尤其要注意支撑板与圆筒体表面为相切时，三视图的正确表达方法。最后想象出轴承座空间形状，如图 6-33(e)所示。

(a) 分线框、对投影

(b) 识形体、定位置——底板

(c) 识形体、定位置——圆筒体

(d) 识形体、定位置——支撑板

(e) 综合起来想整体

图 6-33　轴承座

（4）线面分析攻难点

形体清晰的零件用上述形体分析方法看图一般就可以解决。但对于一些较复杂的零件，特别是由切割体组成的零件，单用形体分析法还不够，需采用线面分析法。

线面分析法的看图特点是：从面出发，在视图上分线框；从某一视图上划分线框，并根据投影关系，在另外两个视图上找出与其对应的线框或图线，确定线框所表示的面的空间形状和对投影面的相对位置。

下面以图 6-34 所示的压块为例，介绍用线面分析法看图的方法和步骤。

【例 6-4】　根据图 6-34 所示压块三视图，想象压块空间形状。

先分析整体形状，压块三个视图的轮廓基本上都是矩形，所以它的原始形体是个长方体。再分析细节部分，压块左上方和前后面分别被切掉一角。

① 压块左上方的缺角。如图 6-34(b)所示，在俯、左视图上相对应的等腰梯形线框 p 和 p″，在主视图上与其对应的投影是一倾斜的直线 p′。由正垂面的投影特性可知，P 平面是正垂面。

（2）压块左方前、后对称的缺角：如图 6-34(c)所示，在主、左视图上方对应的投影七边形线框 q′和 q″，在俯视图上与其对应的投影为一倾斜直线 q。由铅垂面的投影特性可知，Q 平面是铅垂面。同理，处于后方与之对称的位置也是铅垂面。

（3）压块下方前、后对称的缺块：如图 6-34(d)、(e)所示，它们由两个平面切割而成，其中一个平面 R 在主视图上为一可见的矩形线框 r′，在俯视图上的对应投影为水平线 r（虚线），在左视图上的对应投影为垂直线 r″。另一个平面 S 在俯视图上是有一边为虚线的直角梯形 s，在主、左视图上的对应投影分别为水平线 s′和 s″。由投影面平行面的投影特性可知，R 平面是正平面，S 平面是水平面。压块下方后面的缺块与前面的缺块对称，不再赘述。

这样既从形体上又从线面的投影上弄清了压块的三视图，综合起来，便可想象出压块的整体形状，如图 6-34(f)所示。

(a) 压块三视图　　　　(b) 分析正垂面 P　　　　(c) 分析铅垂面 Q

(d) 分析正平面 R　　　　(e) 分析水平面 S　　　　(f) 压块整体形状

图 6-34　读压块三视图

6.5.3　已知组合体两视图补画第三视图

已知组合体两视图补画第三视图，是看图和画图的综合训练，一般的方法和步骤为：根据已知视图，用形体分析法和必要的线面分析法分析和想象组合体的形状，在弄清组合体形状的基础上，按投影关系补画出所缺的视图。

补画视图时，应根据各组成部分逐步进行。对叠加型组合体，先画局部后画整体。对切割型组合体，先画整体后切割。并按先实后虚，先外后内的顺序进行。

【例 6-5】　根据如图 6-35 所示的主、俯视图画组合体的左视图。

① 将主视图分解为 A、B、C 三个线框。

② 利用投影关系，把主视图与俯视图中各部分对应的投影分离，可初步判断如下。

图 6-35　例 6-5 图

　　形体 A 为一半圆柱体，在其左右两侧用水平面和侧平面对称进行截切。在半圆柱体的前方中部，用两个侧平面、一个水平面和一个正平面由上向下切去一个矩形的凹槽。在补画形体 A 底板的左视图时，应注意圆柱体被多次截切后截交线的正确画法，这也是本题的难点所在。

　　形体 B 为肋板，对称放置在底板的上方、柱体的左右两侧，其后表面与底板后表面平齐，其上部与柱体上方的圆柱面相切。作图时要注意表面相切应无线，相应的轮廓线画到切点处为止。

　　形体 C 为一端为圆柱面的长方体，上方有一个与圆柱面同心的圆柱通孔。形体 C 位于底板的上方中部，并关于底板的回转轴线对称，其后表面与底板后表面平齐。

　　③ 根据三视图的投影规律，分别画出形体 A、B、C 的左视图，如图 6-36(a)～(e)所示。

(a) 作底板未被截切的左视图　　　　　(b) 作底板被第一次截切的左视图

(c) 作底板被第二次截切的左视图　　　(d) 作底板上方柱体的左视图

图 6-36　例 6-5 解题过程

(e) 作肋板的左视图　　　　　　　　　　　　(f) 检查、加深

图 6-36　例 6-5 解题过程（续）

④ 检查无误后，擦去多余图线并加深，完成作图，如图 6-36(f)所示。

【例 6-6】 由图 6-37 所示的主、左视图补画俯视图。

图 6-37　例 6-6 图

① 形体分析。该形体未被切割前是一个长方体，先用正垂面截切长方体的左侧，再用侧垂面截切长方体的前侧，最后在其中部用两个水平面、一个正平面从左至右挖切而成。

② 线面分析。根据投影面垂直面一面投影积聚，另外两面投影类似的投影特性，依次作出长方体被正垂面 P 和侧垂面 Q 截切后的三视图，如图 6-38(a)～(c)所示。

(a) 被截切前基本体的三视图　　(b) 被正垂面截切后的三视图　　(c) 被侧垂面 Q 截切后的三视图

(d) 切去中间凹槽的三视图　　　　(e) 检查　　　　　　　　　　(f) 加深

图 6-38　例 6-6 解题过程

再根据投影面平行面一面投影反映真实性，另外两面投影积聚成与相应投影轴平行的直线这一投影特性，画出长方体中部被切去的凹槽部分的三视图，如图6-38(d)所示。

③ 补画左视图。在绘制过程中一定要遵循三等关系。

④ 运用平面类似性投影特性进行检查，如图6-38(e)所示。

⑤ 加深，如图6-38(f)所示。

6.6 组合体的构形设计

根据已知条件构思组合体的形状、大小并表达成图的过程，称为组合体的构形设计。在掌握组合体读图与画图的基础上，进行组合体构形设计方面的训练，可以进一步提高空间想象能力的形体设计能力，有利于开拓思维，为机械零件的构形设计及今后的工程设计打下基础。

【例6-7】 如图6-39(a)所示，根据组合体的主视图构思不同组合体的形状，并画出俯视图。

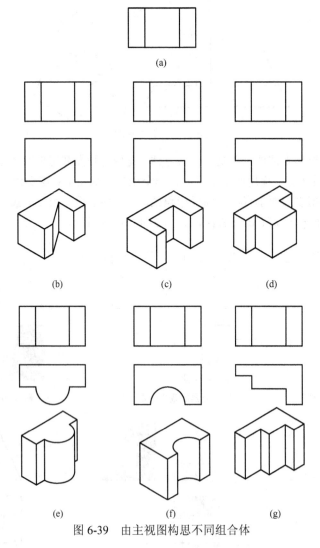

图 6-39 由主视图构思不同组合体

由图6-39(a)可假定该组合体的原形是一长方体，体的前方有3个可见的面，由这3个面的凹凸、正斜、平曲可构思出不同的组合体形状，如图6-39(b)～(g)所示。

满足主视图要求的组合体远不止以上 6 个，读者可以自行通过对基本体构形及组合方式的联想构思出更多不同的组合体。

根据组合体的一个视图构思组合体，答案通常不止一个。应设法多构思几种，并逐步达到构思出的组合体新颖、独特。由不充分的条件构思多种组合体是思维发散的结果。要提高思维发散的能力，不仅要掌握有关组合体的知识，还要自觉运用联想的方法。

1. 组合体构形设计的方法

（1）叠加式设计

给出几个基本体，经不同的切割或穿孔而构成不同的组合体，称为叠加式设计。图 6-40 为给定两长方体，通过不同的叠加方式后得出的几个不同的组合体。

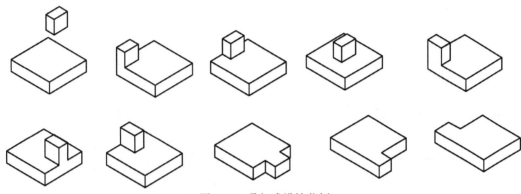

图 6-40　叠加式设计范例

（2）切割式设计

给定一基本体，经不同的切割或穿孔而构成不同的组合体的方法，称为切割式设计。图 6-41 为一圆柱体经不同的切割方法而形成的组合体。

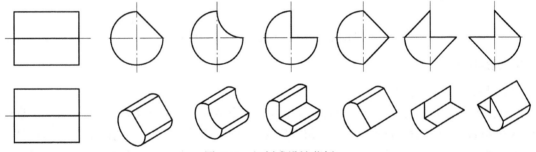

图 6-41　切割式设计范例

2. 形体构形设计应注意的问题

① 组合体各组成部分应牢固连接，不能是点接触、线接触或面接触。

例如，图 6-42(a)所示的主视图虽然符合左、俯视图的投影，但两形体为线接触，不能构成一个实体，所以是错误的。图 6-42(b)和 6-42(c)所示形体都是线接触，其所构成的形体同样是错误的。图 6-42(d)所示形体为点接触，图 6-42(e)所示连接面 P 没有厚度，这些都是错误的。

② 一般用平面或回转面造型，没有特殊需要不用其他曲面。这样绘图、标注尺寸和制作都比较方便。

③ 封闭的内腔不便于成型，一般不要采用。

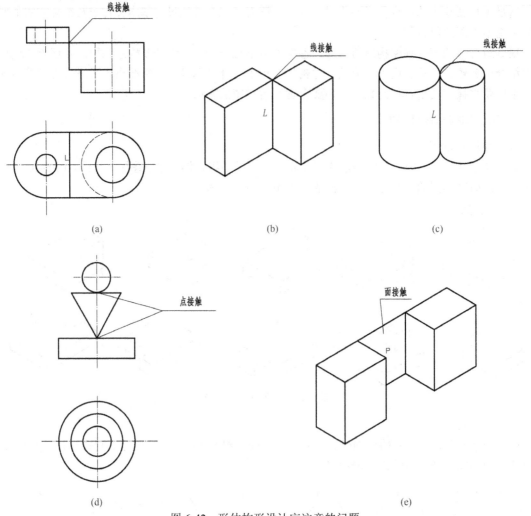

图 6-42　形体构形设计应注意的问题

3．构形原则

（1）以几何体构形为主

组合体构形设计的目的主要是培养利用基本几何体构造组合体的方法。一方面，提倡所设计的组合体应尽可能体现工程产品或零部件的结构形状和功能，以培养观察、分析、综合能力；另一方面，不强调必须工程化，设计的组合体也可以是凭自己想象得出的，更有利于开拓思维路径，培养创造力和想象力。

（2）多样、变异、新颖

构成一个组合体所用的基本体类型、组合方式和相对位置应尽可能多样和变化，并力求构想出打破常规，与众不同的新颖方案。

【例6-8】　以图6-43(a)所示的单面视图，根据组合体的构形原则和方法，进行构形设计。

评价思维发散水平可以用三个指标：发散度（构思对象的数量）、变通度（构思对象的类别）、新异度（构思对象新颖、独特的程度）。若构思的组合体都是简单的叠加体，即使数量再多，思维发散水平也不高，还应在提高思维变通度和新异度上多下工夫，才能构思出更多新颖、独特的组合体。

具体构形设计如图6-43(a)～(f)所示。

(a)

(b)

(c)

(d)

(e)

(f)

图 6-43　构形设计

第7章

机件的表达方法

在生产中，由于使用要求不同，机件（包括零件、部件和机器）的结构形状是多种多样的。当机件的形状和结构比较复杂时，仅采用前面所介绍的三视图就难于把它们的内外形状准确、完整、清晰地表达出来，为了使图样能够完整、清晰地表达机件各部分的结构形状，便于画图和看图，国家标准《技术制图　图样画法》、《机械制图　图样画法》和《技术制图　简化表示法》（GB/T 17451—1998、GB/T 17453—1998、GB/T 4458.2—2002、GB/T 4458.7—2002）中，规定了绘制机件图样的各种表达方法，包括视图、剖视图、断面图、局部放大图和简化画法等。因此，必须掌握好机件各种表达方法的特点、画法以及图形的配置和标注方法，以便能灵活地运用它们。本章着重介绍一些常用的表达方法。

7.1　视图

视图主要用来表达机件的外部结构形状。视图通常有基本视图、向视图、斜视图和局部视图。向视图、斜视图和局部视图又称为辅助视图，它们辅助基本视图来表达基本视图未表达清楚的局部或局部倾斜的结构。

1. 基本视图（GB/T 17451—1998）

根据国标规定，在原有 3 个投影面的基础上，再增设 3 个投影面，组成一个正六面体，如图 7-1(a)所示，把六面体的 6 个面作为投影面，称它们为基本投影面，将机件分别向 6 个基本投影面投射，所得的视图称为基本视图。除前面已介绍过的三个视图以外，还有：右视图—由右向左投射所得到的视图；仰视图—由下向上投射所得到的视图；后视图—由后向前投射所得到的视图。

(a)　　　　　　　　　　　　　　　(b)

图 7-1　6 个基本视图的形成及展开

（1）基本投影面的展开和基本视图的配置

6 个投影面在展开时，仍然保持 V 面不动，其他各投影面如图 7-1(b)所示，展开到与 V 面在同一平面上，展开后各基本视图的配置关系如图 7-2 所示。在同一张图纸内，按图 7-2 配置视图时，一律不标注视图的名称。

图 7-2　6 个基本视图的配置

（2）基本视图的投影规律及位置对应关系

三视图的投影规律对 6 个基本视图仍然适合。

① 6 个基本视图的度量对应关系，仍保持"长对正、高平齐、宽相等"，即主、俯、仰视图长对正并与后视图长相等，主、左、右、后视图高平齐，左、右、俯、仰视图宽相等。

② 6 个基本视图的位置对应关系如下：主、左、右、后四个视图的上、下与机件的上、下是相对应的；主、俯、仰三个视图的左、右与机件的左、右是相一致的，而后视图的左侧表示的是机件的右边，后视图的右侧表示的是机件的左边；俯、左、右、仰视图远离主视图的一侧表示的是机件的前面，而它们靠近主视图的一侧则表示机件的后面。

2．向视图（GB/T 17451—1998）

6 个基本视图如果不能按图 7-2 配置时，可采用向视图。向视图是可自由配置的视图，画向视图时应在视图的上方标出大写拉丁字母，在相应视图附近，用箭头指明投射方向，并注上同样的大写拉丁字母，如图 7-3 所示。

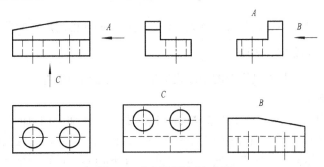

图 7-3　向视图的标注方法

选用恰当的基本视图，可以较清晰地表达机件的形状。例如，图 7-4 中选用了主、左、右三个视图来表达机件的主体和左、右凸缘的形状，在左、右两个视图中省略了不必要的虚线。

图 7-4　基本视图应用举例

3．局部视图（GB/T 4458.1—2002）

将机件的某一部分向基本投影面投射所得的视图称为局部视图。采用一定数量的基本视图后，该机件上仍有部分结构形状尚未表达清楚，又没有必要再画出完整的基本视图时，可单独将这部分的结构形状向基本投影面投影。可以认为，由于表达的需要而仅画出物体一部分的基本视图。

如图 7-5 所示部件，当画出其主、俯两个基本视图后，仍有两侧的凸台没有表达清楚，因此需要画出表达该部分的局部左视图和局部右视图。局部视图的断裂边界用波浪线画出。当所表达的局部结构是完整的且外轮廓线又成封闭时，波浪线可省略不画（如图 7-5 中的 B）。波浪线不能超出断裂机件的轮廓线；不可画在机件的中空处，应画在机件的实体部分（如图 7-5 中的 A）。

图 7-5　局部视图应用

局部视图可按基本视图的形式配置，省去标注，也可按向视图的形式配置并标注。

4．斜视图（GB/T 4458.1—2002）

将机件向不平行于任何基本投影面的平面投射所得的视图称为斜视图。斜视图用来表达零件上局部倾斜结构的真实形状。

图 7-6(a)为压紧杆的三视图，由于压紧杆的左下部对 H 和 W 面是倾斜的，所以俯视图和左视图都不反映它的实形。这样，图 7-6(a)中的三个视图不但画图比较困难，而且表达得不清楚，看图不方便。为了清晰地表达压紧杆的倾斜表面，可以如图 7-6(b)所示，设置一个平行于机件倾斜表面并垂直于某一基本投影面的新投影面，然后以垂直于倾斜表面的方向向新投影面投射，就得到反映它的实形的视图。

斜视图的画法和标注规定如下：

图 7-6　压紧杆的三视图及斜视图的形成

① 画斜视图时，必须在视图的上方用大写拉丁字母标注视图的名称，在相应的视图附近用箭头指明投射方向，并注写相同的大写拉丁字母，如图 7-7(a)中的 A 视图。

图 7-7　压紧杆的斜视图和局部视图

② 斜视图一般按投射关系配置，如图 7-7(a)所示，必要时可配置在其他适当位置。在不致引起误解时，允许将图形旋转（旋转角度应小于 90°），标注形式为"$X\curvearrowright$"或"$\curvearrowleft X$"，其中箭头称为旋转符号，它的方向代表旋转方向。表示该视图名称的大写拉丁字母应靠近旋转符号的箭头端，如图 7-7(b)中的"$\curvearrowleft A$"。旋转符号的尺寸如图 7-8 所示。

③ 斜视图一般只需表达机件倾斜部分的形状，而不必画出其他部分的投影，倾斜结构的断裂边界用波浪线或双折线表示，如图 7-7 所示。如果表示的倾斜结构是完整的且外轮廓线又成封闭时，波浪线或双折线可省略。

h-符号与字体高度
$h=R$
符号笔画宽度=1/10或1/14

图 7-8　旋转符号的尺寸

7.2　剖视图

在视图中，表达机件的内部结构用虚线来表示，如图 7-9(a)所示，当机件的内部结构比较复杂时，在视图上会出现许多虚线，影响图形清晰，这样给看图和标注尺寸都带来不便。在绘制技术图样时应先考虑看图方便，根据物体的结构特点，选用适当的表达方法，在完整、清晰地表示物体形状的前提下，力求制图简便。因此，为了清楚地表达机件的内部结构形状，国家标准《技术制图》（GB/T 17452—1998、GB/T 4458.7—2002）中规定了表示物体内部结构及形状的表达方法：剖视图（如图 7-9(b)所示）和断面图。

图 7-9　机件的视图

用剖切平面剖开机件，将处在剖切平面和观察者之间的部分移去，则其余部分向投影面投射所得的图形被称为剖视图（简称剖视），如图 7-10(a)所示。采用剖视后，机件内部不可见轮廓成为可见，用粗实线画出，这样图形清晰，便于看图和标注尺寸，如图 7-10(b)所示。剖切面一般用平面，也可用曲面。

图 7-10　剖视的概念和画法

7.2.1　剖视图的画法

下面以图 7-10 为例说明画剖视图的方法。

（1）确定剖切平面位置

要将图 7-9 所示机件的主视图画成剖视图，剖切平面应平行于正面，且尽量通过较多的内部结构（孔或沟槽）的轴线或对称面，如图 7-10 所示。如果需要将左视图或俯视图画成剖视图，剖切平面应平行于侧面或水平面。

（2）画剖视图

在剖视图中用粗实线画出机件被剖切平面剖切后的断面轮廓线和剖切平面后面机件的可见轮廓线，如图 7-10(b)所示。剖切平面后面的可见部分的投影，初学者容易漏画，请读者认真分析图 7-11 中的几种情况。由于剖视是假想的，因此当一个视图画成剖视图后，其他视图仍应按完整的机件画出，如图 7-10(b)俯视图所示。

图 7-11　剖视图中不要漏画线

（3）画剖面符号

机件被剖开后，剖切平面与物体的接触部分称为剖面区域。在机件的剖面区域内，应画上剖面符号。剖面区域内标注数字、字母等处的剖面线必须断开。各种材料的剖面符号见表 7-1。

金属材料的剖面符号应画成与水平线成 45°的细实线。同一机件的各剖视图上，剖面线的方向、间隔应完全一致。

当图形中的主要轮廓线与水平成 45°或接近 45°时，该图形的剖面线应画成与水平成 30°或 60°的斜线，如图 7-12 所示，但其倾斜的趋势仍与其他图形的剖面线一致。

（4）剖视图的标注

① 标注内容：包括剖切位置、投射方向和剖视图的名称。

在相应的视图上画出剖切符号（线宽为粗实线，线长 5～7 mm）表示剖切位置。剖切符号尽量不与图形的轮廓线相交。在剖切符号两端的外侧画出与其相垂直的箭头表示投射方向。在剖切符号旁标注大写拉丁字母 "X"，并在剖视图的上方，用相同的大写拉丁字母标注出剖视图的名称 "X-X"，如图 7-10(b)中的 A-A。

② 标注的省略。剖视图中应标注的内容在下列情况下可以省略：

❖ 当剖视图按投影关系配置，中间又没有其他图形隔开时，可以省略箭头，如图 7-12(b)中的 A-A。

剖面线与主要轮廓线成45°

(a)

剖面线与对称中心线成45°

图 7-12 通用剖面线的画法

表 7-1 剖面符号

金属材料（已有规定剖面符号者除外）		木质胶合板	
线圈绕组元件		基地周围的泥土	
转子、电枢、变压器和电抗器等的叠钢片		混泥土	
非金属材料（已有规定剖面符号者除外）		钢筋混泥土	
玻璃及观察用的其他透明材料		格网（筛网、过滤网等）	
型砂、填沙、粉末冶金、砂轮、陶瓷刀片、硬质合金刀片等		砖	
木材	纵剖面	液体材料	
	横剖面	气体材料	

❖ 当单一剖切平面通过机件的对称平面或基本对称的平面，且剖视图按投影关系配置，中间又没有其他图形隔开时，可省略标注，见图7-11。

（5）剖视图中的虚线问题

在剖视图中，一般不画虚线，如图7-13所示。但对于机件中尚未表示清楚的不可见结构，在不影响剖视图清晰又可减少视图数量的情况下，允许画出少量的虚线，如图7-14所示。

7.2.2 剖视图的种类

剖视图按剖切范围分为全剖视图、半剖视图和局部剖视图。

1. 全剖视图

用剖切面完全地剖开机件所得的剖视图称全剖视图。例如，图7-15中的主、左视图都是用一个平行于投影面的剖切平面完全剖开机件后得到的剖视图。

(a) 不好　　　　　　　　　　　　　　　　　　　　(b) 好

图 7-13　剖视图中一般不画虚线

图 7-14　剖视图中的必要虚线

(a) 3D 立体图　　　　　　　　　　　　　　(b) 剖视图

图 7-15　全剖视图

全剖视图应按规定标注。图 7-15(b)中的主视图符合省略标注的规定，而左视图因其剖切平面不通过机件的对称面，因此标注了剖切位置及字母 *A-A*，该图只符合省略箭头的规定。

全剖视图不利于完整地表达机件的外部结构，所以全剖视图适用于外形简单、内部结构复杂的机件。

2．半剖视图

当机件具有对称平面时，在垂直于对称平面的投影面上投射所得的图形，可以对称中心线为界，一半画成剖视，另一半画成视图，称为半剖视图，如图7-16(b)所示。视图用来表达机件外部结构形状，剖视用来表达机件内部结构形状。

(a) 视图　　　　　　　　(b) 半剖视图

(c) 立体图

图7-16　半剖视图

在图7-16中，如果主视图画成全剖视图，则顶板下凸台的形状就不能表达清楚；如果俯视图画成全剖视图，则长方形顶板及其上四个小孔的形状和位置也不能表达出来。图7-16(b)中的主、俯视图都画成半剖视图，兼顾了内、外形状的表达。

画半剖视图时应注意如下几点：

① 半剖视图的外形视图部分和剖视部分的分界线要画成细点画线，不能画成粗实线。

② 由于图形对称，机件的内部形状已在半剖视图中表达清楚，所以在表达外形的另一半视图中虚线应省略不画。

③ 半剖视图的标注和全剖视图的标注方法完全相同，如图7-16(b)中的A-A。

图7-17　接近对称的机件的半剖视图

半剖视图能同时表达机件的内、外结构，弥补了全剖视图不利于完整地表达机件外部结构的缺点，常用于内、外形状都需要表达的对称机件。如果机件的形状接近于对称，且不对称的部分已另有图形表达清楚时，也可以画成半剖视图，如图7-17所示。如果机件虽具有对称面，但外形十分简单，则没有必要画成半剖视图。

3. 局部剖视图

用剖切平面局部地剖开机件所得的剖视图称为局部剖视图。例如，图 7-18(b)、图 7-19(b)中的主、俯视图都是用一个平行于投影面的剖切平面局部地剖开机件后所得到的剖视图。

(a) 立体图　　　　　　　　　　　　(b) 局部剖视图

图 7-18　局部剖视图

(a) 立体图　　　　　　　　　(b) 局部剖视图

图 7-19　局部剖视图画法

画局部剖视图时，用波浪线表示剖切范围，波浪线代表机件断裂处的投影，如遇孔、槽，波浪线不能穿空而过，也不能超出视图的轮廓线，如图 7-20(a)所示。波浪线不能画在其他图线的延长线上，如图 7-20(b)所示，也不要与图形中其他图线重合，如图 7-20(c)所示。当被剖切的局部结构为回转体时，允许将该结构的中心线作为局部剖视与视图的分界线，如图 7-20(d)所示。

局部剖视图一般适用于下列情况：① 不对称的机件，既需要表达其内部形状，又需要保留其局部外形，如图 7-18 和图 7-19 所示；② 对称的机件，但其图形的对称中心线正好与机件轮廓线的投影重合，因此不宜采用半剖视图，如图 7-21 所示。

图 7-20　局部剖视图中波浪线画法的正误

图 7-20 局部剖视图中波浪线画法的正误（续）

图 7-21 局部剖视图的几种形式

局部剖视图比较灵活，运用得恰当，可以使图形简明清晰，但在同一个视图中，局部剖视的数量不宜过多，否则会使图形过于破碎。剖切位置明显时，局部剖视图可以省略标注。

7.2.3 剖切面的形式及常用的剖切方法

由于机件的结构形状不同，画剖视图时，可采用不同的剖切方法。可用单一剖切面剖开机件，也可用两个或两个以上的剖切面剖开机件，剖切面可以为平面或曲面。剖切面一般平行于基本投影面，但也可倾斜于基本投影面。下面分别介绍每种剖切面的使用条件及其剖视图画法。

1．单一剖切面

（1）平行于某一基本投影面的单一剖切平面

前面接触的剖视图均采用平行于某一基本投影面的单一剖切平面剖开机件后所画的剖视图。

（2）不平行于任何基本投影面的剖切平面

用不平行于任何基本投影面的剖切平面剖开机件的方法称为斜剖，例如，图 7-22(a)中的 A-A 就是用斜剖的方法获得的全剖视图。采用斜剖方法画出的剖视图必须标注出其剖切位置、投射方向和视图名称。注意，注写的字母必须水平书写，如图 7-22 所示。

采用斜剖的方法所画出的剖视图，其图形位置的配置与斜视图类似，即一般按投影关系配置，必要时可以配置在其他适当的位置，如图 7-22(a)所示。在不致引起误解时，允许将图形旋转，但需加注旋转符号，如图 7-22(a)中的 " A-A "。

（3）单一剖切柱面

如图 7-22(b)所示的扇形块，为了表达该零件上处于圆周分布的孔与槽等结构，可以采用圆柱面进行剖切。采用柱面进行剖切时，一般应按展开绘制，因此在剖视图上方应标出 " X-X 展开"。

2．两相交的剖切平面（交线垂立于某一基本投影面）

用两相交的剖切平面（交线垂直于某一基本投影面）剖开机件的方法称为旋转剖，如图 7-23 所示。

采用旋转剖画剖视图时，先假想按剖切位置剖切开机件，然后将倾斜剖切平面切着的结构及其有关部分绕两剖切平面交线（旋转轴）旋转到与选定的投影面平行后再进行投影，如图 7-23 所示。

(a) 单一斜剖切平面获得的剖视图　　　　　(b) 单一剖切柱面剖切

图 7-22　单一剖切剖视图的画法

图 7-23　两相交平面剖视图的画法

　　旋转剖通常适用于具有较明显回转轴的机件。采用旋转剖画剖视图时，剖切平面后的其他结构一般仍按原来的位置投影，如图 7-24 所示机件上的油孔的投影。当剖切后产生不完整要素时，应将此部分按不剖绘制，如图 7-25 中的臂。

图 7-24　杠杆的两相交平面剖切的画法

　　采用旋转剖画出的剖视图必须标注，在剖切平面的起、讫和转折处画出剖切符号，注写字母并用箭头指明投射方向。在剖视图的上方用相同的字母标注剖视图的名称，如图 7-24 和图 7-25 所示。当转折处地位有限，又不致引起误解时，允许省略字母。表示投射方向的箭头应与剖切符号垂直。

图 7-25　夹臂套筒的两相交平面剖切画法

3．几个平行的剖切平面

当机件上有较多的内部结构形状，而它们的轴线又不在同一平面内，这时可用几个互相平行的剖切平面将机件剖开，如图 7-26 所示。这种用几个互相平行的剖切平面将机件剖开的剖切方法称为阶梯剖。图 7-26(a)中的 $A-A$ 是用阶梯剖的方法画出的全剖视图。

(a) 正确的平行剖切画法　　　　(b) 剖切过程　　　　(c) 错误的平行剖切画法

图 7-26　几个平行的剖切平面剖切视图的画法

阶梯剖的标注方法应在剖切平面的起、讫和转折处画出剖切符号，注写字母，并用箭头指明投射方向，在剖视图的上方用相同的字母标注剖视图的名称。

采用阶梯剖画出剖视图时应注意以下几点：① 在剖视图中，不应画出两个剖切平面转折处的投影，如图 7-26(c)中主视图所示；② 剖切平面转折处不应与图上的轮廓线重合，如图 7-26(c)中的俯视图所示；③ 在剖视图中不应出现不完整要素，如图 7-27(b)所示。只有当两个要素在图形上具有公共对称中心线或轴线时，可以各画一半，此时应以对称中心线或轴线为界，如图 7-28 所示。

4．组合的剖切面

当机件的内部结构形状较多，用相交的剖切平面或平行的剖切平面仍不能表达完全时，可以采用组合的剖切面剖开机件，这种剖切方法称为复合剖。图 7-29 中的 $A-A$ 是用复合剖的方法画出的全剖视图。复合剖切的标注与旋转剖、阶梯剖类似，即要把剖切位置、投射方向和剖视图名称全部标注出来。采用复合剖画出剖视图时，可采用展开画法，如图 7-30 所示。此时应标注" $X-X$ 展开"，如图 7-30 中的" $A-A$ 展开"。

(a) 正确 (b) 错误

图 7-27 悬吊轴承的阶梯剖切的画法

图 7-28 具有公共对称中心线结构的剖切画法

图 7-29 复合剖切

图 7-30 复合剖切展开画法

7.3 断面图

7.3.1 基本概念

假想用剖切平面将机件某处剖开，仅画出该剖切平面与机件接触部分的图形，称为断面图，简称断面，如图 7-31 所示。国家标准 GB/T 4458.7—2002 规定了断面图的表达方法。

(a) 立体图

(b) 视图

(c) 断面图　(d) 断面图　(e) 断面图　(f) A-A 剖视图

图 7-31　轴的断面图，断面图与剖视图的区别

图 7-31(b)是一根轴的两个视图。在图 7-31(b)中的左视图上画出了表示各段直径不相同的轴和键槽、通孔的投影，图形很不清楚。为了得到具有键槽和通孔轴段断面的清晰形状，可如图 7-31(a)所示，假想在键槽、盲孔和通孔处用垂直轴线的剖切平面将轴切开，画出如图 7-31(c)、(d)和(e)所示的3 个断面图。

对比图 7-31(c)、(d)、(e)与(f)可知，断面图和剖视图的区别在于：断面图仅画出机件的断面形状，剖视图则是将机件处在观察者与剖切平面之间的部分移去后，除断面形状外，还要画出剖切面后机件留下的可见部分的投影。正因如此，一些机件的表达中采用断面图比剖视图更显得简洁。

7.3.2　断面图的种类

断面图分移出断面图和重合断面图两种。

1．移出断面图

画在视图轮廓线之外的断面图称为移出断面图，如图 7-32 和图 7-33 所示。

（1）移出断面图的画法

移出断面图的画法如下：

① 移出断面图的轮廓线用粗实线绘制，同时画上剖面符号，剖面线方向与间隔应与原视图保持一致，如图 7-32(a)所示。

② 当断面图形对称时，断面图可画在视图的中断处，如图 7-33 所示。

③ 移出断面图应尽量配置在剖切符号或剖切线（用细点画线表示）的延长线上，如图 7-32(a)所示。必要时可配置在其他位置，如图 7-32(b)、图 7-34 和图 7-36(b)所示。在不致引起误解时，允许将图形旋转，但必须用旋转符号注明旋转方向，如图 7-36(a)所示。

(a) 移出断面图配置在剖切符号或剖切位置延长线上　　(b) 移出断面图不配置在剖切符号的延长线上

图 7-32　移出断面图

④ 当剖切平面通过回转面形成的孔或凹坑轴线时，这些结构的断面图按剖视图绘制，即画成闭合图形，如图 7-32(a)和图 7-36(b)所示。

⑤ 当剖切平面通过非圆孔，会导致出现完全分离的断面时，这些结构的断面图按剖视图绘制，如图 7-36(a)所示。

⑥ 由两个或多个相交剖切平面剖切得到的移出断面图，中间应断开，每个剖切平面都应垂直于所需表达机件结构的主要轮廓线或轴线，如图 7-35 所示。

图 7-33　移出断面图画在中断处　　图 7-34　移出断面图按投影关系配置　　图 7-35　相交两剖切平面得到的断面图，中间一般应断开

（2）移出断面图的标注（剖切符号、投射方向、字母）

移出断面图一般应用剖切符号表示剖切位置，用箭头表示投射方向，并注上字母，在断面图上方应用同样的字母标出相应的名称"$X-X$"，如图 7-32(b)和图 7-36(a)所示。在下面 3 种情况下，可以部分或全部省略标注。

① 配置在剖切线延长线上的对称移出断面图，以及配置在视图中断处的移出断面图,不需标注，如图 7-32(a)、图 7-33 和图 7-35 所示。

② 配置在剖切线或剖切符号延长线上的不对称移出断面图，可省略字母，如图 7-32(a)所示。

③ 不配置在剖切符号延长线上的对称移出断面图，以及按投影关系配置的移出断面图，可省略箭头，如图 7-36(b)和图 7-34 所示。

2. 重合断面图

画在视图轮廓线内的断面图称为重合断面图，如图 7-37 所示。

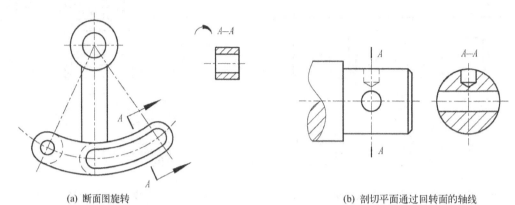

(a) 断面图旋转　　　　　　　　　　　　　　(b) 剖切平面通过回转面的轴线

图 7-36　按剖视图绘制的移出断面图

（1）重合断面图的画法

重合断面图的轮廓线用细实线绘制，同时画上剖面符号。当视图中的轮廓线与重合断面图形重叠时，视图中的轮廓线应连续画出，不可间断。肋板的重合断面可以仅画出一部分，见图 7-37(b)。

（2）重合断面图的标注（剖切符号、投射方向、字母）

对称的重合断面不必标注剖切位置和断面图的名称，如图 7-37(b)和图 7-37(c)所示；配置在剖切符号上的不对称重合断面，不必标注字母，但仍要在剖切符号处画上箭头，如图 7-37(a)所示。

(a) 角钢　　　　　　　　　(b) 支架　　　　　　　　　(c) 吊钩

图 7-37　重合断面

7.4　其他表达方法

1．局部放大图（GB/T 4458.1—2002）

将图样中所表示机件上的部分结构，用大于原图形所采用的比例画出的图形，称为局部放大图。

局部放大图常用来表达图形过小或标注尺寸困难的零件上的一些细小结构，如轴上的退刀槽、端盖内的槽等。

画局部放大图的注意事项如下：

① 局部放大图可以画成视图、剖视图和断面图，它与被放大部分的表达方法无关，且比例仍然是图形与实物相应要素的线性尺寸之比。

② 局部放大图应尽量配置在被放大部位的附近，如图 7-38 所示。

③ 画局部放大图时，应用细实线圈出被放大部分的部位。同时有几处部位被放大时，必须用罗马数字依次标明被放大部位，并在局部放大图的上方中间标注出相应的罗马数字和采用的比例。如图 7-38(a)所示，罗马数字与比例之间的横线用细实线画出。

图 7-38　局部放大图

④ 当机件上仅有一个需要放大的部位时，在局部放大图上只需标注采用的比例，如图 7-38(b) 所示。

⑤ 局部放大图与整体联系的部分用波浪线画出，若原图形与放大图均画剖视，则剖面线不仅方向要相同，间隔也要相同（间隔尺寸不放大），如图 7-38 所示。

2．简化画法和其他规定画法（GB/T 16675.1—1996、GB/T 4458.1—2002）

简化画法是对零件的某些结构图形表达方法进行简化，使图形既清晰又简单易画。以下为国家标准规定的一些简化画法与其他规定画法。

① 机件上的肋、轮辐及薄壁，如按纵向剖切，这些结构不画剖面符号，但要用粗实线将它与邻接部分分开（不画出表面交线），如图 7-39 所示的 *A-A* 剖视中肋的简化画法和如图 7-40 所示的剖视图中轮辐的简化画法。当剖切平面垂直于肋剖切时，则肋的断面必须画出剖面符号，如图 7-39 所示的 *B-B* 剖视图。

② 在不致引起误解的情况下，零件图中的移出断面允许省略剖面线，但剖切标注仍按规定画出，如图 7-41 所示。

③ 当零件回转体上均匀分布的肋、轮辐、孔等结构不处于剖切平面上时，可将这些结构旋转到剖切平面上画出，如图 7-42 所示。

④ 当机件具有若干相同结构（齿、槽等），并按一定规律分布时，只需画出几个完整的结构，其余用细实线连接，但在图中必须标明该结构的总数，如图 7-43 所示。

⑤ 当零件上有若干直径相同且成规律分布的孔（圆孔、螺孔、沉孔等）时，可以仅画出一个或几个，其余只需用点画线表示其中心位置，但在图中应注明孔的总数，如图 7-44 所示。

⑥ 网状物、纺织物或机件上的滚花部分，可在轮廓线附近用粗实线示意画出，并在零件图上或技术要求中注明这些结构的具体要求，如图 7-45 所示。

图 7-39　剖视图中肋的画法

图 7-40　剖视图中轮辐的画法　　　　　图 7-41　不画剖面符号的移出断面图

图 7-42　均匀分布的肋、孔的简化画法

图 7-43　相同结构的表达方法　　　　　图 7-44　按规律分布的孔的表达方法

图 7-45　滚花的表达方法

⑦ 机件上较小的结构所产生的截交线、相贯线，如果在一个图形中已表示清楚，则在其他图形中可以简化或省略，如图 7-46 所示。

(a) 简化相贯线　　　　　(b) 简化截交线和相贯线　　　　(c) 简化截交线

图 7-46　较小结构的简化画法

⑧ 零件上对称结构的局部视图，可单独画出该结构的图形，如图 7-46(b)所示键槽的局部视图。

⑨ 对于机件上斜度不大的结构，如在一个图形中已经表达清楚，则其他图形可以只按小端画出，如图 7-47 所示。

⑩ 在不致引起误解时，机件的小圆角、锐边的小圆角或 45°小倒角允许省略不画，但必须注明尺寸或在技术要求中加以说明，如图 7-48 所示。

图 7-47　小斜度结构的简化画法　　　　　图 7-48　小圆角、小倒圆或 45°小倒角的简化画法

⑪ 在不致引起误解时，对于对称机件的视图，可以只画一半或四分之一，并在对称中心线的两端画出两条与其垂直的平行细实线，如图 7-49 所示。

(a) 画一半　　　　　　　　(b) 画四分之一

图 7-49　对称机件视图的简化画法

⑫ 较长的机件（轴、杆、型材、连杆等）沿长度方向的形状一致或按一定规律变化时，允许断开后缩短绘制，但必须按机件原来的实际长度标注尺寸，如图 7-50 所示。实心圆柱体和空心圆柱体的断裂处的画法和尺寸标注如图 7-51 所示。

⑬ 当图形不能充分表达平面时，可用平面符号（用两条细实线画出对角线）表示，如图 7-52 所示。

(a) 形状按一定规律变化　　　　　　　　　　(b) 形状一致

图 7-50　较长机件的折断简化画法

(a) 实心圆柱　　　　　　　　　　(b) 空心圆柱

图 7-51　圆柱体断裂处的画法

图 7-52　用符号表示平面

⑭ 在剖视图的剖断面中可再作一次简单的局部剖视。采用这种表达方法时，两个剖面的剖面线应同方向、同间隔，但必须互相错开，并用引出线标注其名称，如图 7-53 所示。如果剖切位置明显，也可省略标注。

⑮ 零件法兰盘上均匀分布圆周上直径相同的孔，可按图 7-54 所示的方法表示。

图 7-53　在剖视图中再作一次局部剖

图 7-54　法兰盘上均匀分布圆周上直径相同的孔

⑯ 在需要表示位于剖切平面前的零件结构时，这些结构按假想投影的轮廓线（细双点画线）绘制，如图 7-55 所示。

⑰ 与投影面倾斜小于 30°的圆或圆弧，其投影可用圆或圆弧替代，如图 7-56 所示。

⑱ 标注尺寸时可采用带箭头的指引线，如图 7-57 所示。

图 7-55　假想画法

图 7-56　倾斜圆或圆弧的简化画法

图 7-57　用带箭头的指引线标注尺寸

⑲ 用符号 *C* 代表 45°倒角，*C* 后的数字表示倒角的同向尺寸；如 *C1* 表示 1×45°；*C2* 表示 2×45°。均匀分布的结构用 *EQS* 表示，如 3×ϕ10EQS 表示三个直径为 10mm 的孔均匀分布，如图 7-57 所示。

7.5　第三角投影

目前，世界各国的工程图样有两种画法：第一角投影画法和第三角投影画法。有些国家采用第一角投影画法，如我国、英国、德国和俄罗斯等，有些国家采用第三角投影画法，如美国、日本等。为了适应国际间技术交流的需要，下面简单介绍第三角投影画法。

1. 第三角投影的概念

如图 7-58 所示，两个互相垂直的投影面 *V* 和 *H*，把空间分成四个分角Ⅰ、Ⅱ、Ⅲ、Ⅳ。机件放在第一分角表达，称为第一角画法；机件放在第三分角表达，称为第三角画法。

2. 第三角投影法与第一角投影法的比较

第一角投影法是将所画机件置于观察者与投影面之间，保持

图 7-58　四个分角

观察者—机件—投影面的相对位置关系，并用正投影法来绘制的机件图样，如图 7-59(a)所示。第三角投影法是将所画机件放在第三分角中，使投影面（假设投影面使透明的）处于观察者与机件之间，保持观察者—投影面—机件的相对位置关系，也用正投影法来绘制的机件图样，如图 7-59(b)所示。

用第三角投影法绘制的图样与第一角投影法一样，都是采用正投影法，展开投影面时都规定保持 *V* 面不动，分别把 *H*、*W* 面各自绕它们与 *V* 面的交线旋转 90°，与 *V* 面展开成一个平面。因此，正投影法的规律包括三投影的对应关系（如"三等"关系等）对两者都完全适用，这是其共同点。

图 7-59　第一角投影及第三角投影的比较

用第三角投影法所得的 6 个基本视图的展开及配置如图 7-60 所示。

图 7-60　第三角投影法基本视图的展开及配置

将第三角投影法绘制的视图与第一角投影法作比较，其主要区别如下：① 视图的名称和配置有所不同；② 在视图中反映前后位置关系有所不同。在第三角投影画法中，顶视图、底视图、右视图、左视图靠近前视图的一边表示物体的前面；而在第一角投影画法中正好相反，俯视图、仰视图、右视图、左视图靠近主视图的一边表示物体的后面。

3. 第三角投影画法与第一角投影画法的识别符号

工程技术中可以采用第一角投影画法，也可采用第三角投影画法。按 GB/T 14692—1993 规定，当采用第一角画法时，一般不画出第一角画法的识别符号，必要时可画出第一角画法的识别符号，如图 7-61(a)所示。采用第三角画法时，必须在图纸标题栏的上方或左方画出第三角画法的识别符号，如图 7-61(b)所示。

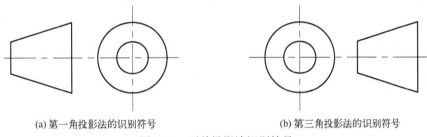

(a) 第一角投影法的识别符号　　　　　　　　(b) 第三角投影法的识别符号

图 7-61　两种投影法识别符号

7.6　机件的各种表达方法综合举例

前面介绍了机件的各种表达方法，每种表达方法都有其特点和适用范围，要注意合理选用，确定机件表达方案的原则是：首先考虑看图方便，在正确、清晰地表达机件结构形状的前提下，力求绘图简便。要完整清楚地表达给定的机件，首先应对要表达的机件进行结构分析和形体分析，根据机件的内部及外部结构特征确定采用的表达方法。由于表达方法的灵活多样，一个机件可以有多种表达方案，这就需要进行分析、比较，最后确定最佳的表达方案。

【例 7-1】　图 7-62 所示的机件为一支架，确定其表达方案。

图 7-62　支架的表达方案

支架由圆筒、底板和连接这两部分的十字肋板组成。如果用主、左、俯三个视图表达，一则上部圆筒的通孔只能用虚线表达，下部的底板在视图中不能表达实形；二则有些表达重复，无此必要。为了表达支架的内外形状，主视图采用了局部剖视，既表达了圆筒、肋板和底板的内外形状和相对位置，也表达了上部圆筒的通孔和下部底板上的 4 个小通孔。

为了表示圆筒与肋板的前、后相对位置，采用了 *B* 向局部视图，俯视图不必再画。

为了表达底板的实形及其与十字肋的相对位置，采用了 *A* 向斜视图，十字肋的断面形状用了一个移出断面来表达。

这样，4 个图形既不重复，也正确、完整、清晰地表达了支架的结构形状。

【例 7-2】　图 7-63 为一四通管接头，画出其表达方案。

该四通管接头可分为三部分：主体管、左通管和右通管。主视图 *A-A* 为用旋转剖方法画出的全剖视图，清楚地表达了该四通管接头的内腔，也表达了该四通管接头 3 个组成部分的相对位置。

俯视图 *B-B* 为用阶梯剖方法画出的全剖视图，补充表达了 3 个组成部分之间的内、外连接情况，还可以清楚地看出左、右通管轴线间的夹角和主体管下方底盘的形状及其上孔的分布。

C-C 为用斜剖的方法画出的剖视图，表达了右通管的管道和凸缘的形状及凸缘上两圆孔的分布。

D-D 为全剖视图，表达了左通管的管道、凸缘和肋板的形状及凸缘上孔的分布。

E 向局部视图表达了该四通管接头上端凸缘的形状和孔的分布。

仅用 5 个图形就完整、清晰地表达了这一复杂机件。

图 7-63　四通管接头

第8章

标准件和常用件

在机器或部件中，有一些大量使用的零件，如螺栓、螺母、键、销等。这些零件中，有的在结构尺寸等方面已标准化，称为标准件；有的将部分重要参数标准化，称为常用件。在图样中，标准件和常用件的标准结构采用国家标准规定的简化、示意画法绘制，它们的真实结构尺寸则用国家标准规定的标记来表达。

8.1 螺纹

8.1.1 螺纹的形成和要素

1. 螺纹的形成

螺纹是按照螺旋线的原理形成的。它是沿圆柱轴线剖面上的一个平面图形（如三角形或梯形等）绕圆柱轴线作螺旋线运动所形成的螺旋体。在圆柱外表面上所形成的螺纹，称为外螺纹；在圆柱内表面上所形成的螺纹，称为内螺纹。内外螺纹一般成对使用。

机械零件上的螺纹可以采用不同的加工方法制成。图8-1(a)和(b)表示在车床上加工内、外螺纹。这时被加工圆柱形工件作等速旋转运动，车刀切入工件一定深度并沿轴向作等速移动。图8-1(c)为加工直径较小的内螺纹的一种情况，加工时先用钻头钻出深孔，再用丝锥在孔壁上攻出内螺纹。

图8-1 螺纹的加工方法

在加工螺纹的过程中，由于刀具的切入（或压入）构成了螺纹凸起和沟槽两部分。凸起的顶端称为螺纹的牙顶（用手摸得着）；沟槽的底部称为螺纹的牙底（用手摸不着），如图8-3所示。

螺纹一般是在圆柱表面上形成的，称为圆柱螺纹。但也可以在圆锥表面形成，称为圆锥螺纹。常见的螺纹为圆柱螺纹。

2. 螺纹的基本要素

（1）螺纹牙型

在通过螺纹轴线的剖面上，螺纹的轮廓形状，称为螺纹牙型。常见的牙型有三角形、梯形、锯齿形、矩形等，如图 8-2 所示。

外螺纹　　　　　　内螺纹　　　三角形　梯形　锯齿形　矩形

图 8-2　螺纹的牙形

（2）直径

螺纹的直径有三个：大径、小径和中径，如图 8-3 所示。

螺纹的最大直径称为大径，即通过外螺纹牙顶（内螺纹牙底）的假想圆柱面的直径。外螺纹用 d、内螺纹用 D 表示大径。螺纹的最小直径称为小径，即通过外螺纹牙底（内螺纹牙顶）的假想圆柱面的直径。外螺纹用 d_1、内螺纹用 D_1 表示小径。在大径和小径之间有一假想圆柱面，其母线通过牙型上凸脊宽度和沟槽宽度相等的地方。该圆柱面的直径称为中径。外螺纹用 d_2、内螺纹用 D_2 表示中径。

(a) 外螺纹　　　　　　　　　　　(b) 内螺纹

图 8-3　螺纹的大径、中径、小径和螺距

代表螺纹尺寸的直径称为公称直径。普通螺纹、梯形螺纹和锯齿形螺纹的公称直径都指螺纹大径尺寸。

（3）线数

螺纹有单线和多线之分。沿一条螺旋线所形成的螺纹称为单线螺纹。沿两条或两条以上，在轴向等距分布的螺旋线所形成的螺纹称为多线螺纹，如图 8-4 所示。

（4）导程和螺距

螺纹上相邻两牙在中径线上的对应两点之间的轴向距离称为螺距（P）。而同一条螺旋线上相邻两牙在中径线上的对应两点之间的轴向距离称为导程（P_h）。单线螺纹的螺距等于导程，多线螺纹的螺距乘以线数等于导程，如图 8-4 所示。

（5）旋向

螺纹有右旋和左旋之分，顺时针旋转时旋入的螺纹，称为右旋螺纹；逆时针旋转时旋入的螺纹，称为左旋螺纹，如图 8-5 所示。生产和生活中绝大部分螺纹是右旋螺纹。

在螺纹的要素中，牙型、大径和螺距是决定螺纹的最基本要素，通常称为螺纹三要素。内外螺纹总是成对使用。只有当五个要素都相同时，内、外螺纹才能旋合在一起。

3．螺纹的工艺结构

① 螺纹的末端。为了便于装配和防止螺纹起始圈损坏，通常在螺纹的起始处加工出一定形式的末端，如倒角或球面形的倒圆，如图 8-6(a) 所示。

图 8-4 螺纹的线数、导程与螺距

图 8-5 螺纹的旋向

(a) 螺纹的倒角、倒圆   (b) 螺纹的螺尾   (c) 螺纹的退刀槽

图 8-6 螺纹的结构示例

② 螺尾和退刀槽。当车削螺纹的刀具快要到达螺纹终止处时，要逐渐离开工件，因此螺纹终止处附近的牙型将逐渐变浅，形成不完整的螺纹牙型，这一段螺纹称为螺尾，如图 8-6(b)所示；加工时为有效避免出现螺尾。可以在螺纹终止处预先加工出退刀槽，然后再车削螺纹，如图 8-6(c)所示。

8.1.2 螺纹的种类

（1）按螺纹要素是否标准分

按螺纹要素是否标准，螺纹分为如下 3 种。

① 标准螺纹：牙型、大径、螺距都符合国家标准的螺纹称为标准螺纹。

② 特殊螺纹：牙型符合标准、大径或螺距不符合标准的螺纹称为特殊螺纹。

③ 非标准螺纹：牙型不符合国家标准的螺纹称为非标准螺纹，如方牙螺纹。

（2）按螺纹的用途分

按螺纹的用途，螺纹分为连接螺纹和传动螺纹两大类。

① 连接螺纹用于机件的连接，常见的连接螺纹有 3 种：粗牙普通螺纹、细牙普通螺纹和管螺纹。连接螺纹的共同特点是牙型皆为三角形，其中普通螺纹的牙型角为 60°，管螺纹的牙型角为 55°。同一种大径的普通螺纹一般有几种螺距，螺距最大的一种称为粗牙普通螺纹，其余称为细牙普通螺纹。

② 传动螺纹是用来传递动力和运动的，常用的是梯形螺纹，其牙型为等腰梯形；有时也用锯齿形螺纹，其牙型为不等腰梯形。其具体分类详见表 8-1。

8.1.3 螺纹的规定画法

螺纹通常采用专用的刀具加工而成，且螺纹的真实投影比较复杂，为了简化作图，国家标准《机械制图》（GB/T445.1—1995）对螺纹画法做了规定，综述如下。

表 8-1　螺纹的分类、牙型和代号

按用途分	按牙型分		牙　型	特征代号	说　明
连接螺纹	普通螺纹	粗牙	P　d　60°	M	同一种大径可有几种螺距。其中螺距最大的一种螺纹称为粗牙普通螺纹。其他螺距的螺纹称为细牙普通螺纹
		细牙			
	管螺纹	用螺纹密封	P　55°	RP RC R	RP：圆柱管螺纹 RC：圆锥内管螺纹 R：圆锥外管螺纹
		非螺纹密封		G ZG	G：圆柱管螺纹 ZG：圆锥管螺纹
传动螺纹	梯形螺纹		P　30°	Tr	可双向传递运动及动力，常用于承受双向力的丝杆传动
	锯齿形螺纹		P　3° 30°	B	只能传递单方向的动力
	矩形螺纹		P	无	非标准螺纹无牙型代号

1．单件螺纹的规定画法

① 可见螺纹的牙顶用粗实线表示，牙底用细实线表示（当外螺纹画出倒角或倒圆时，应将表示牙底的细实线画入倒角或倒圆部分）。在垂直于螺纹轴线的端视图中，表示牙底的细实线圆只画约 3/4 圈（空出的约 1/4 圈的位置不做规定），而表示螺杆（外螺纹）或螺孔（内螺纹）上倒角的投影（即倒角圆）不应画出，如图 8-7 和图 8-8 所示。

(a)　　　　　　　　　　　　　　　　　　(b)

图 8-7　外螺纹画的规定画法

② 有效螺纹的终止线（简称螺纹终止线）用粗实线表示。外螺纹终止线画法如图 8-7 所示，内螺纹终止线画法如图 8-8 所示。

③ 在不可见螺纹中，所有图线均按虚线绘制，如图 8-9 所示。

④ 无论是外螺纹还是内螺纹，在剖视或断面图中，剖面线都必须画粗实线，如图 8-8 和图 8-10(b) 所示。

⑤ 螺尾部分一般不必画出，需要表示螺尾时，螺尾部分的牙底用与轴线成 30° 的细实线绘制，如图 8-10 所示。

⑥ 绘制不穿通的螺孔时，一般钻孔深度比螺孔深度大 0.5d（d 为螺纹大径）。钻孔底部圆锥孔的锥顶角应画成 120°，如图 8-11 所示。

图 8-8　内螺纹的规定画法

图 8-9　不可见螺纹画法

(a)

(b)

图 8-10　螺尾的表示法

图 8-11　不穿通的螺孔画法

⑦　需要表示螺纹牙型时，可采用局部剖视或局部放大图表示几个牙型的结构形式，如图 8-12 所示。

图 8-12　螺纹牙型的表示法

2．螺纹连接的规定画法

以剖视图表示内、外螺纹的连接时，其旋合部分按照外螺纹的画法绘制，其余部分仍按各自的画法表示。如图 8-13 所示。画图时应注意：表示大、小径线的粗实线和细实线应分别对齐，而与倒角的大小无关，通过实心杆件的轴线剖开时，实心杆件按不剖绘制。

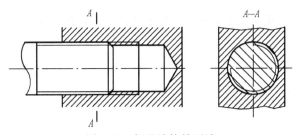

图 8-13　螺纹连接的画法

8.1.4　螺纹的标注

由于各种螺纹的画法相同，所以为了区分，还必须在图上进行标注。

1．普通螺纹

粗牙普通螺纹标记格式：

| 特征代号 | 公称直径 | 旋向 | -中径公差带代号 | 顶径公差带代号 | -旋合长度代号 |

细牙普通螺纹标记格式：

| 特征代号 | 公称直径 | × | 螺距 | 旋向 | -中径公差带代号 | 顶径公差带代号 | -旋合长度代号 |

例如，M10-5g6g-S 和 M10×1LH-6H。

各项内容说明如下：

❖ M：普通螺纹的特征代号，见表 8-1。
❖ 10：公称直径，即大径。
❖ 1：螺距，粗牙普通螺纹的螺距规定不标。
❖ LH：左旋。右旋螺纹的旋向规定不标。
❖ 5g6g、6H：中径、顶径的公差带代号，两项相同时只注一项。
❖ S：短旋合长度代号。普通螺纹的旋合长度分 3 种，代号分别是 S、N、L，即 Short、Normal、Long。旋合长度代号是 N 时规定不标。

2．梯形螺纹

单线梯形螺纹标记格式：

| 特征代号 | 公称直径 | × | 螺距 | 旋向 | -中径公差带代号 | -旋合长度代号 |

多线梯形螺纹标记格式：

| 特征代号 | 公称直径 | × | 导程(P 螺距) | 旋向 | -中径公差带代号 | -旋合长度代号 |

例如，Tr40×7LH 和 Tr40×14(P7)-8e-L。

3．锯齿形螺纹

锯齿形螺纹标记格式与梯形螺纹标记格式相同。锯齿形螺纹特征代号是 B。
例如，B40×14(P7)-8e-L。

4．管螺纹

管螺纹标记格式：

| 特征代号 | 尺寸代号 | 中径公差等级代号 | 旋向 |

例如，G1A、G1B 和 G1/2LH。
管螺纹的尺寸代号是指用于加工该螺纹的管子孔径的近似值，不是其螺纹大径。

5．特殊螺纹

特殊螺纹标记格式：

| 特征代号 | 公称直径 | × | 螺距 |

例如，特 M24×1.25。

普通螺纹、梯形螺纹、锯齿形螺纹的标注按照线性尺寸的标注方法，标注在大径上。管螺纹的代号用指引线从大径线引出标注，如图 8-14 所示。

图 8-14 螺纹的标注方法

8.2 螺纹紧固件

8.2.1 螺纹紧固件及画法

1. 螺纹紧固件的种类

螺纹紧固件指的是通过螺纹旋合起到紧固、连接作用的主要零件和辅助零件。

螺纹紧固件的类型很多，其中常用的有螺栓、螺柱、螺钉、螺母和垫圈等，如图 8-15 所示，均为标准件。设计时选用即可，并标明其标记。

| 六角头螺栓 | 双头螺栓 | 六角螺母 | 六角开槽螺母 |

| 内六角圆柱头螺钉 | 开槽圆柱头螺钉 | 半圆头螺钉 | 开槽沉头螺钉 | 紧定螺钉 |

| 平垫圈 | 弹簧垫圈 | 圆螺母用止动垫圈 | 圆螺母 |

图 8-15 螺纹紧固件

2. 螺纹紧固件的标记

常用的螺纹紧固件的规定标记有完整标记和简化标记这两种标记方法。

例如，螺纹公称直径 d = M10，公称长度 l = 45 mm，性能等级为 10.9 级，产品等级为 A 级，表面氧化的六角头螺栓。其完整标记为：

　　螺栓 GB/T5782—2000　M10×45-10.9-A-O

简化标记为"螺栓 GB/T5782—2000　M10×45"。还可进一步简化为"GB/T5782　M10×45"。

表 8-2 是图 8-15 所示的常用螺纹紧固件的视图、主要尺寸及简化标记示例。

表 8-2　常用螺纹紧固件的标记示例

名称及视图	规定标记示例	名称及视图	规定标记示例
开槽盘头螺钉	螺钉 GB/T67—2008　M10×45	螺柱	螺柱 GB/T899—88　M12×50
内六角圆柱头螺钉	螺钉 GB/T70.1—2008　M16×40	I 型六角螺母	螺母 GB/T6170—2000　M16
十字槽沉头螺钉	螺钉 GB/T891.1—2000　M10×45	I 型六角开槽螺母	螺母 GB/T6178—2000　M16
开槽锥端紧定螺钉	螺钉 GB/T71—1985　M12×40	平垫圈	垫圈 GB/T97.1—2002　16
六角头螺栓	螺钉 GB/T5782—2000　M12×50	弹簧垫圈	垫圈 GB/T93—87　20

3. 常用螺纹紧固件的比例画法

紧固件各部分尺寸可以从相应的国家标准中查出，但在绘图时为了简便和提高效率，不必查表绘图，而是采用比例画法。

所谓比例画法，就是当螺纹大径选定后，除螺栓等紧固件的有效长度 *l* 要根据被紧固件情况通过计算查表确定外，紧固件的其他各部分尺寸都取与紧固件的螺纹大径 *d* 成一定比例的数值来作图的方法。各种螺纹紧固件的比例画法如表 8-3 所示。

表 8-3　各种螺纹紧固件的比例画法

名　　称	比　例　画　法
螺栓、螺母	
双头螺柱 内六角圆柱 头螺钉	

续表

名　称	比 例 画 法
开槽圆柱头螺钉沉头螺钉	
垫圈、弹簧垫圈	
钻孔、螺孔和光孔尺寸	

被这接件上的紧固件通孔或螺纹孔的比例画法也见表 8-3，但在零件图上标注尺寸时，应从附表或其他有关标准中查出其数值进行标注。

8.2.2　螺纹紧固件的装配画法

常见的螺纹连接形式有螺栓连接、双头螺柱连接和螺钉连接等，如图 8-16 所示。在画螺纹紧固件的装配画法时，常采用比例画法或简化画法。

(a) 螺栓连接　　(b) 双头螺柱连接　　(c) 螺钉连接

图 8-16　常见的螺纹连接

在画螺纹紧固件的装配画法时，应遵守下面一些基本规定：

① 两个零件的接触表面画一条线，非接触表面画两条线。

② 在剖视图中，相邻两零件的剖面线方向应相反，或方向相同而间隔不等。而同一个零件在各剖视图中的剖面线应该完全相同，如图 8-17 所示。

③ 对于紧固件和实心零件（如螺栓、螺柱、螺钉、螺母、垫圈、键、销、球及轴等），当剖切平面通过它们的轴线时，则这些零件按不剖绘制，仍画外形，必要时可采用局部剖。

1. 螺栓连接

螺栓连接用于被连接件不太厚，且允许钻通孔的情况，图 8-16(a)为螺栓连接的示意图。图 8-17(a)

图 8-17 螺栓连接的画法

为螺栓连接前的情况。为了便于装配，机件上通孔直径应比螺纹大径 d 大些，一般定为 $1.1d$。连接时，螺栓的螺杆穿过被连接件的通孔，并在螺栓上套上垫圈，以增加支撑面积和防止损伤零件的表面，最后用螺母拧紧。为了保证螺纹旋合强度，螺杆末端应伸出螺母一定距离 a，通常 a 为 $0.2d$~$0.3d$。图 8-17(b) 为螺栓连接两块板的装配图画法，也可采用如图 8-17(c) 所示的简化画法。

在画螺栓连接装配图时，虽然螺栓、螺母、垫圈的尺寸可以通过查表得知，但为了画图简便，一般采用比例画法。即除了螺栓的有效长度 l 和螺纹大径 d 以外，其他尺寸都按照大径的一定比例来画，见表 8-3。绘图时需要知道螺栓的形式、大径和被连接零件的厚度，并从标准中查出螺栓、螺母和垫圈的有关尺寸，按照下式确定螺栓有效长度 l：

螺栓计算长度 l = 被连接零件的总厚度（$\delta_1 + \delta_2$）+ 垫圈厚度（h）+ 螺母高度（m）+ $(0.2 \sim 0.3)d$

式中，$(0.2 \sim 0.3)d$ 是螺栓顶端露出螺母的高度。根据上式得出的螺栓计算长度还要按螺栓长度系列选择接近的标准长度。这个长度称为螺栓的标准有效长度。

螺栓连接比例画法可按照以下步骤进行：

① 定出基准线，如图 8-18(a) 所示。

② 画出被连接零件（要剖，孔径为 $1.1d$），如图 8-18(b) 所示。

③ 画出穿入螺栓（螺栓为标准件不剖）的三视图，如图 8-18(c) 所示。

④ 画出套上垫圈（不剖）的三视图，如图 8-18(d) 所示。

⑤ 画出拧紧螺母后（不剖）的三视图，如图 8-18(e) 所示。

⑥ 补全螺母上的交线（也可不画），全面检查、描深、被连接零件画上剖面线（注意剖面线的方向、距离），如图 8-18(f) 所示。

2. 双头螺柱连接

双头螺柱连接适用于被连接件之一太厚而不宜钻通孔，或被连接件之一不准钻通孔的情况，图 8-16(b) 为双头螺柱连接的示意图。在一个较厚的被连接件上加工出螺孔，而将其余被连接件上加工出通孔。连接时，将双头螺柱的旋入端完全拧入被连接件的螺孔里，另一端（紧固端）则穿过另一被连接件的通孔，然后套上垫圈拧紧螺母。双头螺柱的两端都有螺纹，用于旋入被连接零件螺孔的一端，称为旋入端；用来拧紧螺母的另一端称为紧固端。

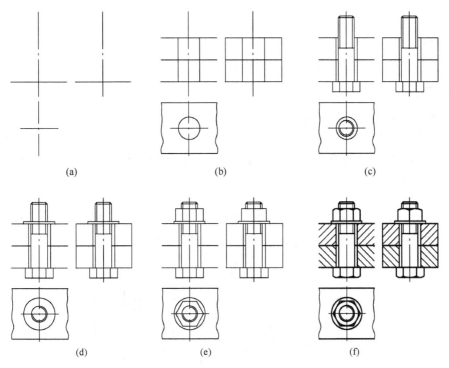

图 8-18　螺栓连接比例画法步骤

双头螺柱旋入端长度 b_m 由带螺孔的被连接件的材料决定：青铜、钢零件取 $b_m = d$；铸铁零件取 $b_m = 1.25d$ 或 $1.5d$；铝合金、非金属材料零件取 $b_m = 2d$。

为确保旋入端全部旋入，机件上的螺孔深度应大于旋入端的螺纹长度 b_m，螺孔深度取 $b_m + 0.5d$，钻孔深度取 $b_m + d$。钻孔和螺孔深度的情况见图 8-19。画图时，注意双头螺柱旋入端的螺纹终止线应画成与被连接件接触表面相重合，表示完全旋入。双头螺柱连接的画法如图 8-20 所示。

图 8-19　双头螺柱连接前钻孔和螺孔深度

图 8-20　双头螺柱连接的画法

绘图时要知道双头螺柱的型式、大径和被连接零件的厚度。双头螺柱的型式、尺寸可查阅附录。其规格尺寸为螺纹直径 d 和有效长度 l。确定长度 l 时，先根据标准查螺母和垫圈等的有关尺寸，按下式计算长度 l：

双头螺柱的长度 l = 光孔零件厚度（δ）+ 垫圈厚度（h）+ 螺母高度（m）+ (0.2 ~ 0.3)d

上式为计算长度，还应根据计算长度按双头螺柱长度系列选择接近的标准长度，这就是双头螺柱的标准有效长度。

双头螺柱连接的画法与螺栓连接的画法一样，采用比例画法，即除了大径、公称长度、旋入端长度外，其余尺寸按照大径的比例绘制，见表8-3。

3. 螺钉连接

螺钉按用途可分为连接螺钉和紧定螺钉两种，前者用来连接零件，后者主要用来固定零件。连接螺钉用于被连接零件受力不大，又不需经常拆装的场合。一般在较厚的零件上加工出螺孔，而在另一零件上加工成通孔，然后把螺钉穿过通孔旋进螺孔而连接两个零件，见图8-16(c)。紧定螺钉用来固定两零件的相对位置，使它们不产生相对运动。

（1）紧定螺钉

图8-21为紧定螺钉连接轴和齿轮的画法，用一个开槽锥端紧定螺钉旋入轮毂的螺孔，使螺钉端部的90°锥顶角与轴上的90°锥坑压紧，从而固定了轴和齿轮的轴向位置。

(a) 连接前   (b) 连接后

图8-21　紧定螺钉连接的画法

（2）连接螺钉

连接螺钉的一端为螺纹，旋入到被连接零件的螺孔中。另一端为头部。按头部形状螺钉分为内六角圆柱头、开槽圆柱头、沉头螺钉等。螺钉的型式、尺寸可查阅附录。其规格尺寸为螺纹直径 d 和螺钉有效长度 l。绘图时一般采用比例画法。

图8-22为螺钉连接的画法。它们的连接情况与双头螺柱旋入端的情况类似，所不同的是螺钉的螺纹终止线应画在两零件接触面以上。

(a) 开槽圆柱头螺钉   (b) 开槽沉头螺钉   (c) 内六角圆柱头螺钉

图8-22　连接螺钉的装配图画法

螺钉头部槽口在反映螺钉轴线的视图上应画成垂直于投影面，在俯视图上应画成与中心线倾斜45°，如图 8-22(a)所示；在图上槽口小于 2 mm 时，螺钉槽口的投影也可涂黑表示，如图 8-22(b)所示。在装配图中，不通螺孔可不画出钻孔深度，仅按有效螺纹部分的深度（不包括螺尾）画出，如图 8-22(b)和(c)所示。

螺纹的旋入深度 b_m，由被旋入零件的材料决定（确定方法与双头螺柱相同）。螺钉长度由下式确定：

$$螺钉长度\ l = 螺纹旋入深度（b_m）+ 光孔零件的厚度（\delta）$$

根据上式算出的长度再按螺钉长度系列选择接近的标准长度即为螺钉的标准有效长度。

4．螺纹连接画法注意事项

螺纹连接的画法比较容易出错，在画图时，先要搞清连接的结构形式，再仔细作图。表 8-4 为螺纹连接的正确画法与常见错误画法的对比。

表 8-4 螺纹连接件连接图中的正确和错误画法

名　称	正　确　画　法	错　误　画　法	说　明
六角头螺栓连接六角			① 螺栓长度选择不当，螺纹末端应该超出螺母 (0.2～0.3)d ② 螺纹终止线及螺纹内径（细线）漏画 ③ 板孔部分漏画连接零件之间的分界线
双头螺栓连接			① 紧固端螺纹长度太短，螺母无法将被连接的零件拧紧，必须使 $l-b<\delta$ ② 必须将双头螺柱旋入端的螺纹完全旋入到被连接件的螺纹中去，即螺纹终止线与被连接件结合面平齐 ③ 螺孔画错 ④ 120°锥顶角应画在钻孔直径上
钉连接			① 光孔直径应大于螺纹大径，取 $d_0 = 1.1d$ ② 螺纹终止线应高于被连接件结合面 ③ 内外螺纹的小径线应齐平 ④ 钻孔锥顶角应为 120° ⑤ 半圆头螺钉头部槽口的投影不能画到头

8.3　键及花键连接

8.3.1　键

为了把轴上的传动件（齿轮、皮带轮等）和轴装在一起，使其同时转动并传递扭矩，通常在传动件毂孔和轴的表面上分别加工出键槽，然后把键放入轴的键槽内，并将带键的轴装入具有贯通键槽的毂孔中，这种连接称为键连接（如图 8-23 所示）。键是标准件，轴和轮毂上的键槽是标准结构要素，设计可根据使用要求和轴的直径按有关标准选用。

1．键的分类及标记

键的种类很多，常用的有普通平键、半圆键、钩头楔键等，如图 8-24 所示。其中，普通平键应用最广。普通平键有 A、B、C 三种，A 型称为圆头平键，B 型称为平头平键，C 型称为单圆头平键。在标记时，A 型平键省略"A"字，而 B 或 C 型应写出"B"或"C"字。表 8-5 为以上三种常用键的标准号、画法和标记示例，未列入本表的其他各种键可参阅有关的标准。

图 8-23　键连接　　　　　　　　　　图 8-24　常用键的形式

表 8-5　键的各种标号、画法和标记示例

名称及标准编号	简　图	标记示例
普通平键 GB/T1096—2003		圆头 A 型普通平键，宽度 $b = 8mm$，长度 $L = 30mm$ 的标记应写为： 键 8×30 GB1096/T—2003
半圆键 GB/T 1099—2003		宽度 $b = 6mm$，高度 $h = 10mm$，直径 $D = 2R = 25mm$ 的半圆键的标记为： 键 6×10×25 GB1099/T—2003
钩头楔键 GB/T 1565—2003		宽度 $b = 8mm$，长度 $L = 30mm$ 的钩头楔键的标记为： 键 8×30 GB1565/T—2003

2．普通平键、半圆键、钩头楔键的连接画法

用普通平键、半圆键、钩头楔键连接轴和轮，必须在轴和轮上加工出键槽。连接好后，键有一部分嵌在轴上的键槽内，另一部分嵌在轮上的键槽内，这样就可以保证轴和轮一起转动。

画键的连接图时，首先要知道轴的直径和键的型式，然后根据轴的直径查有关标准，确定键的公称尺寸以及选定键的标准长度。

（1）普通平键

轴上和轮毂上的普通平键键槽的画法及其尺寸标注，如图 8-25(a)和(b)所示，图中 t 是轴上的键槽深度，t_1 是轮毂上的键槽深度。

(a) 轴的键槽　　　　　　　　　　(b) 轮毂的键槽　　　　　　　　　(c) 联接的画法

图 8-25　普通平键连接

连接时，键的两侧面是工作表面，因此画装配图时，键的两侧面与轮毂、轴的两侧面配合，键的底面与轴的键槽底面接触，所以画一条线。而键的顶面和轮毂上的键槽底面间应有间隙，应画两条线。按国家标准规定，当剖切平面通过键的纵向对称平面时，键按不剖绘制；当剖切平面垂直于轴线剖切键时，被剖切的键应画出剖面线，如图 8-25(c)所示。

（2）半圆键

半圆键的画法与平键连接的画法类似，如图 8-26 所示。即键两侧面与轮毂和轴的键槽两侧面接触应画一条线。顶面应有间隙，画两条线。具体画图步骤如图 8-27 所示。

图 8-26　半圆键连接

(a)　　　　　　　　　　　　(b)　　　　　　　　　　　　(c)

图 8-27　半圆键连接的画图步骤

（3）楔键

楔键有普通楔键和钩头楔键两种。普通楔键又分为 A、B、C 三种型号，而钩头楔键只有一种，图 8-28 为其连接图。钩头楔键的顶面有 1：100 的斜度，而轴上零件（轮毂）键槽底面也有 1：100 的斜度，装配时沿轴向将键打入槽内，直至打紧为止。故其上、下两面为工作面，依靠工作面的摩擦力来传递运动和扭矩，故画图时上下两接触面应画一条线。两侧面有间隙，画两条线。

8.3.2　花键

花键是一种常用的标准要素，它本身的结构和尺寸都已标准化，并得到广泛应用。

图 8-28　钩头楔键连接

花键连接由外花键和内花键组成，如图 8-29 所示。它的特点是键和键槽的数目较多，轴和键制成一体。适用载荷较大和定心精度较高的连接。花键按齿形可分为矩形花键和渐开线花键等。其中矩形花键应用较广泛，因此本书只介绍这种花键轴及孔的画法及尺寸注法。

(a) 外花键　　　　　　　(b) 内花键

图 8-29　花键连接

（1）外花键的画法

花键轴称为外花键，在投影为非圆的外形视图中，大径用粗实线绘制，小径用细实线绘制，并要画入倒角内；花键工作长度终止线和尾部末端均用细实线绘制，尾部画成与轴线成 30° 的斜线；在剖视图中，小径也画成粗实线，如图 8-31 所示。在垂直于轴线的视图或断面图中，可画出部分或全部齿形，也可只画出表示大径的粗实线圆和表示小径的细实线圆，倒角圆省略不画，如图 8-30 和图 8-31 所示。

图 8-30　外花键的画法

图 8-31　外花键的标注

（2）内花键的画法

花键孔称为内花键，在投影为非圆的剖视图中，大径、小径均用粗实线绘制。在投影为圆的视图中，可画出部分或全部齿形，如图 8-32 所示。

（3）花键连接的画法

花键连接用剖视表示时，其连接部分按外花键的画法，如图 8-33 所示。

图 8-32　内花键的画法及标注　　　　　　　　图 8-33　花键连接的画法

（4）花键的尺寸标注

花键的标注方法有两种。

一种是在图中注出外花键和内花键公称尺寸 D（大径）、d（小径）、b（键宽）和 z（齿数）等，如图 8-30 及图 8-32 所示。

另一种是用指引线注出花键代号，如图 8-31、图 8-33 所示。矩形花键的代号形式表示为 z-D×d×b，如 6-26×23×6 表示 6 个齿，大径为 26 mm、小径为 23 mm、键宽为 6 mm 的矩形花键。

无论采用哪种注法，花键的工作长度 L 都要在图上注出。

8.4　销

1. 销的种类和标记

机器上，销常用于零件间的定位或连接，如图 8-34 和图 8-35 所示。常用的销有圆柱销、圆锥销和开口销，如图 8-36 所示。圆柱销和圆锥销通常用于零件间的连接或定位，而开口销常与槽型螺母配合使用，起防松作用。销是标准件。

图 8-34　定位销　　　　图 8-35　连接销　　　　图 8-36　销的常见种类

其形式、标准、画法及标记见表 8-6。

表 8-6　销的标准号、简图和标记示例

名称及标准编号	简　图	标　记
圆柱销 GB119/T—2000	$\phi 10h8$　60	公称直径 $d=8$mm，长度 $l=50$mm 的 B 型圆柱销的标记为： 　　销　GB119/T—2000 B8×50

续表

名称及标准编号	简　图	标　记
圆锥销 GB117/T—2000		公称直径为 $d=8$mm，长度 $l=50$mm 的 A 型圆锥销的标记为： 　销　GB117/T—2000　A8×50
开口销 GB91/T—2000		公称直径 $d=8$mm，长度 $l=40$mm 的开 口销的标记为： 　销　GB91/T—2000　8×40

2. 销连接的装配图画法

图 8-34 和图 8-35 是圆柱销和圆锥销的连接的画法，在剖视图中，当剖切平面通过销的轴线时，销按不剖绘制；若垂直于销的轴线时，被剖切的销应画出剖面线。

圆柱销和圆锥销用于连接和定位时，有较高的装配要求，所以在加工销孔时，一般把有关零件装配在一起加工，这个要求必须在零件图上注明，如图 8-37 所示。圆锥孔的尺寸应引出标注，$\phi 6$ 是所配圆锥销的公称直径，即它的小端直径。图 8-38 为开口销装配图的画法。

图 8-37　销孔的尺寸注法　　　　　　图 8-38　开口销连接装配图

8.5　齿轮

齿轮是机械传动中应用最为广泛的传动件。齿轮传动可用于传递动力、改变转速和转向。齿轮的参数中模数、压力角已标准化。因此它属于常用件。常用的齿轮传动有如下 3 类。

① 圆柱齿轮传动：用于两平行轴间传动，如图 8-39(a)所示。圆柱齿轮传动又分为直齿轮传动、斜齿轮传动、人字齿轮传动及齿轮齿条传动（用于旋转运动与直线运动的相互转换）。

② 圆锥齿轮传动：用于两相交轴间（通常相交 90°）传动，如图 8-39(b)所示。圆锥齿轮有直齿轮、斜齿轮和曲齿轮。

③ 蜗轮蜗杆传动：用于两垂直交叉轴间传动，如图 8-39(c)所示。

直齿轮传动　　　斜齿轮传动　　　人字齿轮传动　　　齿轮齿条传动　　　　　　(b) 圆锥齿轮传动　　(c) 蜗轮蜗杆传动
　　　　　　　　　　　　　(a) 圆柱齿轮传动

图 8-39　各种齿轮传动

1. 圆柱齿轮

圆柱齿轮的轮齿加工在圆柱面上。圆柱齿轮的轮齿有直齿、斜齿和人字齿三种。本节主要介绍直齿圆柱齿轮的几何要素名称、代号、尺寸计算及规定画法。

几何要素名称、代号及其尺寸计算如图 8-40 和图 8-41 所示。

图 8-40 啮合的圆柱齿轮示意图   图 8-41 直齿圆柱齿轮各部分名称及其代号

❖ 齿顶圆：通过轮齿顶部的圆称齿顶圆，其直径用 d_a 表示。

❖ 齿根圆：通过轮齿根部的圆称齿根圆，其直径用 d_f 表示。

❖ 分度圆：当标准齿轮的齿厚与齿间相等时所在位置的圆称分度圆，其直径用 d 表示。分度圆是设计、制造齿轮时计算各部分尺寸所依据的圆，也是分齿的圆。

❖ 节圆：如图 8-40 所示，两轮连心线 O_1O_2 上两相切的圆称为节圆，其直径用 d_1' 和 d_2' 表示。当齿轮传动时，可以假想是这两个圆在作无滑动的纯滚动。两标准齿轮正确啮合时，分度圆 d 与节圆 d'' 重合。

❖ 齿高：齿顶圆与齿根圆之间的径向距离称齿高，用 h 表示。分度圆将轮齿分为两个不等的部分。齿顶圆与分度圆之间的径向距离称齿顶高，用 h_a 表示。分度圆与齿根圆之间的径向距离称齿根高，用 h_f 表示。齿高是齿顶高和齿根高之和，即 $h = h_a + h_f$。

❖ 齿距：分度圆上相邻两齿对应点之间的弧长称齿距，用 p 表示。一个轮齿在分度圆上齿廓间的弧长称齿厚，用 s 表示。一个齿槽在分度圆上槽间的弧长称槽宽，用 e 表示。在标准齿轮中，$s = e$，$p = s + e$。

❖ 压力角：两相啮合轮齿齿廓在节点 P 的公法线与两节圆的公切线所夹的锐角称啮合角，也称压力角。我国标准齿轮的压力角为 20°。

❖ 传动比：主动齿轮转速 n_1（转/分）与从动齿轮转速 n_2（转/分）之比，用 i 表示，$i = n_1/n_2$。由于转速与齿数成反比，因此传动比也等于从动齿轮齿数与主动齿轮齿数之比，即

$$i = n_1/n_2 = z_2/z_1$$

❖ 模数：若齿轮的齿数为 z，则齿轮分度圆周长为 $zp = \pi d$，故 $d = zp/\pi$，令 $p/\pi = m$，则有

$$d = mz$$

式中 m 称为齿轮的模数。两相互啮合的齿轮必须使模数 m 和压力角 α 都相等，才能正确啮合。模数 m 是设计和制造齿轮的重要参数，模数增大，则齿距也增大，即齿厚增大，因而齿轮承载能力也增大。制造齿轮时，齿轮刀具也根据模数而定。为了便于设计和加工，模数

的数值已系列化（标准化）。设计者只有选择标准数值，才能用系列齿轮刀具加工齿轮。模数标准系列如表 8-7 所示。

表 8-7　标准模数　GB1357/T—2008　（mm）

第一系列	1，1.25，1.5，2，2.5，3，4，5，6，8，10，12，16，20，25，32，40，50
第二系列	1.75，2.25，2.75，(3.25)，3.5，(3.75)，4.5，5.5，(6.5)，7，9，(11)，14，18，22，28，36，45

注：选用模数时，应优先选用第一系列，其次选用第二系列，括号内的模数尽可能不用

设计齿轮时，先要确定模数和齿数，其他各部分尺寸都可由模数和齿数计算出来。我国标准直齿齿轮各基本尺寸的计算公式如表 8-8 所示。

2．圆柱齿轮的规定画法

齿轮的轮齿不需画出其真实投影，机械制图国家标准 GB/T 4459.2—2003 规定了它的画法，简介如下。

（1）单个直齿轮的画法

单个齿轮一般用两个视图表示，如图 8-42(a)所示，除轮齿部分外，齿轮上的其他部分按照真实投影绘制。

齿顶圆和齿顶线用粗实线绘制。

分度圆和分度线用细点画线绘制（左视图中分度线应超出轮廓线 2～3 mm）。

表 8-8　标准直齿圆柱齿轮的计算公式
（基本参数：模数 m、齿数 z）

名　称	符　号	计算公式
齿距	p	$P = \pi m$
齿顶高	h_a	$h_a = m$
齿根高	h_f	$h_f = 1.25m$
齿高	h	$h = 2.25m$
分度圆直径	d	$d = mz$
齿顶圆直径	d_a	$d_a = m(z + 2)$
齿根圆直径	d_f	$d_f = m(z - 2.5)$
中心距	a	$a = m(z_1 + z_2)/2$

齿根圆和齿根线在外形视图中用细实线绘制，也可省略不画，如图 8-42(a)所示。

通常，齿轮都用过齿轮轴线剖切的剖视图来表示。规定轮齿部分按不剖绘制，其齿根线画成粗实线，如图 8-42(b)所示。当需要表示斜齿与人字齿的齿线形状时，可用 3 条与齿线方向一致的细实线表示，如图 8-42(c)和(d)所示。

图 8-42　单个圆柱齿轮的画法

（2）圆柱齿轮的啮合画法

在投影为圆的视图中，两相啮合齿轮的两节圆必须相切，啮合区内的齿顶圆仍用粗实线绘制，如图 8-43(a)所示，也可省略不画，如图 8-43(b)所示。

在平行轴线的剖视图中，两齿轮的节线重合，用点画线绘制；可设想两啮合轮齿中有一为可见，按轮齿不剖的规定画出；另一个轮齿部分被遮挡则齿顶线画成虚线或省略不画，如图 8-43(a)所示。必须注意，一个齿轮的齿顶到另一个齿轮的齿根之间应有 0.25 mm 的间隙。

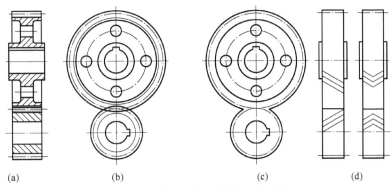

(a)　　　　　　　(b)　　　　　　　(c)　　　　　　(d)

图 8-43　直齿圆柱齿轮的啮合画法

在平行轴线的外形视图中，啮合区内的齿顶线、齿根线不需要画出，节线用粗实线绘制，如图 8-43(c)和(d)所示。

（3）齿轮与齿条啮合的画法

当齿轮的直径无限大时，齿轮就成为齿条。此时，齿顶圆、分度圆、齿根圆和齿廓曲线都成为直线。

齿轮和齿条啮合时，齿轮旋转，齿条作直线运动。齿轮和齿条的啮合的画法与两圆柱齿轮啮合的画法基本相同，这时齿轮的节圆与齿条的节线相切。在剖视图中，应将啮合区内齿顶线之一画成粗实线，另一轮齿部分被遮挡齿顶线画成虚线或省略不画，如图 8-44 所示。

图 8-44　齿轮与齿条啮合

3．直齿圆柱齿轮的零件图

图 8-45 是一个直齿轮的零件图，包括一组视图、一组完整的尺寸、必要的技术要求及标题栏等内容。在齿轮零件图中，齿顶圆直径、分度圆直径及有关齿轮的基本尺寸必须直接注出，齿根圆直径规定不注，并在图样右上角的参数表中，注写模数、齿数等基本参数。

模　数	m	2
齿　数	z	55
压力角	a	20°

技术要求
热处理：正火

圆柱齿轮		1 : 1		
		材料	45	重量
设　计				
审　核				

图 8-45　直齿轮零件图

8.6 滚动轴承

滚动轴承是用来支承轴的部件，它具有摩擦阻力小、结构紧凑，旋转精度高等特点，是应用极为广泛的标准件。

8.6.1 滚动轴承的结构和分类

1．滚动轴承的结构

绝大多数滚动轴承都是由外圈（或座圈）、内圈（或轴圈）、滚动体、保持架组成的，如图 8-46 所示。一般情况下，外圈（或座圈）的外表面与机座的孔相配合，固定不动，而内圈（或轴圈）的内孔与轴径相配合，随轴转动。当内外圈（或轴圈和座圈）相对转动时，滚动体在内圈和外圈（或轴圈和座圈）间的滚道内滚动，保持架用以隔离滚动体，并防止滚动体相互摩擦与碰撞。

外圆
内圆
保持架
滚动体

图 8-46　滚动轴承的结构

2．滚动轴承的分类

按国家标准规定，滚动轴承的结构类型按承受载荷可分为如下 3 类。

- ❖ 向心轴承：主要用于承受径向载荷，如深沟球轴承。
- ❖ 推力轴承：主要用于承受轴向载荷，如推力球轴承。
- ❖ 向心推力轴承：同时承受径向和轴向载荷，如圆锥滚子轴承。

另外，根据滚动体形状可分为球轴承和滚子轴承。根据滚动体直径与轴承外径之比，以及轴承内、外直径与宽度之比，可分为轻型、中型和重型滚动轴承。

3．滚动轴承的代号和标记

滚动轴承的标记由名称、轴承代号及国标代号组成。

① 名称用"滚动轴承"表示。

② 轴承代号包括：基本代号、前置代号、后置代号。其中基本代号是滚动轴承代号的基础，用以表示滚动轴承的基本类型、结构和尺寸；前置代号、后置代号是轴承在结构形状、尺寸、公差、技术要求等有改变时，在其基本代号左右添加的补充代号。基本代号由类型代号、尺寸系列代号和内径代号组成。其中的尺寸系列代号反映了同种轴承在内圈孔径相同时，内、外圈的宽度、厚度的不同及滚动体大小的不同。因此，尺寸系列代号不同的轴承，即使内径相同，其外廓尺寸及承载能力也不同。除圆锥滚子轴承外，其余各类轴承宽度系列代号为"0"时均省略不标出。

③ 国标代号是指该滚动轴承所参照的国家标准。

上述滚动轴承标记的组成如图 8-47 所示,滚动轴承基本代号的组成和编号的含义如表 8-9 所示。

下面举例说明滚动轴承代号标记：

滚动轴承　6202　GB/T276-1994

- ❖ 6：类型代号，深沟球轴承。
- ❖ 2：尺寸系列代号（02），宽度系列代号 0 省略，直径系列代号为 2。
- ❖ 02：内径代号，内径为 15 mm。

又如：

滚动轴承 30204　GB/T297-1994

- ❖ 3：类型代号，圆锥滚子轴承。
- ❖ 02：尺寸系列代号，宽度系列代号 0 不省略，直径系列代号为 2。
- ❖ 04：内径代号，内径 $d= 4 \times 5 =20$ mm。

再如：

滚动轴承 51203　GB/T297-1994

- ❖ 5：类型代号，推力球轴承。
- ❖ 12：尺寸系列代号，宽度系列代号为 1，直径系列代号为 2。
- ❖ 03：内径代号，内径为 17 mm。

图 8-47　滚动轴承的标记和代号

表 8-9　滚动轴承基本代号中数字所代表的意义

类型代号		尺寸系列代号		内径代号	
代号数字	轴承类型	宽度系列	直径系列	代号数字	轴承的内径
0	双列角接触球轴承			1～9	内径 = 代号数字
1	调心球轴承			00 01 02 03	00：内径 =10mm 01：内径 =12mm 02：内径 =15mm 03：内径 =17mm
2	调心滚子轴承和推力调心滚子轴承				
3	圆锥滚子轴承				
4	双列深沟球轴承	由两位数组成，个位代表直径系列代号，十位代表宽（高）度系列代号			
5	推力球轴承				
6	深沟球轴承				
7	角接触球轴承			04 以上	内径 = 代号数字×5 除内径为 22 mm、28 mm、32 mm 或 480 mm 以上的
8	推力圆柱滚子轴承				
N	圆柱滚子轴承				
U	外球面球轴承				
QJ	四点接触球轴承				

8.6.2　滚动轴承的画法

滚动轴承是标准部件，一般不画零件图。在装配图中也不必完全按其真实形状画出，而是根据轴承代号查出外径 D、内径 d、宽度等有关尺寸，决定轴承的实际轮廓，然后在此轮廓内采用通用画法、特征画法或规定画法表示，如图 8-48 和表 8-10 所示。同时在装配图的明细栏中写出其代号。

通用画法是指，在剖视图中，当不需要确切地表示滚动轴承的外形轮廓、载荷特征、结构特征时，用矩形线框及位于线框中央的十字形符号表示。十字形符号不能与矩形线框接触，见表 8-10。

特征画法是指，在剖视图中，如需要较形象地表示滚动轴承的结构特征时，可采用矩形线框内画出其结构要素的方法表示，即轴承的特征视图，见表 8-10。在垂直于滚动轴承轴线的投影面上的视图，无论滚动轴承滚动体的形状和尺寸如何，均可按照图 8-49 的方法绘制。

表 8-10　常用滚动轴承的画法

轴承类型	通用画法	规定画法/通用画法	特征画法
深沟球轴承 60000 型 GB/T 276—1994			
圆锥滚子 轴承 30000 型 GB/T 296—1994	同上		
平底推力球轴承 51000 型 GB/T 301—1995	同上		

图 8-48　滚动轴承在装配图中的规定画法　　图 8-49　滚动轴承轴线垂直于投影面的特征画法

　　规定画法是指根据外径、内径、宽度等几个主要尺寸，按比例画法近似地画出它的结构特征。规定画法一般绘制在轴的一侧，另一侧按通用画法绘制，如图 8-48 和表 8-10 所示。

8.7　弹簧

　　弹簧的用途很广，它可以用来减震、夹紧、承受冲击、储存能量和测力等。其特点是在外力去掉后能立即恢复原状。

　　弹簧的种类很多，按弹簧的形状可分为圆柱螺旋弹簧、截锥螺旋压缩弹簧、平面蜗卷弹簧、碟形弹簧、板弹簧，分别如图 8-50～图 8-54 所示。按受力方向不同，圆柱螺旋弹簧分为圆柱螺旋压缩弹簧、圆柱螺旋拉伸弹簧及圆柱螺旋扭转弹簧。

(a) 压缩弹簧　　(b) 拉伸弹簧　　(c) 扭转弹簧

图 8-50　圆柱螺旋弹簧

图 8-51　截锥螺旋压缩弹簧

图 8-52　平面涡卷弹簧

图 8-53　碟形弹簧

图 8-54　板弹簧

各类弹簧的术语、规格尺寸、材料及标记等均已系列化和标准化。国家标准 GB/T4459.4《机械制图》对弹簧的画法做了具体的规定。现主要介绍圆柱螺旋压缩弹簧的画法。

1. 圆柱螺旋压缩弹簧的参数及尺寸计算

圆柱螺旋压缩弹簧术语、各部分名称及尺寸关系如图 8-55 所示。

为了使弹簧工作时受力均匀，保证中心线垂直于支承端面，弹簧的两端常并紧且磨平。并紧的这部分圈数只起支承作用，所以称为支承圈。两端的支承圈总数有 1.5 圈、2 圈、2.5 圈三种。常采用 2.5 圈，即每端并紧磨平 $1\frac{1}{4}$ 圈，其中磨平 $\frac{3}{4}$ 圈，并紧 $\frac{1}{2}$ 圈。除支承圈外，中间保持相等节距并参加工作的圈称为有效圈，有效圈是计算弹簧刚度时的圈数。有效圈与支承圈之和称为总圈数。

① 簧丝直径（d）：制造弹簧用的钢丝直径。

② 弹簧中径（D_2）：弹簧的平均直径。

③ 节距（t）：螺旋弹簧两相邻有效圈截面中心线的轴向距离。

④ 有效圈数（n）。

⑤ 支承圈数（n_2）（一般取 n_2=2.5 圈）。

图 8-55　螺旋压缩弹簧
各部分尺寸

弹簧的其他尺寸均可由上述参数计算而得。

⑥ 弹簧外径（D）：弹簧最大直径，有 $D=D_2+d$（装配图上如以外径定位，图上标注 D）。

⑦ 弹簧内径（D_1）：弹簧最小直径，有 $D_1=D_2-d$（如以内径定位，图上标注 D_1）。

⑧ 总圈数（n_1）：沿螺旋轴线两端间的螺旋圈数，$n_1=n+n_2$。

⑨ 自由高度（H_0）：弹簧无负荷时的高度，$H_0=nt+(n_2-0.5)d$。

⑩ 弹簧丝展开长度 $L \approx n_1\sqrt{(\pi D_2)^2+t^2}$。

2. 圆柱螺旋压缩弹簧的规定画法

弹簧的真实投影很复杂，根据 GB/T4459.4—2003，螺旋弹簧的规定画法如下：

① 在平行于螺旋弹簧轴线的投影面上的视图中，各圈的轮廓应画成直线，如图 8-56 所示。

② 螺旋弹簧均可画成右旋。左旋螺旋弹簧不论画成左旋或右旋，在图上均需加注"左旋"。

图 8-56　圆柱螺旋压缩弹簧画法

③ 有效圈数在 4 圈以上的螺旋弹簧可只画两端的 1～2 圈（支承圈不算在内），中间只需用通过弹簧丝断面中心的细点画线连起来，并允许适当缩短图形的长度，如图 8-56 所示。

④ 对于螺旋压缩弹簧，如要求两端并紧且磨平时，不论支承圈的圈数多少和末端贴紧情况如何，均可按图 8-56（有效圈是整数，支承圈为 2.5 圈）的形式绘制，支承圈数在技术要求中另加说明。必要时可按支承圈的实际结构绘制。

⑤ 装配图中，当弹簧中间各圈采用省略画法时，弹簧后边被挡住的结构不必画出，可见部分只画到弹簧钢丝的剖面轮廓或中心线处，如图 8-57(a)和(b)所示。

⑥ 装配图中，螺旋弹簧被剖切时，簧丝直径在图形上等于小于 2 mm 时，簧丝断面全部涂黑，或采用示意画法。如图 8-57(b)和(c)所示。

(a)　　　　　　　　　　　　　　(b)　　　　(c)

图 8-57　装配图中弹簧画法

3. 圆柱螺旋压缩弹簧的画图步骤

假设弹簧的簧丝直径 d、弹簧外径 D、节距 t、有效圈数 n 均为已知，且该弹簧是右旋。画图之前先进行计算，即求出弹簧中径 D_2 及自由高度 H_0，再作图，如图 8-58 所示。

① 根据 D_2 及 H_0 画出矩形 $ABCD$，如图 8-58(a)所示。

② 画出支承圈部分（不论支承圈数为多少，均按 2.5 圈绘制），如图 8-58(b)所示。

③ 画出有效圈数部分，如图 8-58(c)所示。

④ 按右旋方向画簧丝断面的公切线及剖面线并描深，如图 8-58(d)所示。

(a)　　　　　(b)　　　　　(c)　　　　　(d)

图 8-58　圆柱螺旋压缩弹簧的画图

4．螺旋压缩弹簧的标记

弹簧的标记由名称、型式、尺寸、标准编号、材料牌号及表面处理组成，标记形式如下：

$$\boxed{弹簧代号}\ \boxed{类型}\ d\times D_2\times H_0\boxed{精度代号}\ \boxed{旋向代号}\ \boxed{标准号}\ \boxed{材料牌号}\text{-}\boxed{表面处理}$$

其中，螺旋压缩弹簧代号为"Y"；型式代号为"A"或"B"；2 级精度制造应注明"2"，3 级不标注；左旋应注明"左"，右旋不标注；表面处理一般不标注。如要求镀锌、镀铬、磷化等金属镀层及化学处理时，应在标记中注明。

例如，A 型螺旋压缩弹簧，簧丝直径 d=1.2 mm，中径 D_2=8 mm，自由高度 H_0=40 mm，刚度、外径、自由高度的精度为 2 级，左旋，材料为碳素弹簧钢丝 B 级，表面镀锌处理的弹簧，其标记为

$$YA\ 1.2\times8\times40\text{-}2\ \text{左}\ GB/T\ 2089—1994\ B\ \text{级-D-}Z_n$$

5．圆柱螺旋压缩弹簧零件图

弹簧不是标准件，设计时要画零件图。图 8-59 是一个圆柱螺旋压缩弹簧的零件图。弹簧的参数应直接标注在图形上，若直接标注有困难，可在技术要求中说明；在零件图的上方用图解表示弹簧的负荷与长度之间的变化关系。螺旋压缩弹簧的机械性能曲线画成直线（为粗实线），其中 P_1 是弹簧的预加负荷，P_2 是弹簧的最大负荷，P_3 是弹簧的允许极限负荷。

图 8-59　弹簧零件图

第 9 章

零 件 图

9.1 零件图的内容

任何机器或部件都是由若干零件按一定要求装配而成的。制造机器时必须先制造零件，而加工制造零件的依据是零件图。零件图是表示零件结构、大小及技术要求的图样。一张完整的零件图应包括图 9-1 所示的 4 方面内容。

图 9-1　完整零件图

① 一组视图：利用视图、剖视图、断面图等画法，完整、清晰地表达零件各部分的结构形状。
② 完整的尺寸：零件制造和检验所需的全部尺寸。

③ 技术要求：用文字或符号说明零件在制造、检验过程中应达到的一些要求，如表面结构、几何公差和热处理要求等。

④ 标题栏：说明零件的名称、材料、数量、绘图比例、图号及必要的签署等内容。

9.2 零件的视图选择

9.2.1 零件表达方案的选择

为满足生产的需要，零件图的一组视图应视零件的功用及结构形状的不同而采用不同的视图及表达方法。

1. 零件表达方案选择的原则

零件表达方案选择的原则如下：选择一组视图，把零件的形状结构表达的完整、确切、清晰。

① 完整：零件各部分的结构、形状及其相对位置表达完整、清楚。

② 确切：零件各部分的结构、形状及其相对位置唯一确定。

③ 清晰：所画图形要清晰易懂。要便于看图，力求制图简便。

2. 零件表达方案选择的一般步骤

① 分析零件。了解该零件在机器上的作用、安放位置和加工方法，分析零件的形体和结构，了解零件的形状和功能。

② 选择主视图。选择主视图时，首先考虑按零件的加工位置或工作位置摆放，其次是选择最能反映零件的形状特征和零件各部分相互位置的方向作为主视图的投射方向。

③ 选择其他视图。在主视图中还没有表达清楚的部分，要选择其他视图表示。所选视图应有其重点表达内容，并尽量避免重复。

总之，在选择视图时，要目的明确、重点突出，使所选择视图完整、清晰、数目恰当。一般，用基本视图表达零件的主要结构，用局部视图、斜视图结合基本视图表达其次要结构。零件的表达方案确定后，可以从两方面进行检查：一是用形体分析的方法，检查所选视图是否足够，即检查零件的每一组成部分及其相对位置是否唯一确定；二是检查所选的视图是否清晰、便于画图和看图，每个视图是否起着其他视图所不能代替的作用。

9.2.2 典型零件表达方案的选择

对于机器上的一般零件，在生产中都要画出其零件图。常见的零件大致可分为轴套类零件、盘盖类零件、叉架类零件、箱体类零件，如图 9-2 所示。它们的表达方案的选择都有一定的特点。

轴套类零件　　　　　　叉架类零件　　　　　　盘盖类零件　　　　　箱体类零件

图 9-2 四类典型零件

1．轴套类零件

轴、套类零件在机器上应用很广，其形状特点一般由共轴线的回转体组成。

轴、套类零件主要在车床或磨床上加工。在车削时，为便于看图，轴套类零件（如图9-3所示）的主视图均按加工位置放置（即轴线水平）。一般用一个基本视图即可将各部分相对位置表达清楚。

对于传动轴，通常要加工出键槽、销孔、退刀槽等结构，这些结构采用断面图、局部剖视图及局部放大图表示。

图9-3　输出轴的零件图

2．盘盖类零件

盘盖类零件主要包括各种手轮、齿轮、皮带轮、法兰盘及端盖等，其主要部分一般由共轴线的回转体组成，但轴向长度较短，如图9-4和图9-5所示。

图9-4　端盖的表达方案　　　　　　　图9-5　泵盖的表达方案

盘盖类零件的主要加工面通常是在车床或磨床上加工的。选择盘盖类零件的主视图时，一般应按加工位置，将轴线放成水平，并取适当剖视，以表达某些结构。

盘盖类零件的其他视图：盘盖类零件上常有沿圆周分布的孔、槽和轮辐等，故还需选取左视图或右视图，以表达这些结构的形状和分布情况。

3．叉架类零件

叉架类零件包括杠杆、连杆、拨叉、支架等（图9-6为压砖机上的杠杆）。

(a)   (b)

图 9-6　杠杆主视图的表达方案

　　叉架类零件的结构形状有的比较复杂，还常有倾斜或弯曲的结构，有时工作位置亦不固定，因此除考虑按工作位置摆放外，还考虑画图简便，一般选择最能反映其形状特征的视图作为主视图。其他视图根据需要选择。

　　图 9-7 为杠杆的表达方案。俯视图选取了局部剖视图，将倾斜部分剖去，表达水平臂内外形体的真实形状；单一斜剖的全剖视图 A-A 及移出断面图表达了斜臂上部孔的深度、位置及肋板的形状。

图 9-7　杠杆的表达方案

4．箱体类零件

　　箱体类零件包括机座、箱体或机壳等。此类零件结构一般比较复杂，加工工序亦较多。

　　箱体类零件的主视图一般按工作位置摆放，并以反映其形状特征最明显的方向作为主视图的投射方向。图 9-8 是球阀阀体的表达方案。

5．小结

　　① 轴套类零件的主视图按加工位置使轴线水平放置，一般只需一个基本视图，另加断面图及局部放大图等。

　　② 盘盖类零件的主视图也按加工位置使轴线水平放置，一般需要两个基本视图。

　　③ 叉架类零件倾斜、弯曲的较多，一般以最能反映其形状特征的视图作为主视图，常需要两个或两个以上的基本视图。

　　④ 箱体类零件较复杂，主视图的摆放要符合其在机器上的工作位置，一般需要三个或更多的基本视图。

　　对于同一零件，通常可有几种表达方案，且往往各有优缺点，需全面地分析、比较。

　　总之，选择视图时，各视图要有明确的表达重点，所选的视图既表达清楚、完整，又便于看图。

图 9-8　球阀阀体的表达方案

9.3　零件上常见的工艺结构

零件的结构形状，除了满足设计要求外，还需满足制造工艺要求，即具有合理的工艺结构。下面介绍常见的工艺结构及其绘制方法。

9.3.1　铸件结构

1．拔模斜度

铸件在造型时，为了便于取出木模，沿脱模方向做出 1：20 的拔模斜度（约 3°）。浇铸后，这一斜度留在铸件表面上，如图 9-9(a)所示。铸造斜度在画图时一般不画出，必要时可在技术要求中注明。

图 9-9　铸造斜度和铸造圆角

2．铸造圆角

为了便于取模和防止浇铸时金属溶液冲坏砂型以及冷却时转角处产生裂纹，铸件表面的相交处应制成过渡的圆弧面，画图时这些相交处应画成圆角——铸造圆角，如图 9-9(b)所示，两相交的铸造表面，如果有一个表面经切削加工，则应画成尖角，如图 9-9(c)所示。

铸造圆角的半径为 2～5 mm，视图中一般不标注，而是集中注写在技术要求里，如"未注明铸造圆角 $R2～R5$"。

有铸造圆角，在画图时，这些交线用细实线按无圆角时的情况画出，只是交线的起讫处与圆角的轮廓线断开（画至理论尖点处），这样的线称为过渡线。常见铸件的过渡线画法有：① 两曲面相交时的过渡线画法，如图 9-10(a)所示；② 平面与平面、平面与曲面过渡线画法，如图 9-10(b)所示；③ 不同断面形状的肋板与圆柱的组合时，过渡线画法如图 9-10(c)所示。

图 9-10　过渡线的画法

3. 铸件的壁厚

铸件的壁厚应尽量保持一致，如不能一致，应使其逐渐均匀地变化。铸件的壁厚如不能一致，容易在冷却时因冷却速度不同而在壁厚处形成缩孔和裂纹，如图 9-11 所示。

图 9-11　铸件的壁厚

9.3.2　零件机械加工常见工艺结构

1．凸台与凹坑

零件上与其他零件接触或配合的表面一般应切削加工。为了保证两零件表面良好的接触，同时减少加工面积，以降低制造费用，常在零件接触面处设计出凸台或凹坑。

同一平面上的凸台应尽量同高，以便于加工，如图 9-12 所示。

图 9-12　凸台与凹坑

2．倒角与圆角

为了去除毛刺、锐边以防止伤人和便于装配，在轴和孔的端部常加工出倒角，即用一锥顶角为45°的圆锥刀头切除其端部锐边。常见倒角为 45°，也有 30°或 60°的倒角。倒角为 45°时，可与轴向尺寸连注，C 表示 45°的倒角，n 表示倒角的轴向长度，如 $C1$、$C2$ 等。倒角不是 45°时，尺寸应分开标注，如图 9-13 所示。

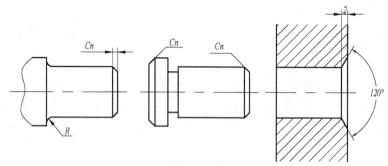

图 9-13　倒角与圆角

为避免阶梯轴轴肩的根部因应力集中而容易断裂，故在轴肩根部加工成圆弧过渡，即圆角。倒角与圆角的画法如图 9-13 所示。倒角与圆角的尺寸可由机械设计手册查出。

3．退刀槽和砂轮越程槽

在车削螺纹时，为便于退出刀具，常在待加工面末端先切出退刀槽。

退刀槽的尺寸注成"宽度×深度"（$b×a$）或"宽度×直径"（$b×\phi$）。

为使相配的零件在装配时表面能良好接触，零件表面需要磨削加工。加工时，为了使砂轮能稍微超过磨削部位，需要预先切出砂轮越程槽，如图 9-14 所示。

图 9-14 退刀槽和砂轮越程槽

4. 钻孔结构

钻孔时，要求钻头轴线尽量垂直于孔的端面，以保证钻孔准确和避免钻头折断，对斜孔、曲面上的孔，应先制成与钻头垂直的凸台或凹坑，如图 9-15 所示。

图 9-15 钻孔端面

用钻头加工的不通孔，在孔的底部有 120° 的锥角，画图时必须画出。但在标注尺寸时，一般不需要标注 120°。标注孔的深度尺寸只注圆柱部分的深度。如果阶梯孔的大孔也是钻孔，则在两孔之间亦应画出 120° 的圆锥台部分，如图 9-16 所示。

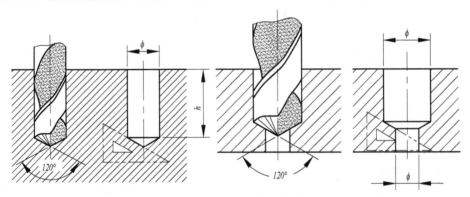

图 9-16 钻孔的画法

9.4 零件的尺寸标注

零件图上尺寸是制造零件时加工和检验的依据。因此，零件图上标注的尺寸除应正确、完整、清晰外，还应尽可能合理，即使所注尺寸满足设计要求和便于加工测量。

9.4.1 尺寸基准

尺寸基准一般分为设计基准（设计时用以确定零件结构位置）和工艺基准（制造时用以定位、加工和检验）。零件上的对称面、底面、端面、轴线及圆心等都可以作为基准，如图 9-17 所示。

尺寸基准又分为主要基准和辅助基准。一般在长、宽、高三个方向各选一个设计基准为主要基准，它们决定零件的主要尺寸。这些主要尺寸影响零件在机器中的工作性能、装配精度，因此主要尺寸要从主要基准直接注出，如图 9-17(a)中的尺寸 a、b、c。除主要基准之外的其余尺寸基准则为辅助基准，以便加工和测量。辅助基准都有尺寸与主要基准相联系，如图 9-17(a)中的尺寸 d。

图 9-17 尺寸基准

9.4.2 标注尺寸的要点

① 标注尺寸要满足设计要求。图 9-18(a)表示 1、2 两零件装配在一起，设计要求件 1 沿件 2 的导轨滑动时，左右不能松动、右侧面应对齐。图 9-18(b)中的尺寸 B 保证了两零件的配合，尺寸 C 则保证从同一基准出发，满足了设计要求。图 9-18(c)和(d)则不能满足设计要求。

图 9-18 结合设计要求注尺寸

② 标注尺寸要符合工艺要求。图 9-19 为一小轴的尺寸标注，所注尺寸符合加工顺序，便于加工测量。

图 9-19 符合工艺需要的尺寸

③ 避免出现封闭的尺寸链。如图 9-20(a)所示，长度方向的尺寸 b、c、e 、d 首尾相接，构成一个封闭的尺寸链。由于加工时，尺寸 c、d、e 都会产生误差，这样所有的误差都会积累到尺寸 b 上，不能保证尺寸 b 的精度要求。常将不重要的尺寸不标注，形成开环，如图 9-20(b)所示。

图 9-20 避免出现封闭的尺寸链

④ 尺寸标注应考虑测量方便，如图 9-21 所示。

(a) 不便于测量　　　　　(b) 便于测量

图 9-21　尺寸标注应便于测量

9.4.3　四类典型零件的尺寸注法

1. 轴套类零件

这类零件一般要注出表示直径大小的径向尺寸和表示各线段长度的轴向尺寸。径向尺寸以轴线为基准。轴向尺寸的基准根据零件的作用和装配要求确定。

图 9-22 中的输出轴，其径向尺寸的主要基准是轴线，而轴向尺寸的主要基准是 $\phi 40n6$ 的右端轴肩，轴的右端面作为辅助基准。

图 9-22　输出轴的零件图

标注时，应尽量将不同工序所需要的尺寸分开标注。

2. 盘盖类零件

盘盖类零件径向尺寸的主要基准为主要孔的轴线。轴向尺寸的主要基准为端面。

图 9-23 所示的泵盖，其长度方向的主要基准为右端面，宽度方向的主要基准为对称平面，高度方向的主要基准为上部$\phi 12H8$ 主动轴孔的轴线。

图 9-23 泵盖的零件图

对于呈圆周分布的孔、键、肋及轮辐等结构，其定形和定位尺寸应尽量注在反映分布情况的视图中，以便读图，如泵盖左视图中沉孔的尺寸。

3. 叉架类零件

叉架类零件常以主要孔的轴线作为尺寸的主要基准。如图 9-24 所示，杠杆的左端孔$\phi 9H9$ 的轴线为长度和高度方向的主要基准；圆筒$\phi 16$ 的前端面为宽度方向的主要基准。

叉架类零件各孔的中心距和相对位置一般是主要尺寸，应从主要基准直接注出，如图 9-24 中的 *25*、*48*、*75°* 等尺寸，其他尺寸应按形体分别注出。

4. 箱体类零件

箱体类零件的尺寸基准，一般要根据零件的结构和加工工艺的要求确定。回油阀阀体的尺寸基准在图 9-25 中已注明。

此类零件中，凡与其他零件有配合或装配关系的尺寸和影响机器性能的尺寸，均属主要尺寸，必须注意与其他零件的一致性，并直接从基准注出。如图 9-25 中的 *61*、*96*、*180* 等尺寸，而底面螺孔 *4×M12* 的深度尺寸 *12*，则从辅助基准注出并测量。

图 9-24　杠杆的零件图

图 9-25　阀体的零件图

9.4.4 常见孔结构的尺寸标注

零件上常见孔（光孔、螺孔、沉孔等）的尺寸注法如表 9-1 所示。

表 9-1 常见孔结构的尺寸标注

结构类型	标注方法		说 明
	旁注法	普通注法	
光孔	4×φ5↓10 / 4×φ5↓10	4×φ5 / 10	4 个 φ5 深 10 的孔
螺孔	4×M6-6H↓10 孔↓14 / 4×M6-6H↓10 孔↓14	4×M6-6H / 10 / 14	4 个 M6-6H 的螺纹孔，螺纹孔深 10，作螺纹前钻孔深 14
柱形沉孔	4×φ6.4 ⊔φ12↓3 / 4×φ6.4 ⊔φ12↓3	φ12 / 3 / 4×φ6.4	4 个 φ64 带圆柱形沉头孔，沉孔直径 12，深 3 的孔
锥形沉孔	4×φ7 ∨φ13×90° / 4×φ7 ∨φ13×90°	90° / φ13 / 4×φ7	4 个 φ7 带锥形埋头孔，锥孔口直径 13，锥面顶角为 90°
锪形沉孔	4×φ7 ⊔φ15 / 4×φ7 ⊔φ15	φ15 / 4×φ7	4 个 φ7 带锪平孔，锪平孔直径为 15。锪平孔不需标注深度，一般锪平到不见毛面为止
锥销孔	锥销孔φ5 配作	2×锥销孔φ5 配作	φ5 为圆锥销的小头直径
平键键槽	L / A / A—A / b / A / D−t₁	b / D+t₂	便于测量
半圆键键槽	φ / A / A	A—A / b / D−t₁	便于选择铣刀（铣刀直径为φ）及测量

续表

结构类型	标注方法		说　明
	旁注法	普通注法	
退刀槽及越程槽	2×1　2×φ7	45° 1/2:1 a b 45° b a R0.5	退刀槽一般可以按"槽宽×直径"或"槽宽×槽深"的形式标注，砂轮越程槽一般用局部放大图表示，尺寸从零件手册中查
倒角	c1　c1　c1	1.5 30°	倒角为45°时，可以在倒角距离前加符号"C"；当倒角非45°时，则分别标注
中心孔	GB/T 4459.5–B2.5/8 GB/T 4459.5–A4/8.5 GB/T 4459.5–A1.6/3.35		上图表示 B 型中心孔，完工后在零件上保留 中图表示 A 型中心孔，完工后在零件上保留与否都可以 下图表示 A 型中型孔，完工后在零件上不允许保留

9.5　极限与配合

在零件图中，除视图和尺寸外，还应包含加工和检验零件的技术要求。技术要求主要包括：零件的表面结构要求、极限与配合、几何公差、材料及材料热处理、零件加工与质量检验要求等项目。这些技术要求，有的用规定的符号和代号直接标注在视图上，有的则以简明的文字注写在图样下方的空白处。

极限与配合是一项重要的技术要求，它的提出基于以下 3 方面的原因：

① 零件加工制造时必须给尺寸一个允许变动的范围。

② 零件之间在装配中要求有一定的松紧配合，这种要求需要由零件的尺寸偏差来满足。

③ 零件互换性的要求。装配时，在同种规格的零件中任取一个，不经挑选和修配，就能装到机器中去，并满足机器性能的要求。零件的这种性质称为具有互换性。零件具有互换性，不仅能组织大规模的专业化生产，还可以提高产平质量、降低成本和便于维修。

在设计中选择极限与配合时，要使零件在制造与装配中既经济、又便于制造，这样所确定的极限与配合才是合理的。

极限与配合的相关术语如下。

① 基本尺寸：设计时根据计算或经验所确定的尺寸，如图 9-26 所示。

② 实际尺寸：对制成的零件，通过实际测量所获得的尺寸。

③ 极限尺寸：制造时，允许实际尺寸达到的极限值。实际尺寸在两个极限尺寸之间即合格。

❖ 最大极限尺寸：允许实际尺寸达到的最大值，如图 9-26 所示。

❖ 最小极限尺寸：允许实际尺寸达到的最小值，如图 9-26 所示。

图 9-26　极限与配合示意图

④ 偏差：某一尺寸减其基本尺寸所得的代数差。偏差数值可以是正值、负值和零。

❖ 上偏差：最大极限尺寸减其基本尺寸所得的代数差，孔（轴）的上偏差为 ES（es）。

❖ 下偏差：最小极限尺寸减其基本尺寸所得的代数差，孔（轴）的下偏差为 EI（ei）。

⑤ 公差：最大极限尺寸减最小极限尺寸之差或上偏差减下偏差之差。公差是允许尺寸的变动量，是一个没有符号的绝对值。

⑥ 公差带：在公差带图中，由代表上偏差和下偏差或最大极限尺寸和最小极限尺寸的两条直线所限定的一个区域。

9.5.1　标准公差与基本偏差

为了便于生产，实现零件的互换性及满足各种配合的要求，国家标准规定了公差带的大小及其相对于零线的位置。这就是标准公差和基本偏差，如图 9-27 所示。

图 9-27　标准公差与基本偏差

1. 标准公差

国家标准极限与配合制度中所规定的任一公差，称为标准公差，用字母 IT 表示，确定公差带的大小。标准公差等级是确定尺寸精确程度的等级，其代号用阿拉伯数字表示。在基本尺寸 500 mm 内规定了 IT01、IT0、IT1、…、IT18 共 20 个等级。在基本尺寸 500～3150 mm 内规定了 IT1～IT18 共 18 个等级。IT01～IT18 等级依次降低，公差逐渐增大。同一公差等级对所有基本尺寸的一组公差被认为具有同等精度程度。

2. 基本偏差

国家标准极限与配合制中确定公差带的相对零线位置的那个极限偏差称为基本偏差。它确定公差带的位置。它可以是上偏差或下偏差，一般为靠近零线的那个偏差。当公差带在零线上方时，基本偏差为下偏差；当公差带在零线下方时，基本偏差为上偏差，见图 9-27。

① 孔的基本偏差（如图 9-28 所示）。孔、轴各有 **28** 个基本偏差，其代号用拉丁字母表示。其中有的用单个字母，如 *A、B、C、D、a、b、c、d* 等，有的用双字母，如 *EF、ZA、ZB、cd、ef、fg* 等。大写字母为孔的基本偏差，小写字母为轴的基本偏差。

图 9-28　孔的基本偏差系列

孔的基本偏差的 *A~H* 为下偏差，*K~ZC* 为上偏差，图 9-28 中 *Js* 为上偏差 $+\dfrac{IT}{2}$ 或下偏差 $-\dfrac{IT}{2}$。

除 Js 外，孔的另一偏差可从极限偏差数值表中查出，也可按公式 *ES=EI + IT* 或 *EI= ES-IT* 计算。

② 轴的基本偏差（如图 9-29 所示）。

轴的基本偏差的 *a~h* 为上偏差，*k~zc* 为下偏差，图 9-28 中 *js* 为上偏差 $+\dfrac{IT}{2}$ 或下偏差 $-\dfrac{IT}{2}$。

除 js 外，轴的另一偏差可从极限偏差数值表中查出，也可按公式 *es=ei + IT* 或 *ei = es-IT* 计算。

图 9-29　轴的基本偏差系列

③ 公差带代号。

公差带由标准公差和基本偏差组成，其公差带代号由基本偏差代号和公差等级代号组成，如 H8、*f7* 等。公差带代号应用同一号字体书写。假设有一标注为 *φ50H7*，其中 *φ50* 为基本尺寸，*H* 为基本偏差代号，7 表示公差等级为 IT7。查书后附录可得 *φ50H7= φ50*$^{+0.025}_{0}$。

9.5.2　配合

基本尺寸相同、相互结合的孔和轴的一种松紧程度的关系称为配合。根据机器的设计和工艺要求，国家标准将配合分为如下 3 类。

① 间隙配合：保证具有间隙（包括最小间隙是零）的配合。此时孔的实际尺寸大于（或等于）

轴的实际尺寸，即孔的公差带在轴的公差带之上，如图 9-30 和图 9-31 所示，主要用于两配合表面具有相对运动的地方。

图 9-30　间隙和过盈

图 9-31　配合种类

②　过盈配合：保证具有过盈（包括最小过盈是零）的配合。此时孔的实际尺寸小于（或等于）轴的实际尺寸，即孔的公差带在轴的公差带之下，如图 9-30 和图 9-31 所示，主要用于两配合表面要求紧固连接的场合。

③　过渡配合：可能具有间隙或过盈的配合。此时孔的公差带与轴的公差带有重叠部分，如图 9-31 所示，主要用于要求对中性较好的情况。

9.5.3　基准制

为方便生产，国家标准规定了两种基准制，即基孔制和基轴制。采用基准制的目的是为了统一基准件的极限偏差，以达到减少定位刀具和量具规格的数量，获得最大的经济效益的目的。国家标准还规定，一般情况下优先选用基孔制。

1. 基孔制

基本偏差为一定的孔的公差带，与不同基本偏差的轴公差带形成各种配合的制度，称为基孔制，如图 9-32 所示。

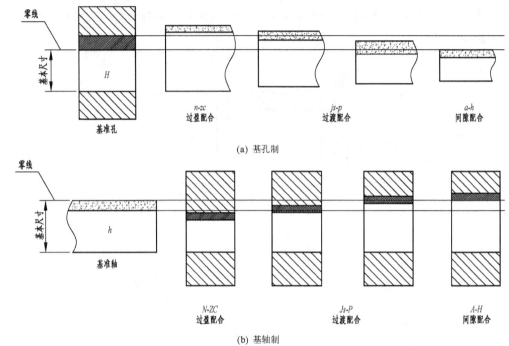

（a）基孔制

（b）基轴制

图 9-32   基准制

基孔制的孔为基准孔，其基本偏差代号为 H，其下偏差为零。

① 与基准孔配合的轴的基本偏差为 $a\sim h$ 时用于间隙配合。

② 与基准孔配合的轴的基本偏差为 $js\sim p$ 时用于过渡配合。

③ 与基准孔配合的轴的基本偏差为 $n\sim zc$ 时用于过盈配合。

2. 基轴制

基本偏差为一定的轴的公差带，与不同基本偏差的孔公差带形成各种配合的制度，称为基轴制，如图 9-32 所示。基轴制的轴为基准轴，其基本偏差代号为 h，其上偏差为零。

① 与基准轴配合的孔的基本偏差为 $A\sim H$ 时用于间隙配合。

② 与基准轴配合的孔的基本偏差为 $Js\sim P$ 时用于过渡配合。

③ 与基准轴配合的孔的基本偏差为 $N\sim ZC$ 时用于过盈配合。

9.5.4   极限与配合在图样中的标注

1. 在装配图中标注（如图 9-33 所示）

在装配图中标注时，应在基本尺寸的右边标注配合代号。例如：

① 基孔制

$$\text{基本尺寸}\,\frac{\text{基准孔}(H)\text{、公差等级代号}}{\text{轴的基本偏差代号、公差等级代号}}$$

② 基轴制

$$\text{基本尺寸}\,\frac{\text{孔的基本偏差代号、公差等级代号}}{\text{基准轴}(h)\text{、公差等级代号}}$$

当标注标准件、外购件与一般零件（轴与孔）的配合代号时，可以仅标注相配零件的公差的代号，如图 9-34 所示。

图 9-33 在装配图中标注

图 9-34 与滚动轴承配合的孔、轴的标注

2．在零件图中标注（如图 9-35 所示）

在零件图中标注公差有三种形式，即在基本尺寸的右边注出公差带代号或极限偏差数值或两者同时注出。当上、下偏差数值相同时，还可以这样标注"$\phi50 \pm 0.008$"。

(a) 注公差带代号　　　　　　　　　(b) 注上下偏差

(c) 注公差带代号和上下偏差

图 9-35 在零件图中的标注

9.6　几何公差（GB/T 1182—2008/ISO 1101:2004）

几何公差是指零件的实际形状、实际方向和实际位置等对理想形状、理想方向和理想位置等的允许变动量。几何公差分为形状公差、位置公差、方向公差和跳动公差。几何公差代替了旧标准中的"形状和位置公差"。合理确定零件的几何公差才能满足零件的使用性能与装配要求，它同尺寸公

差、表面粗糙度一样，是评定零件质量的一项重要指标。

图 9-36(a)所示的圆柱体，由于加工误差的原因，应该是直线的母线实际加工成了曲线，这就形成了圆柱体母线的形状误差。此外，直线、平面、圆、轮廓线和轮廓面偏离理想形状的情况，也形成形状误差。

(a)　　　　　　(b)

图 9.36　形状和位置误差

图 9-36(b)所示的阶梯轴，由于加工误差的原因，出现了两段圆柱体的轴线不在同一直线上的情况，这就形成了轴线的实际位置与理想位置的位置误差。此外，零件上各几何要素的相互位置、同心、对称、轮廓线和轮廓面等偏离理想位置的情况，也形成了位置误差。

在通常情况下，零件的形状、位置误差可以由尺寸公差、加工零件的机床精度和加工工艺来限制，从而获得质量保证。形状和位置公差只是用于零件上某些有较高要求的部分。

1．几何公差的符号

几何公差的几何特征、符号如表 9-2 所示。

2．公差框格

① 用公差框格标注几何公差时，公差框格应水平或垂直放置，其图线宽度为字体的笔画宽度。公差要求注写在划分成两格或多格的矩形框格内。各格自左至右顺序标注内容如图 9-37(a)～(e)所示。

第一格：几何特征符号。

第二格：公差值，以线性尺寸单位表示的量值。如果公差带为圆形或圆柱形，公差值前应加注符号"ϕ"；如果公差带为圆球形，公差值前应加注符号"$S\phi$"；框格中的数字与图中尺寸的数字同高。

第三格及以后格：基准，用一个字母表示单个基准或用几个字母表示基准体系或公共基准。

② 当某项公差应用于几个相同要素时，应在公差框格的上方被测要素的尺寸之前注明要素的个数，并在两者之间加上符号"×"，如图 9-37(f)和(g)所示。

③ 若需要限制被测要素在公差带内的形状，应在公差框格的下方注明，如图 9-37(h)所示，其中 NC 表示不凸起。

④ 若需要就某个要素给出几种几何特征的公差，可将一个公差框格放在另一个的下面，如图 9-37(i)所示。

表 9-2　几何公差的几何特征与符号

公差类型	几何特征	符号	有无基准
形状公差	直线度	——	无
	平面度	▱	无
	圆度	○	无
	圆柱度	⌀	无
	线轮廓度	⌒	无
	面轮廓度	◠	无
方向公差	平行度	//	有
	垂直度	⊥	有
	倾斜度	∠	有
	线轮廓度	⌒	有
	面轮廓度	◠	有
位置公差	位置度	⊕	有或无
	同心度（用于中心点）	◎	有
	同轴度（用于轴线）	◎	有
	对称度	═	有
	线轮廓度	⌒	有
	面轮廓度	◠	有
跳动公差	圆跳动	↗	有
	全跳动	↗↗	有

3．被测要素的标注方法

按下列方式之一用指引线连接被测要素和公差框格。指引线引自框格的任意一侧，终端带一箭头。

① 当公差涉及轮廓线或轮廓面时，箭头指向该要素的轮廓线或其延长线（应与尺寸线明显错开），如图 9-38(a)和(b)所示；箭头也可指向引出线的水平线，引出线引自被测面，如图 9-38(c)所示。

图 9-37　公差框格

②　当公差涉及要素的中心线、中心面或中心点时，指引线箭头应位于相应尺寸线的延长线上，如图 9-38(d)和(e)所示。

图 9-38　被测要素的标注

4．基准的标注方法

（1）与被测要素相关的基准用一个大写字母表示

字母标注在基准方框内，与一个涂黑的或空白的三角形相连以表示基准，如图 9-39 所示，表示基准的字母还应标注在公差框格内。涂黑的或空白的基准三角形含义相同。

图 9-39　基准符号

（2）带基准字母的基准三角形应按如下规定放置

①　当基准要素是轮廓线或轮廓面时，基准三角形放置在要素的轮廓线或其延长线上（与尺寸线明显错开，如图 9-40(a)所示；基准三角形也可放置在该轮廓面引出线的水平线上，如图 9-40(b)所示。

②　当基准是尺寸要素确定的轴线、中心平面或中心点时，基准三角形应放置在该尺寸线的延长线上，如图 9-40(c)、(d)和(e)所示。如果没有足够的位置标注基准要素尺寸的两个箭头时，则其中一个箭头可用基准三角形代替，如图 9-40(d)和(e)所示。

(a)   (b)

(c)   (d)   (e)

(f)   (g)   (h)   (i)

图 9-40　基准的标注

③ 若只以要素的某一局部作为基准，则应用粗点画线表示出该部分并加注尺寸，如图 9-40(f) 所示。

④ 以单个要素作基准时，用一个大写字母表示，如图 9-40(g)所示。以两个要素建立公共基准时，用中间加连字符的两个大写字母表示，如图 9-40(h)所示。以两个或三个基准建立基准体系（采用多基准）时，表示基准的大写字母按基准的优先顺序自左至右填写在各框格内，如图 9-40(i)所示。

5．几何公差标注实例

几何公差标注实例，如图 9-41 所示。

图 9-41　几何公差标注实例

9.7 零件表面结构的表示法（GB/T 131—2006/ISO 1302:2002）

1. 表面粗糙度的概念

表面结构要求是表面粗糙度、表面波纹度、表面缺陷、表面纹理和表面几何形状的总称。这里主要介绍表面粗糙度。

表面粗糙度是表示零件表面质量的重要指标之一。零件经过加工以后，其表面看似光滑，但如果用放大镜观察，就会看到凸凹不平的峰谷，如图 9-42 所示。零件表面所具有的这种微观几何形状误差特性称为表面粗糙度，是由于刀具与加工表面的摩擦、挤压，以及加工时高频振动等产生的。表面粗糙度对零件的工作精度、耐磨性、密封性乃至零件间的配合都有直接的影响。因此，恰当地选择零件的表面粗糙度，对提高零件的工作性能和降低生产成本都将具有重要的意义。

(a) 表面放大图

(b) 表面粗糙度的定义

图 9-42 表面粗糙度

由于加工振动在零件的表面所形成的间距比粗糙度大得多的表面不平度称为表面波纹度。表面粗糙度、表面波纹度及表面几何形状同时生成在同一表面上，加上表面缺陷、表面纹理，它们都是影响零件使用寿命和引起振动的重要因素。本节主要介绍常用的表面粗糙度表示法。

2. 表面粗糙度的主要参数

GB/T 3505—2000 中规定了评定表面粗糙度的轮廓参数，其中较常用的是两种高度参数 Ra（轮廓算术平均偏差）和 Rz（轮廓最大高度高度）。

Ra 参数定义：在一个取样长度内，轮廓偏距（Z 方向上轮廓线上的点与基准线之间的距离）绝对值的算术平均值，如图 9-42(b) 所示。显然，Ra 数值大的表面较粗糙，Ra 数值小的表面较光滑。测量 Ra 的取样长度推荐值列于表 9-3 中。

表 9-3 Ra 取样长度 l 的推荐值

R_a/μm	l/mm
≥0.008～0.02	0.08
>0.02～0.1	0.25
>0.1～2.0	0.8
>2.0～10.0	2.5
>10.0～80.0	8.0

Rz 参数定义：在一个取样长度内，最大轮廓峰高和最大轮廓峰谷之和的高度，如图 9-42(b) 所示。

在实际应用中，Ra 用得更多，其数值规定见表 9-4。表面粗糙度获得方法及应用举例见表 9-5。

表 9-4 Ra 数值系列

基本系列	补充系列	基本系列	补充系列	基本系列	补充系列	基本系列	补充系列
—	0.008	—	0.125	—	2.0	—	32
—	0.010	—	0.160	—	2.5	—	40
0.012	—	0.2	—	3.2	—	50	—
—	0.016	—	0.25	—	4.0	—	63
—	0.020	—	0.32	—	5.0	—	80
0.025	—	0.4	—	6.3	—	100	—

续表

基本系列	补充系列	基本系列	补充系列	基本系列	补充系列	基本系列	补充系列
—	0.032	—	0.50	—	8.0	—	—
—	0.040	—	0.63	—	10.0	—	—
0.050	—	0.8	—	12.5	—	—	—
—	0.063	—	1.00	—	16.0	—	—
—	0.080	—	1.25	—	20	—	—
0.1	—	1.6	—	25	—	—	—

表 9-5　表面粗糙度获得方法及应用举例

表面粗糙度		表面外观情况	获得方法举例	应用举例
$Ra/\mu m$	名称			
	毛面	除净毛口	铸、锻、轧制等经清理的表面	如机床床身、主轴箱、溜板箱、尾架体等未加工表面
50, 100	粗面	明显可见刀痕	经粗车、粗刨、粗铣等加工方法所获得的表面	没有要求的自由表面、粗糙度要求很低的加工面，如螺钉孔、倒角、机座底面等
25		可见刀痕		
12.5		微见刀痕		
6.3	半光面	可见加工痕迹	精车、精刨、精铣、刮研和粗磨	支架、箱体和盖等的非配合表面般螺栓支承面
3.2		微见加工痕迹		箱、盖套筒要求紧贴的表面，键和键槽的工作表面
1.6		看不见加工痕迹		要求有不精确定心及配合特性的表面、如轴承的配合表面、锥孔等
0.8	表面	可辨加工痕迹方向	金刚石车刀精车、精铰、拉刀和压刀加工、精磨、珩磨、研磨、抛光	要求保证定心及配合特性的表面，如支承孔、衬套、胶带轮的工作面
0.4		微辨加工痕迹方向		要求能长期保证规定的配合特性的，公差等级为7级的孔和6级的轴
0.2		不可辨加工痕迹方向		主轴的定位锥孔，$d<20mm$淬火的精确轴的配合表

图 9-43　表面结构基本图形符号的画法

3. 表面结构要求的图形符号及代号（GB/T 131—2006）

表面结构基本图形符号的画法如图 9-43 所示，符号的各部分尺寸与字体大小有关，并有多种规格。对于 3.5 号字，有 H_1=5 mm，H_2=11 mm，符号宽度=0.35 mm，如表 9-6 所示。

表面结构要求的图形符号及意义，如表 9-7 所示。

表 9-6　基本符合各部分尺寸

数字与字母高度	2.5	3.5	5	7	10
符号的线宽	0.25	0.35	0.5	0.7	1
高度 H_1	3.5	5	7	10	14
高度 H_2	8	11	15	21	30

表 9-7　表面结构要求的图形符号及意义

符　号	意　义
∨	基本符号及其画法，仅用于简化代号的标注，单独使用这个符号是没有意义的
∨	基本符号上加一短画，表示表面特征是用去除材料的方法获得的，如车、铣、钻、磨、抛光、腐蚀、电火花加工等

续表

	基本符号上加一小圆，表示表面特征是用不去除材料的方法获得的，如铸、锻、冲压、热轧、冷轧、粉末冶金等，用于保持原供应状况的表面
(a)　(b)　(c)	在以上各种符号的长边上加一横线，以便注写对表面结构特征的补充信息： (a) 允许任何工艺，用文字表达图形符号为 APA (b) 去除材料，用文字表达图形符号为 MRR (c) 不去除材料，用文字表达图形符号为 NMR

表面结构要求代号的填写格式如图 9-44 所示。

① 基本符号的尖角必须指向并接触零件表面。

② a、b 为表面结构要求参数允许值（μm），其中 a 为第一表面结构要求；b 为第二表面结构要求。

③ c 为加工方法，如车、磨、镀等。

④ d 为加工表面纹理的方向符号，如 "="、"X"、"M"。

⑤ e 为加工余量（mm）。

图 9-44　表面结构要求代号填写格式

表 9-8 列出了几种表面结构符号的意义及说明。

表 9-8　表面结构符号的意义及说明

符　　号	意义及说明
$\sqrt{}$ Ra1.6	表示去除材料，单向上限值，默认传输带，R 轮廓，算术平均偏差 1.6μm，评定长度为 5 个取样长度（默认），"16%规则"（默认）
$\sqrt{}$ Rzma×3.2	表示去除材料，单向上限值，默认传输带，R 轮廓，粗糙度最大高度的最大值 3.2μm，评定长度为 5 个取样长度（默认），"最大规则"
$\sqrt{}$ URama×3.2 LRa0.8	表示不允许去除材料，双向极限值，两极限值均使用默认传输带，R 轮廓，上限值：算术平均偏差 3.2μm，评定长度为 5 个取样长度（默认），"最大规则"；下限值：算术平均偏差 0.8μm，评定长度为 5 个取样长度（默认），"16%规则"（默认）
$\sqrt{}$ 0.8-25/Wz3 10	表示去除材料，单向上限值，传输带 0.8～25mm，W 轮廓，波纹度最大高度 10μm，评定长度包含 3 个取样长度，"16%规则"（默认）

16%规则是所有表面结构标注的默认规则，最大规则应用于表面结构要求时，参数代号中应加上 "max"。

4．表面结构要求在图样上的注法

① 表面结构要求对每一表面一般只标注一次，并尽可能注在相应的尺寸及其公差的同一视图上。

② 表面结构的注写和读取方向与尺寸注写和读取方向一致，如图 9-45 所示。

图 9-45　表面结构的注写和读取方向与尺寸方向一致

③ 表面结构要求可标注在轮廓线上，其符号应从材料外部指向零件表面。必要时，表面结构符号也可用带箭头或黑点的指引线引出标注，如图 9-46 所示。

图 9-46　表面结构要求可标注在轮廓线上

④ 在不致引起误解的时候，表面结构要求可以标注在给定的尺寸线上或几何公差框格的上方，如图 9-47 所示。

图 9-47　表面结构要求可以标注在给定的尺寸线上或几何公差框格的上方

⑤ 圆柱和棱柱表面的表面结构要求只标注一次，如图 9-48 所示，如果每个棱柱表面有不同的表面结构要求，则应分别单独标注。

图 9-48　圆柱和棱柱表面的表面结构要求只标注一次

⑥ 有相同表面结构要求的简化注法。如果在工件的多数（包括全部）表面有相同的表面结构要求，则其表面结构要求可统一标注在图样的标题栏附近。表面结构要求的符号后面应有以下两种情况：在圆括号内给出无任何其他标注的基本符号，如图 9-49 所示；在圆括号内给出不同的表面结构要求，如图 9-50 所示。

⑦ 多个表面有共同要求的注法。当多个表面具有相同的表面结构要求或图纸空间有限时，可以采用简化注法。

❖ 可以使用带字母的完整符号，以等式的形式，在图形或标题栏附近，对有相同表面结构要求的表面进行简化标注，如图 9-51 所示。

❖ 可以使用表 9-7 的表面结构符号，以等式的形式，给出对多个表面共同的表面结构要求，如图 9-52 所示。

图 9-49　在圆括号内给出无任何

图 9-50　在圆括号内给出不同的表面结构
要求其他标注的基本符号

图 9-51　用带字母的符号以等式的形式的表面结构简化注法

$$\sqrt{} = \sqrt{Ra1.6} \qquad \sqrt{} = \sqrt{Ra1.6} \qquad \diamond\!\!\!\sqrt{} = \diamond\!\!\!\sqrt{Ra12.5}$$

图 9-52　只用表面结构符号的简化注法

9.8　机械零件常用材料及热处理

零件的作用不一样，使用的材料也不同。在零件图中将零件材料的牌号填入标题的"材料"栏中。热处理是用来改变金属性能的一种工艺方法。零件需进行热处理时，应在技术要求中说明。常用的材料及热处理见附录 A。

9.9　零件图的阅读

设计零件时，经常需要参考同类机器零件的图样，这就需要看零件图。制造零件时，也需要看懂零件图，想象零件的结构和形状，了解各部分尺寸及技术要求等，以便加工出零件。

（1）读零件图的方法和步骤

① 概括了解：从零件图的标题栏了解零件的名称、材料、绘图比例等。

② 分析视图、读懂零件的结构和形状：分析零件图采用的表达方法，如选用的视图、剖切面位置及投射方向等，按照形体分析等方法，利用各视图的投影对应关系，想象出零件的结构和形状。

③ 分析尺寸、了解技术要求：确定各方向的尺寸基准，了解各部分结构的定形和定位尺寸；了解各配合表面的尺寸公差、有关的几何公差、各表面的粗糙度要求及其他要求达到的指标等。

④ 综合想象：将看懂的零件结构、形状、所注尺寸及技术要求等内容综合起来，想象零件的全貌，这样就看懂了一张零件图。

（2）读图举例

【例 9-1】　以图 9-53 所示弯臂为例说明读零件图的步骤。

图 9-53　弯臂零件图

① 概括了解。从标题栏中可知,此图名称是弯臂,属于叉架类零件,比例为 1：2,材料是 HT200。

② 分析视图、读懂结构和形状。该弯臂采用主视、俯视、A 向斜视图及重合断面图来表示。主视图采用两处局部剖表达孔的内部结构;俯视图也采用了两处局部剖表达轴孔的内部结构;A 向斜视图表达了倾斜的连接脚的外形;重合断面图表达弯臂截面的形状。

从这些视图可看出,该零件是由 φ80 的圆筒、φ45 的圆筒、倾斜的连接脚、弯臂和左边凸台五部分组成的叉架类零件。

通过以上分析,想象该零件的整体形状。

③ 分析尺寸、了解技术要求。长、宽、高三个方向的主要基准如图 9-53 所示。各主要尺寸(如长度尺寸 44、宽度尺寸 25、高度尺寸 R180、30° 等)分别从三个基准直接注出。

图 9-53 中还标注了各表面粗糙度的要求、相关的尺寸公差要求等。

④ 综合想象。把以上各项内容进行综合,就得到该零件的总体情况。

【例 9-2】 读支架零件图(如图 9-54 和图 9-55 所示)。

① 看标题栏。由标题栏可知零件名称为支架,材料是代号为 HT150 的灰口铸铁,绘图比例为 1：2,支架是支撑零件,主要加工方法是车削。

图 9-54　支架的结构分析

图 9-55 支架零件图

② 看视图。叉架类零件需经过多种机械加工。为此，它的主视图应按工作位置和形状结构特征原则来选择。叉架类零件图一般都用三个基本视图表达，分别显示三个组成部分的形状特征。由零件图可知，以图 9-54 所示的 *K* 向作为主视图投射方向，配合全剖视的左视图，表达了支撑、连接部分的相互位置关系和零件的大部分结构形状。俯视图突出了肋板的断面形状和底板形状，顶部凸台用 *C* 向局部视图表示。要注意左视图中肋板的规定画法。

③ 看尺寸。支架的底面为装配基准面，它是高度方向的尺寸基准，标注出支撑部位的中心高尺寸 *170 ± 0.1*。支架结构左右对称，即选对称面为长度方向的尺寸基准，标注出安装槽的定位尺寸 *70*，还有尺寸 *24*、*82*、*12*、*110*、*140* 等。宽度方向是以后端面为基准，标注出肋板的定位尺寸 *4*。

④ 看技术要求。支架零件精度要求高的部位是工作部分，即支撑部分，支撑孔为 *φ72H8*，表面粗糙度 *Ra* 的上限值分别为 *25* μm、*6.3* μm，这些平面均为接触面。

9.10 零件测绘

9.10.1 零件测绘的方法和步骤

在实际工作中零件图的绘制，一般有两种情况：一是根据装配图，画出其全部零件的工作图，主要在设计新机器或旧机器的技术改造时进行；二是根据已有的机器零件，画出零件的工作图，通常在仿制机器或机器维修时进行。本节重点讨论后一种情况，前一种情况将在第10章中介绍。

零件测绘是根据实际零件画出草图、测量出它的各部分尺寸、确定技术要求，再根据草图画出零件工作图。在仿制机器和修配损坏的零件时，要进行零件测绘。

下面简要介绍零件测绘的方法和步骤。

① 分析零件：了解零件的名称、材料、用途以及各部分结构形状和加工方法及要求。

② 确定表达方案：在上述分析的基础上选取主视图，根据零件的结构特征确定其他视图及表达方法。

③ 画零件草图：零件草图是经目测估计图形与实物的比例后，徒手或部分使用绘图仪器画出的。要做到视图表达完全，尺寸标注完整，要有相应的技术要求以及图框和标题栏等。

零件草图常在测绘现场画出，是其后绘制零件图的重要依据，因此，它应该具备零件图的全部内容，而绝非"潦草之图"。画出的零件草图要达到以下6点要求：

❖ 遵守国家标准。

❖ 目测时要基本保持物体各部分的比例关系。

❖ 图形正确，符合三视图的投影规律。

❖ 字体工整，尺寸数字准确无误。

❖ 线型粗细分明，图样清晰。

❖ 保证质量的前提下，绘图速度要快。初学者宜在草图纸（方格纸）上画图。

由于实际被测零件可能有的已损坏或者具有某些缺陷、残次等不正常情况，因此测绘过程中要注意以下6点：

❖ 非标准件的零件草图中，所有工艺结构，如倒角、圆角、凸台、退刀槽等应画出。但制造缺陷如砂眼、气孔、裂纹等不应画出。

❖ 零件上的一些标准结构，如螺纹、键槽、退刀槽、倒角等经过测量并查对有关国家标准确定。

❖ 非重要尺寸和没有配合要求的尺寸，应按测得尺寸记录并尽可能取整。

❖ 有配合要求或相互关联的尺寸应在测量后同时填入两个相关的草图中，以节约时间和避免出错，当测量有配合要求两尺寸时，一般先测出它们的基本尺寸，其配合性质和相应的公差值应在结构分析的基础上，查阅有关资料确定。

❖ 零件的技术要求，如表面粗糙度、热处理方式和硬度要求，材料牌号等可根据零件的作用、工作要求确定，也可参阅同类产品的图纸和资料类比确定，特殊重要处的硬度可通过硬度计测定。

❖ 标准件不画草图，但要测出主要尺寸，辨别型式，查阅有关标准后列表备查。

9.10.2 零件尺寸的测量方法

测量零件尺寸时，应根据零件尺寸的精确程度，选择相应的量具。常用的量具有钢尺、内卡、外卡、游标卡尺等。

现将常用的几种测量方法简介如下。

① 线性尺寸的测量：一般用钢尺直接测量读数，也可用内、外卡与钢尺配合进行测量，如图 9-56 所示。

图 9-56　直线尺寸的测量

② 直径尺寸的测量：一般用内、外卡及游标卡尺等量具测量。游标卡尺可以直接读数，且测量精度较高；内、外卡须借助钢尺来读数，且测量精度较低。它们的测量情况如图 9-57 所示。

图 9-57　直径尺寸的测量

③ 中心距的测量：测量两孔间的中心距时，可直接用钢尺或卡尺测量。当孔径相等时，可按图 9-58(a)所示的方法测量；当孔径不等时，则可按图 9-58(b)所示的方法则量中心距，即

$$A = B + D_1/2 + D_2/2$$

(a)　　　　　　　　(b)

图 9-58　中心距的测量

④ 圆角的测量：图 9-59 为用圆角规测量圆角的方法。圆角规由一组内圆角和外圆角组成。测量时只要在圆角规中找出与被测量部分完全吻合的一片，记下其上的读数即可。铸造圆角一般目测估计其大小。

⑤ 螺纹的测量：测量螺纹时要测出螺纹直径和螺距的大小。对于外螺纹，要测大径和螺距；对于内螺纹，要测小径和螺距，然后查手册取标准值。螺距的测量方法与圆角的测量方法类似，如图 9-60 所示。

图 9-59　圆角的测量

图 9-60　螺距的测量

⑥ 对精确度不高的曲线轮廓的测量：可以用拓印法在纸上拓印出它的轮廓形状，然后用几何作图的方法求出各连接弧的尺寸和中心位置，如图 9-61 所示的 R_1、R_2、R_3、R_4 等。

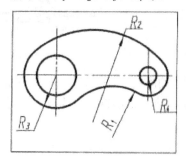

图 9-61　曲线轮廓的测量

9.10.3　画零件草图的方法和步骤

测绘时，往往受时间和工作场所的限制，通常先画出零件草图，整理以后，再根据草图画出零件的工作图。画零件草图绝不能潦草从事，草图和工作图一样，必须有图框、标题栏等，视图和尺寸同样要求正确、清晰，线型分明，图面整洁，技术要求完全。

画零件草图的方法是凭目测或利用手边的工具粗略地测量之后，得出零件各部分的比例关系；再根据这个比例，徒手在白纸或方格纸上画出草图。尺寸的真实大小只是在画完尺寸线后，再用工具测量，得出数据，填到草图上去。

图 9-62　托架立体图

画零件草图的一般步骤如下。

（1）分析零件选择视图

根据零件的名称和用途，结合零件的材料、结构进行形体、结构分析，拟定零件各部分结构的表达方法，选择主视图和其他视图。

图 9-62 所示的托架由两面相互垂直的安装板、支承肋板、支承孔三部分组成。以工作位置放置，选用主、左视图，主视图用来表达三部分的相对位置，左视图主要表达安装板的外形和安装孔的位置；支承孔采用局部剖视在左视图中表示。另用移出断面表达支承肋板的断面形状，用局部放大图表达退刀槽。

（2）定比例

根据视图的数量和目测实物大小，确定适当的比例，并选择合适的图纸或方格纸画出零件草图，如图 9-63(a)所示。

（3）选择基准

选择基准，画出全部尺寸界线、尺寸线及箭头，注出零件各表面结构表示法符号。

图 9-62 所示的零件应选择相互垂直的安装板表面 A、B 为长、高方向的基准，选择前后对称面为宽度方向的基准。

（4）测量尺寸

测量全部尺寸，定出技术要求，并将尺寸数字和技术要求注写在图中，填写标题栏，如图 9-63(b) 所示。

图 9-63 托架零件草图

第10章

装配图

10.1 装配图的作用和内容

表达机器或部件的工作原理、零件的连接方式、装配关系以及主要零件主要结构的图样称为装配图。图 10-1 所示是一台微动机构的轴测图，图 10-2 所示是微动机构的装配图。一般把表达整台机器的图样称为总装图，而把表达其部件的图样称为部件装配图。

图 10-1 微动机构的轴测图

1．装配图的作用

装配图是了解机器结构、分析机器工作原理和功能的技术文件，也是制定工艺规程，进行机器装配、检验、安装和维修的依据。

在机器或部件的设计过程中，一般先设计画出装配图，然后再根据装配图进行零件设计，画出零件图；在机器或部件的制造过程中，先根据零件图进行零件加工和检验，再按照依据装配图所制定的装配工艺规程将零件装配成机器或部件；在机器或部件的使用、维护及维修过程中，也要通过装配图来了解产品或部件的工作原理及构造。

装配图是表达设计思想、指导零部件装配和进行技术交流的重要技术文件。

2．装配图的内容

图 10-1 所示的微动机构的工作过程是通过转动手轮，从而带动螺杆转动，利用螺杆和导杆间的

螺纹连接关系，将旋转运动转变成导杆的直线运动。

图 10-2 是微动机构的装配图，一张完整的装配图应包含如下内容。

图 10-2　微动机构装配图

（1）一组视图

根据机器或部件的具体结构，选用适当的表达方法，用一组视图正确、完整、清晰地表达产品或部件的工作原理、各组成零件间的相互位置和装配关系、传动路线及主要零件的结构形状等。

图 10-2 所示微动机构的装配图，采用以下一组视图：主视图采用全剖视，主要表示微动机构的工作原理和零件间的装配关系；左视图采用半剖视图，主要表达手轮 1 和支座 8 的结构形状；俯视图采用 C-C 剖视，主要表达微动机构安装基面的形状和安装孔的情况；B-B 断面图表示键 12 与导杆 10 等的连接方式。

（2）必要的尺寸

装配图中必须标注反映机器或部件的性能规格、外形、装配、安装等所需的必要尺寸，另外，在设计过程中经过计算而确定的重要尺寸也必须标注。例如，在图 10-2 所示微动机构的装配图中所标注的 $M12$、$M16$、$\phi 20H8/f7$、32、82 等。

（3）技术要求

在装配图中用文字或国家标准规定的符号注写出该装配体的性能、装配要求、验收条件、检验、使用等方面的要求。

（4）零、部件序号、标题栏和明细栏

按国家标准规定的格式绘制标题栏和明细栏，按一定格式将零、部件进行编号并将相应的名称、数量、材料等内容填写在明细栏内，同时在标题栏中填写产品名称、比例等内容，如图 10-2 所示。

10.2　装配图的表达方法

装配图的表达方法和零件图几乎相同，第7章介绍的各种视图、剖视图等表达方法均适用于装配图。但它们也有不同点，装配图要将机器或部件总体情况、工作原理和零件间的装配关系正确、清晰地表示清楚；而零件图仅需表达零件的结构形状。针对装配图的特点，为了清晰简便地表达出机器或部件的结构，国家标准《机械制图》对装配图的画法，还有一些规定画法和特殊的表达方法。

10.2.1　规定画法

1．零件间接触面、配合面的画法

相邻两个零件的接触面和基本尺寸相同的配合面，只画一条轮廓线；不接触表面之间无论间隙大小，均要画成两条轮廓线，如图10-3所示。

图10-3　规定画法

2．装配图中剖面符号的画法

装配图中相邻两个金属零件的剖面线，必须以不同方向或不同的间隔画出，若有3个以上零件相邻，还应使用剖面线间隔不等来区别不同零件，如图10-3所示。

在装配图中，所有剖视、断面图中同一零件的剖面线方向、间隔须完全一致。

断面厚度在2 mm以下的图形零件允许以涂黑来代替剖面符号，如图10-3中的垫片。

在装配图中，对于紧固件以及轴、球、手柄、键、连杆等实心零件，若沿纵向剖切且剖切平面通过其对称平面或轴线时，这些零件均按不剖绘制。如需表明零件的凹槽、键槽、销孔等结构，可用局部剖视表示。如图10-3中所示的轴、螺钉和键均按不剖绘制。为表示轴和齿轮间的键连接关系，采用局部剖视。

10.2.2　特殊表达方法

1．拆卸画法

在装配图的某一视图中，为表达一些重要零件的内、外部形状，可假想拆去一个或几个零件后绘制该视图，并在视图上方标注"拆去××等"。在图10-4所示的滑动轴承装配图中，俯视图的右半部即是拆去轴承盖、螺栓等零件后画出的。

图 10-4　滑动轴承

2．沿零件结合面剖切画法

为了表达机器或部件的内部结构，可以假想在某些零件的结合面处进行剖切，然后画出相应的剖视图。此时零件的结合面不画剖面线，被剖断的其他零件应画剖面线，如图 10-5 的 *A-A* 和图 10-4 的俯视图所示。

图 10-5　转子油泵

3．假想画法

① 在装配图中，为了表达与本部件存在装配关系但又不属于本部件的相邻零、部件，可用双点画线画出相邻零、部件的部分轮廓。图 10-5 所示的主视图中，与转子油泵相邻的零件即是用双点画线画出的。

② 在装配图中，需要表达运动零件的运动范围或极限位置时，可用双点画线画出该零件在极限位置处的轮廓，如图 10-2 所示微动机构装配图中导杆 10 的运动极限位置。

4．单独表达某个零件的画法

在装配图中，当某个零件的主要结构在其他视图中未能表示清楚，而该零件的形状对部件的工作原理和装配关系的理解起着十分重要的作用时，可单独画出该零件的某一视图，如图 10-5 所示转子油泵的 B 向视图。注意，这种表达方法要在所画视图上方注出该零件及其视图的名称。

5．夸大画法

在装配图中，如绘制直径或厚度小于 2 mm 的孔或薄片以及较小的斜度和锥度，允许该部分不按比例而夸大画出，如图 10-3 中的垫片所示。

6．展开画法

为了表达传动机构的传动路线和零件间的装配关系，可假想按传动顺序沿轴线剖切，然后依次展开在同一平面上画出其剖视图，这种画法称为展开画法。图 10-6 为车床上三星齿轮传动机构的展开图。

图 10-6　车床三星齿轮传动机构

7．简化画法

① 在装配图中，若干相同的零、部件组，可详细地画出一组，其余只需用点画线表示其位置即可，如图 10-3 中的螺钉连接。

② 在装配图中，零件的工艺结构，如倒角、圆角、退刀槽、拔模斜度、滚花等均可不画，如图 10-3 中的轴。

③ 在装配图中，当剖切平面通过某些标准产品的组合件，或该组合件已在其他视图中表达清楚时，可以只画其外形图，如图 10-4 所示的油杯。

④ 对于滚动轴承，在剖视图中可以一半用规定画法画出，另一半用通用画法表达，如图 10-7 所示。

图 10-7 简化画法

10.3 装配图的尺寸标注和技术要求

1. 装配图的尺寸标注

由于装配图主要是用来表达零、部件的装配关系的，所以在装配图中不需要注出每个零件的全部尺寸，而只需注出一些必要的尺寸。这些尺寸按其作用不同，可分为以下五类。

（1）性能（规格）尺寸

性能（规格）尺寸是表明装配体规格和性能的尺寸，是设计和选用产品的主要依据。如图 10-2 所示微动机构装配图中螺杆 6 的螺纹尺寸 M12 是微动机构的性能的尺寸，它决定了手轮转动一圈后导杆 10 的位移量。

（2）装配尺寸

装配尺寸表示机器或部件上有关零件间装配关系的尺寸，一般分如下 3 类。

① 配合尺寸：所有零件间对配合性质有特别要求的尺寸，表示零件间的配合性质和相对运动情况，如图 9.2 中的 $\phi20H8/f7$、$\phi30H8/k7$、$\phi8H8/h7$ 均为配合尺寸。

② 相对位置尺寸：表示装配时需要保证的零件间较重要的距离、间隙等尺寸，如图 10-2 所示的中心高 56。

③ 装配时加工尺寸：如有些零件装配在一起后才能进行加工，此时装配图上要标注装配时加工尺寸。

（3）安装尺寸

安装尺寸是机器或部件安装到基座或其他工作位置时所需的尺寸，如图 10-2 中的 82、32、$4\times\phi7$ 孔均为安装尺寸。

（4）外形尺寸

外形尺寸是指反映装配体总长、总宽、总高的外形轮廓尺寸，如图 10-2 中的 $190\sim210$、36、$\phi68$。

（5）其他重要尺寸

在设计过程中经过计算而确定的尺寸和主要零件的主要尺寸以及在装配或使用中必须说明的尺寸。如图 10-2 中的尺寸 $190\sim210$，不仅表示了微动机构的总长，还表示了运动零件导杆 10 的运动范围。非标准零件上的螺纹标记，如图 10-2 中的 M12、M16 在装配图中要注明。

以上 5 类尺寸并非在每张装配图上都需全部标注，有时一个尺寸可同时兼有几种含义，所以装配图上的尺寸标注要根据具体的装配体情况来确定。

2．装配图的技术要求

装配图的技术要求，主要是指对机器或部件的性能、装配、安装、调试、检测、使用和维修等方面的要求，一般用文字注写在图样下方的空白处。技术要求因装配体的不同，其具体的内容有很大不同，但技术要求一般应包括以下3方面。

① 装配要求：指装配过程中的注意事项以及装配后必须保证的精度要求等。

② 检验要求：指装配过程中及装配后必须保证其精度的各种检验、验收方法的说明。

③ 使用要求：对装配体的基本性能、维护、保养、使用时注意事项的说明。

10.4 装配图的零、部件编号与明细栏

装配图上所有的零、部件都必须编注序号，并在明细栏中填写各个零、部件的相关信息，以便统计零、部件数量，进行生产的准备工作。同时，在看装配图时，也根据序号查阅明细栏了解零件的名称、材料和数量等，它有助于看图和图样管理。

1．零、部件编号（GB/T4457.2—2003、GB/T4458.2—2003）

（1）编排方法

① 装配图中编写零、部件序号的常用方法有三种，如图 10-8(a)所示。但同一装配图中编写零、部件序号的形式应一致。

② 指引线应自所指部分的可见轮廓引出，用细实线绘制，并在轮廓内的一端画一小圆点，如图 10-8(a)所示。如果所指部分轮廓内不便画圆点，可在指引线末端画一箭头，并指向该部分的轮廓，如图 10-8(b)所示。

③ 指引线相互不能交叉，当通过有剖面线的区域时，指引线不应与剖面线平行。必要时，指引线允许画成折线，但只可曲折一次，如图 10-8(c)所示。

④ 一组紧固件以及装配关系清楚的零件组，可以采用公共指引线，如图 10-8(d)与图 10-9 所示。

(a) 一般标注方式	(b) 特殊标注方式	(c) 指引线允许弯折一次

(d) 公用指引线标注方式

图 10-8 序号的编写方式与画法

图 10-9 公共指引线

⑤ 零件或部件的序号应标注在视图外面。其序号应沿水平或垂直方向按顺时针或逆时针方向排列，序号间隔应尽可能相等。在整个图上无法连接时，可只在每个水平或垂直方向顺序排列，如图10-2 微动机构装配图中所示。

（2）一般规定

① 装配图中所有的零、部件都必须编写序号。

② 装配图中一个部件可以只编写一个序号；同一装配图中相同的零、部件只标注一次。

③ 装配图中零、部件序号，要与明细栏中的序号一致。

2．装配图中的标题栏及明细栏

装配图中的标题栏与零件图的标题栏类似。标题栏及明细栏的格式国家标准都有统一规定，参见第 1 章 "图幅" 中的有关内容。

（1）标题栏（GB/T10609.1—1989）

装配图中标题栏格式见图 10-2。

（2）明细栏（GB/T10609.2—1989）

明细栏按 GB/T10609.2—1989 规定绘制，如图 10-10 所示。填写明细栏时要注意以下问题。

图 10-10　标题栏与明细栏

① 明细栏画在紧邻标题栏上方，如向上延伸位置不够，可在标题栏紧靠左边自下而上延续。

② 序号按从小到大的顺序自下而上填写。

③ 对于标准件，应在标题栏内填写出规定标记及主要参数，并在代号栏内写明所依据的标准代号，见图 10-2。

如果明细栏直接绘在标题栏上方有困难，也可以在其他纸上单独编写，称为明细表，在明细表中，零件及组件的序号要自上而下填写。

10.5　装配结构合理性

在设计和绘制装配图时，应考虑装配结构的合理性，以保证机器或部件的使用性能及零件的加工、装拆方便。

1．接触面与配合面的结构

① 两个零件接触时，在同一方向只能有一对接触面，这种设计既可满足装配要求，制造也很方便，如图 10-11 所示。

图 10-11　两零件间的接触面

② 轴颈和孔配合时，应在孔的接触端面制作倒角或在轴肩根部切槽，以保证零件间接触良好，如图 10-12 所示。

图 10-12　接触面转角处的结构

2．便于装拆的合理结构

① 滚动轴承的内、外圈在进行轴向定位设计时，必须要考虑到拆卸的方便，如图 10-13 所示。

图 10-13　滚动轴承端面接触的结构

② 用螺纹紧固件连接时，要考虑到安装和拆卸紧固件是否方便，如图 10-14 所示。

图 10-14　留出扳手活动空间

3．密封装置和防松装置

密封装置是为了防止机器中油的外溢或阀门、管路中气体、液体的泄漏，通常采用的密封装置如图 10-15 所示。其中，在油泵、阀门等部件中常采用填料函密封装置，图 10-15(a)为常见的一种用填料函密封的装置。图 10-15(b)是管道中的管子接口处用垫片密封的密封装置。图 10-15(c)和(d)表示的是滚动轴承的常用密封装置。

(a) 填料函密封　　　　　　　　　　　　(b) 垫片密封

(c) 毡圈密封　　　　　　　　　　　　(d) 油沟式密封

图 10-15　密封装置

为防止机器因工作震动而致使螺纹紧固件松开，常采用双螺母、弹簧垫圈、止动垫圈、开口销等防松装置，如图 10-16 所示。

螺纹连接的防松按防松的原理不同，可分为摩擦防松与机械防松。例如，采用双螺母、弹簧垫圈的防松装置属于摩擦防松装置，采用开口销、止动垫圈的防松装置属于机械防松装置。

图 10-16　防松装置

10.6　由零件图画装配图

机器或部件由零件组成，根据它们的零件图和装配示意图（以简单线条示意性地画出部件或机器的图样，一般在部件测绘时绘制），可以画出机器或部件的装配图。

1. 了解机器或部件的装配关系和工作原理

在绘制装配图前，必须对所表达的机器或部件的功用、工作原理、零件之间的装配关系及技术要求等进行分析，以便于考虑装配图的表达方案。

2. 确定表达方案

（1）选择主视图

画装配图时，部件大多按工作位置放置。主视图方向应选择反映部件主要装配关系及工作原理的方位，为详细地表达零件间的装配关系，主视图的表达方法多采用剖视的方法。

齿轮油泵如图 10-17(c)的主视图采用沿主要装配干线的全剖视的表达方法，从而将齿轮油泵中主要零件的相互位置及装配关系等表达出来。为了表达齿轮间的啮合关系，又采用了两个局部剖视。

（2）选择其他视图

其他视图的选择以进一步准确、完整、简便地表达各零件间的结构形状及装配关系为原则，因此多采用局部剖、拆去某些零件后的视图、断面图等表达方法。

齿轮油泵在主视图采用全剖视的基础上，由于油泵结构对称，左视图采用沿结合面剖切的半剖视图，这样既清楚地表达了油泵的工作原理，也清楚地表明了连接泵盖和泵体的螺钉的分布情况及泵盖和泵体的内外结构。另外，为表达吸油口及安装孔的形状，左视图还采用了两个局部剖视。完整的表达方案如图 10-17(c)所示。

3. 装配图画图步骤

① 选比例、定图幅、布图。按照部件的复杂程度和表达方案，选取装配图的绘图比例和图纸幅面。布图时，要注意留出标注尺寸、编序号、明细栏和标题栏以及写技术要求的位置。在以上工作准备好后，即可画图框、标题栏、明细栏，画各视图的主要基准线，如图 10-17(a)所示。

② 按照装配关系依次绘制主要零件的投影。按齿轮油泵的主要装配干线由里往外逐个绘制主要

零件的投影，如图 10-17(b)所示。

  ③ 绘制部件中的连接、密封等装置的投影。继续绘制详细的连接、密封等装置的投影。

  ④ 检查加深，画剖面线，标注尺寸及公差配合。

  ⑤ 标注必要的尺寸、编序号、填写明细表和标题栏，写技术要求。

图 10-17(c)为最后完成的装配图。

(a)

(b)

图 10-17　齿轮油泵作图步骤

图 10-17　齿轮油泵作图步骤（续）

10.7　读装配图和拆画零件图

在设计、生产实践和技术交流中，都需要读装配图，因此能熟练地读懂装配图是工程技术人员应掌握的一项基本功。读装配图的基本要求如下：① 了解部件的名称、用途、性能和工作原理；② 弄清各零件间的相对位置、装配关系和装拆顺序；③ 弄懂各零件的结构形状及作用；④ 了解其他系统，如润滑系统、密封系统等的原理和结构。

10.7.1　读装配图画图的方法和步骤

下面以图 10-18 所示球阀为例说明读装配图的一般方法和步骤。

1．概括了解

由标题栏、明细栏了解部件的名称、用途以及各组成零件的名称、数量、材料等，从这些信息中就能初步判断装配体及其组成零件的作用和制造方法。对于有些复杂的部件或机器，还需查看说明书和有关技术资料，以便对部件或机器的工作原理和零件间的装配关系做深入的分析。

由图 10-18 所示的标题栏、明细栏可知，该图所表达的是管路附件——球阀，该阀由 12 种零件组成。球阀的主要作用是控制管路中流体的流通量。从其作用及技术要求可知，密封结构是该阀的关键部位。

2．表达分析

分析各视图及其所表达的内容，找出主视图，弄清各视图所表达的重点，注意找出剖视图的剖切位置以及向视图、斜视图和局部视图的投射方向和表达部位等，理解表达意图。

(a) 球阀装配图

5	密封圈	2	聚四氟乙烯
4	阀盖	1	ZG25
3	螺柱 M10×30	4	Q235
2	螺母 10	4	Q235
1	螺母 M10	4	Q235
12	阀体	1	ZG25
11	球塞	1	45
10	环	1	LY13
9	阀杆	1	Q235
8	压盖	1	ZQSn6-6-3
7	填料	麦刚氟
6	轴套	1	乙陶

技术要求

1.全部零件在装配前,均应清除污垢、毛刺和不平坦处。
2.装配后阀杆、球塞的旋转应灵活,不得有倾斜或卡固现象,并当介质流动方向改变时,具有良好的密封性。
3.其它技术要求应符合JB790-65的规定。

(b) 球阀轴测图

图 10-18 装配图的一般方法和步骤

图 10-18(a)所示的球阀采用了 3 个基本视图。主视图采用局部剖视图,主要反映该阀的组成、结构和工作原理。俯视图采用局部剖视图,主要反映阀盖和阀体以及扳手与阀杆的连接关系。左视图采用半剖视图,主要反映阀盖和阀体等零件的形状以及阀盖与阀体间连接孔的位置和尺寸等。

3．弄懂工作原理和零件间的装配关系

概括了解之后,还要进一步细致阅读装配图,一般方法如下。

① 从主视图入手,根据各装配干线,对照零件在各视图中的投影关系。

② 由各零件剖面线的不同方向和间隔,分清零件轮廓的范围。

③ 由装配图上所标注的配合代号,了解零件间的配合关系。

④ 根据常见结构的表达方法,来识别零件,如油环、轴承、密封结构等。

⑤ 根据零件序号对照明细表,找出零件数量、材料、规格,帮助了解零件作用和确定零件在装配图的位置和范围。

⑥ 利用一般零件结构有对称性的特点，以及相互连接两零件的接触面应大致相同的特点，帮助想象零件的结构形状。有时甚至还要借助于阅读有关的零件图，才能彻底读懂，同时要了解机器（或部件）的工作原理、装配关系及各零件的功用和结构特点。

图 10-18(a)所示的球阀有两条装配线。从主视图看，一条是水平方向，另一条是垂直方向。其装配关系是：阀盖和阀体用 4 个双头螺柱和螺母连接，并用合适的调整垫调节阀芯与密封圈之间的松紧程度。阀体垂直方向上装配有阀杆，阀杆下部的凸块嵌入到阀芯上的凹槽内。为了防止流体泄漏，在此处装有填料垫、填料，并旋入填料压紧套将填料压紧。

球阀的工作原理：扳手在主视图中的位置时，阀门为全部开启，管路中流体的流通量最大。当扳手顺时针旋转到俯视图中双点画线所示的位置时，阀门为全部关闭，管路中流体的流通量为零。当扳手处在这两个极限位置之间时，管路中流体的流通量随扳手的位置而改变。

4．分析零件

在弄懂部件工作原理和零件间的装配关系后，分析零件的结构形状，有助于进一步了解部件结构特点。一台机器（或部件）上有标准件、常用件和一般零件。对于标准件、常用件一般容易弄懂，但一般零件有简有繁，它们的作用和地位各不相同，应先从主要零件开始分析，运用上述第 3 点所述方法确定零件的范围、结构、形状、功用和装配关系。

分析某一零件的结构形状时，首先要在装配图中找出反映该零件形状特征的投影轮廓。接着可按视图间的投影关系、同一零件在各剖视图中的剖面线方向、间隔必须一致的画法规定，将该零件的相应投影从装配图中分离出来。然后根据分离出的投影，根据形体分析和结构分析的方法，弄清零件的结构形状。

球阀轴测图如图 10-18(b)所示。

5．归纳总结

在对装配图关系和主要零件的结构进行分析的基础上，还要对技术要求、全部尺寸进行研究，进一步了解机器或部件的设计意图和装配工艺性。最后归纳总结：装配和拆卸顺序，运动是怎样在零件间传递的，系统是怎样润滑和密封的，想象出整个机器或部件的形状和结构。

10.7.2　由装配图拆画零件图

由装配图拆画零件图是设计工作中的一个重要环节，是机器生产制造前的准备工作。在设计过程中，需要由装配图拆画零件图，简称拆图。拆图应在全面读懂装配图的基础上进行，一般可按以下步骤。

1．分离零件，确定零件的结构形状

① 读懂装配图，分析所拆零件的作用和结构，从部件中分离出来，确定该零件的投影轮廓。
② 补齐装配图中被其余零件遮挡的轮廓线，想象零件的结构形状。
③ 装配图中简化了的工艺结构如倒角、退刀槽等要补画出来。

2．确定零件的表达方案

对零件视图的选择应按零件本身的结构形状特点而定，不一定要与装配图中的表达方法一样。在装配图上往往不能把每个零件的结构形状完全表达清楚，有的零件在装配图中的表达方案也不符合该零件的结构特点。因此，在拆画零件图时，对那些未能表达完全的结构形状，应根据零件的作用、装配关系和工艺要求予以确定，并表达清楚。此外，对所画零件的视图表达方案一般不应简单

地按装配图照抄。

一般，大的主要零件如箱体类零件的主视图，多与装配图中的位置和投影方向的选择一致，而轴套类零件的主视图应按加工位置放置（即轴线水平放置）确定主视图。

3．确定并标注零件尺寸

根据机器（或部件）的工作性能和使用要求，分析零件各部分尺寸的作用及其对机器或部件的影响，首先确定主要尺寸和选择尺寸基准。由于装配图上对零件的尺寸标注不完全，因此在拆画零件图时，除装配图上已有的尺寸外，与该零件有关的其余尺寸也要直接注在零件图上。

与标准件或标准结构有关的尺寸（如螺纹、销孔、键槽等）可从明细栏及相应国家标准中查阅来确定，有些尺寸需要计算来确定（如齿轮的分度圆、齿顶圆等）。

其余尺寸可按比例从装配图上量取，一般取整数。

4．确定零件的技术要求

零件的技术要求除在装配图上已标出的（如极限与配合）可直接应用到零件图上外，其他技术要求，如表面粗糙度、尺寸公差、形位公差等，应根据零件在装配体中的作用，参考同类产品及有关资料确定。

5．标题栏

标题栏中所填写的零件名称、材料和数量等要与装配图明细表中的内容一致。

10.7.3 实例

【例 10-1】 以图 10-18 所示球阀中的阀盖为例，介绍拆画零件图的一般步骤。

（1）确定表达方案

由装配图上分离出阀盖的轮廓，如图 10-19 所示。根据端盖类零件的表达特点，决定主视图采用沿对称面的全剖，侧视图采用一般视图。

图 10-19 由装配图上分离出阀盖的轮廓

（2）尺寸标注

对于装配图上已有的与该零件有关的尺寸要直接照搬，其余尺寸可按比例从装配图上量取。标准结构和工艺结构，可查阅相关国家标准确定，标注阀盖的尺寸。

（3）技术要求标注

根据阀盖在装配体中的作用，参考同类产品的有关资料，标注表面粗糙度、尺寸公差、形位公差等，并注写技术要求。

（4）填写标题栏，核对检查，完成后的全图如 10.20 所示。

【例 10-2】 读汽缸盖装配图并拆画零件图，如图 10-21 所示。

图 10-20　阀盖零件图

（1）概括了解

由标题栏、明细表以及其他有关专业知识可知：汽缸是由一定压力的气体推动活塞使活塞杆作直线运动，从而带动与之相连的工作装置进行工作的，该汽缸共由 13 种零件组成，其中 4 种为标准件，其余为非标准件，主要零件是缸体、缸盖、活塞、活塞杆等。

（2）了解零件、部件的作用及工作原理

汽缸装配图采用两个基本视图、两个局部视图和一个斜视图。其中主视图为沿汽缸主线（主装配线）的旋转剖视图。此图基本上清楚地表达了各零件装配关系和连接方式，即可以看出缸体 5 通过螺钉 12 分别与前盖 3 和后盖 11 相连形成一封闭的圆柱形空腔。在空腔中活塞杆 1 通过螺母 10 与活塞 8 连接在一起。左视图主要表达了汽缸的形状特征及连接螺钉的分布情况。C 向和 D 向局部视图分别反映了安装槽的形状；B 向斜视图主要反映了进气口（出气口）的形状。

（3）了解零、部件的作用及工作原理

从主视图中可以看出：当压缩空气从左侧缸盖 3 的气口进入，活塞 8 就会带动活塞缸 1 向右移动，同时空气从后盖的气口排出。这里 7 号零件（密封圈）密封活塞左右两侧高低压腔，而 4 号（垫片）和 2 号（密封圈）零件密封活塞左右两侧。活塞杆 1 与活塞通过 9 号零件和 10 号零件连接，而活塞杆通过螺纹孔 $M12×1.5$-$7H$ 与工作装置（图中没有画出）相连，从而将活塞杆的运动传递给工作装置。

（4）分析零件的结构形状，拆画零件图

下面以缸盖 3 为例，分析其结构形状并画出零件图。

从汽缸装配图的主视图中，根据剖面线方向及相邻零件的关系分离出表达缸盖的部分，同时要注意与左视图的投影关系。而在左视图中，除去螺钉 12 和活塞杆 1 的部分就是缸盖的外形特征。分离出的缸盖的主视图和左视图如图 10-22 所示。由此可以看出，缸盖的主要形状为一上圆下方的结构，左右各有一个圆柱凸台，中间为通孔，左下方前后各有一连接底板，底板上有连接用的半圆头

图 10-21 汽缸

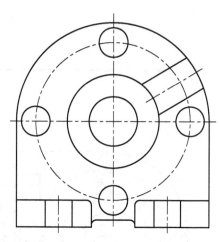

图 10-22　隔离出的汽缸盖

长槽，形状如局部视图 *C* 所示，前上方有一气体通路（注意主视图的剖切平面），其入口加工有管螺纹以便与外部管道相连。为了形成此通路，在缸盖外部一些凸起，具体形状如局部视图 *B* 所示。

　　根据以上分析，已经了解了缸盖的形状结构。虽然名称为缸盖，但它更符合箱体类零件的特征，故其主视图与装配图类似，除主视图外，还有左视图以及 *B* 向斜视图和 *C* 向局部视图。

　　如图 10-22 所示分离出来的缸盖的视图轮廓还不是一幅完整的图形。根据前面的分析，可补画出图中所缺少的图线。最后按零件图的要求标注完整的尺寸、技术要求等形成缸盖完整的零件图，如图 10-23 所示。

图 10-23　汽缸盖零件图

附录 A

机械制图标注

A.1 常用螺纹及螺纹紧固件

1. 普通螺纹（摘自 GB/T 193—1981、GB/T 196—1981）

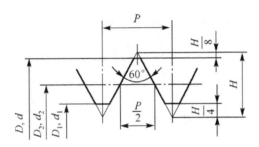

$$H = \frac{\sqrt{3}}{2}P$$

表 A-1 直径与螺距系列、基本尺寸（mm）

公称直径 D, d		螺距 P		粗牙小径 D_1, d_1	公称直径 D, d		螺距 P		粗牙小径 D_1, d_1
第一系列	第二系列	粗牙	细牙		第一系列	第二系列	粗牙	细牙	
3		0.5	0.35	2.459		22	2.5	2, 1.5, 1, (0.75), (0.5)	19.294
	3.5	(0.6)		2.850	24		3	2, 1.5, 1, (0.75)	20.752
4		0.7	0.5	3.242		27	3	2, 1.5, 1, (0.75)	23.752
	4.5	(0.75)		3.688	30		3.5	(3), 2, 1.5, 1, (0.75)	26.211
5		0.8		4.134					
6		1	0.75, (0.5)	4.917		33	3.5	(3), 2, 1.5, (1), (0.75)	29.211
8		1.25	1, 0.75, (0.5)	6.647	36		4	3, 2, 1.5, (1)	31.670
10		1.5	1.25, 1, 0.75, (0.5)	8.376		39	4		34.670
12		1.75	1.5, 1.25, 1, (0.75), (0.5)	10.106	42		4.5	(4), 3, 2, 1.5, (1)	37.129
	14	2	1.5, (1.25), 1, (0.75), (0.5)	11.835		15	4.5		40.129
16		2	1.5, 1, (0.75), (0.5)	13.835	48		5		42.587
	18	2.5	2, 1.5, 1, (0.75), (0.5)	15.294		52	5		46.587
20		2.5		17.294	56		5.5	4, 3, 2, 1.5, (1)	50.046

注：（1）优先选用第一系列，括号内尺寸可能不用，第三系列未列入。

（2）中径 D_2, d_2 未列入。

表 A-2　细牙普通螺纹螺距与小径的关系（mm）

螺距 P	小径 D_1, d_1	螺距 P	小径 D_1, d_1	螺距 P	小径 D_1, d_1
0.35	$d-1+0.621$	1	$d-2+0.918$	2	$d-3+0.835$
0.5	$d-1+0.459$	1.25	$d-2+0.647$	3	$d-4+0.752$
0.75	$d-1+0.188$	1.5	$d-2+0.376$	4	$d-5+0.670$

注：表中的小径按 $D_1=d_1=d-2\times\dfrac{5}{8}H$，$H=\dfrac{\sqrt{3}}{2}P$ 计算得出。

2. 梯形螺纹（摘自 GB/T 5796.2—1986、GB/T 5796.3—1986）

表 A-3　直径与螺距系列、基本尺寸（mm）

公称直径 d 第一系列	公称直径 d 第二系列	螺距 P	中径 $d_2=D_2$	大径 D_1	小径 d_3	小径 D_3	公称直径 d 第一系列	公称直径 d 第二系列	螺距 P	中径 $d_2=D_2$	大径 D_1	小径 d_3	小径 D_3
8		1.5	7.25	8.30	6.20	6.50		26	3	24.50	26.50	22.50	23.00
	9	1.5	8.25	9.30	7.20	7.50			5	23.50	26.50	20.50	21.00
		2	8.00	9.50	6.50	7.00			8	22.00	27.00	17.00	18.00
10		1.5	9.25	10.30	8.20	8.50	28		3	26.50	28.50	24.50	25.00
		2	9.00	10.50	7.50	8.00			5	25.50	28.50	22.50	23.00
	11	2	10.00	11.50	8.50	9.00			8	24.00	29.00	19.00	20.00
		3	9.50	11.50	7.50	8.00			3	28.50	30.50	26.50	29.00
12		2	11.00	12.50	9.50	10.00	30		6	27.00	31.00	23.00	24.00
		3	10.50	12.50	8.50	9.00			10	25.00	31.00	19.00	20.00
	14	2	13.00	14.50	11.50	12.00	32		3	30.50	32.50	28.50	29.00
		3	12.50	14.50	10.50	11.00			6	29.00	33.00	25.00	26.00
16		2	15.00	16.50	13.50	14.00			10	27.00	33.00	21.00	22.00
		4	14.00	16.50	11.50	12.00			3	32.50	34.50	30.50	31.00
	18	2	17.00	18.50	15.50	16.00	34		6	31.00	35.00	27.00	28.00
		4	16.00	18.50	13.50	14.00			10	29.00	35.00	23.00	24.00
20		2	19.00	20.50	17.50	18.00			3	34.50	36.50	32.50	33.00
		4	18.00	20.50	15.50	16.00	36		6	33.00	37.00	29.00	30.00
	22	3	20.50	22.50	18.50	19.00			10	31.00	37.00	25.00	26.00
		5	19.50	22.50	16.50	17.00		38	3	36.50	38.50	34.50	35.00
		8	18.00	23.00	13.00	14.00			7	34.50	39.00	30.00	31.00
24		3	22.50	24.50	20.50	21.00			10	33.00	39.00	27.00	28.00
		5	21.50	24.50	18.50	19.00	40		3	38.50	40.50	36.50	37.00
		8	20.00	25.00	15.00	16.00			7	36.50	41.00	32.00	33.00
									10	35.00	41.00	29.00	30.00

3．非螺纹密封的管螺纹（摘自 GB/T 7307—2000）

表 A-4 非螺纹密封的管螺纹（mm）

尺寸代号	每 25.4 mm 内的牙数 n	螺距 P	基本直径	
			大径 D, d	小径 D_1, d_1
1/16	28	0.907	7.723	6.561
1/8	28	0.907	9.728	8.566
1/4	19	1.337	13.157	11.455
3/8	19	1.337	16.662	14.950
1/2	14	1.814	20.955	18.631
5/8	14	1.814	22.911	20.587
3/4	14	1.814	26.441	24.117
7/8	14	1.814	30.201	27.877
1	11	2.309	33.249	30.291
$1\frac{1}{3}$	11	2.309	37.897	34.939
$1\frac{1}{2}$	11	2.309	41.910	38.952
$1\frac{2}{3}$	11	2.309	47.803	44.845
$1\frac{3}{4}$	11	2.309	53.746	50.788
2	11	2.309	59.614	56.656
$2\frac{1}{4}$	11	2.309	65.710	62.752
$2\frac{1}{2}$	11	2.309	75.184	72.226
$2\frac{3}{4}$	11	2.309	81.534	78.576
3	11	2.309	87.884	84.926
$3\frac{1}{2}$	11	2.309	100.330	97.372
4	11	2.309	113.030	110.072
$4\frac{1}{2}$	11	2.309	125.730	122.722
5	11	2.309	138.430	135.472
$4\frac{1}{2}$	11	2.309	151.130	148.172
6	11	2.309	163.830	160.872

4．螺栓

六角头螺栓—C 级（GB/T 5780—2002）、六角头螺栓—A 和 B 级（GB/T 5782—2002）。

【标记示例】 螺纹规格 $d = M12$、公称长度 $l = 80$、性能等级为 8.8 级、表面氧化、A 级的六角头螺栓。

螺栓 GB/T 5782 M12×80。

表 A-5 螺栓（mm）

螺纹规格			M3	M4	M5	M6	M8	M10	M12	M16	M20	M24	M30	M36	M42
b 参考	$l \leqslant 125$		12	14	16	18	22	26	30	38	46	54	66	—	—
	$125 < l \leqslant 200$		18	20	22	24	28	32	36	44	52	60	72	84	96
	$l > 200$		31	33	35	37	41	45	49	57	65	73	85	97	109
c			0.4	0.4	0.5	0.5	0.6	0.6	0.6	0.8	0.8	0.8	0.8	0.8	1
d_w	产品等级	A	4.57	5.88	6.88	8.88	11.63	14.63	16.63	22.49	28.19	33.61	—	—	—
		B、C	4.45	5.74	6.74	8.74	11.47	14.47	16.47	22	27.7	33.25	42.75	51.11	59.95
e	产品等级	A	6.01	7.66	8.79	11.05	14.38	17.77	20.03	26.75	33.53	39.98	—	—	—
		B、C	5.88	7.50	8.63	10.89	14.20	17.59	19.85	26.17	32.95	39.55	50.85	60.79	72.02
k 公称			2	2.8	3.5	4	5.3	6.4	7.5	10	12.5	15	18.7	22.5	26
r			0.1	0.2	0.2	0.25	0.4	0.4	0.6	0.6	0.8	0.8	1	1	1.2
s 公称			5.5	7	8	10	13	16	18	24	30	36	46	55	65
l（商品规格范围）			20~30	25~40	25~50	30~60	40~80	45~100	50~120	65~160	80~200	90~240	110~300	140~360	160~440
l 系列			12, 16, 20, 25, 30, 35, 40, 45, 50, 55, 60, 65, 70, 80, 90, 100, 110, 120, 130，140, 150, 160, 180 200, 220，240, 260, 280, 300, 320, 340, 360, 380, 400, 420, 440, 460, 480, 500												

注：[1] A 级用于 $d \leqslant 24$ 和 $l \leqslant 10d$ 或 $\leqslant 150$ 的螺栓；B 级用于 $d > 24$ 和 $l > 10d$ 或 > 150 的螺栓。

[2] 螺纹规格 d 范围：GB/T 5780 为 M5～M64；GB/T 5782 为 M1.6～M64。

[3] 公称长度范围：GB/T 5780 为 25～500；GB/T12～500。

5．双头螺柱

双头螺柱—$b_m = 1d$（GB/T 897—1988）

双头螺柱—$b_m = 1.25d$（GB/T 898—1988）

双头螺柱—$b_m = 1.5d$（GB/T 899—1988）

双头螺柱—$b_m = 2d$（GB/T 900—1988）

【标记示例】两端均为粗牙普通螺纹、$d = 10$、$l = 50$、性能等级为 4.8 级、B 型、$b_m = 1d$ 的双头螺柱。

螺柱　GB/T 897 M10×50

旋入机体一端为粗牙普通螺纹、旋螺母一端为螺距 1 的细牙普通螺纹、$d = 10$、$l = 50$、性能等级为 4.8 级、A 型、$b_m = 1d$ 的双头螺柱。

螺柱　GB/T 897 AM10—M10×1×50

表 A-6　双头螺柱（mm）

螺纹规格		M5	M6	M8	M10	M12	M16	M20	M24	M30	M36	M42
b_m （公称）	GB/T 897	5	6	8	10	12	16	20	24	30	36	42
	GB/T 898	6	8	10	12	15	20	25	30	38	45	52
	GB/T 899	8	10	12	15	18	24	30	36	45	54	65
	GB/T 900	10	12	16	20	24	32	40	48	60	72	84
d_s(max)		5	6	8	10	12	16	20	24	30	36	42
x(max)		2.5P										
$\dfrac{l}{b}$		$\dfrac{16\sim22}{10}$	$\dfrac{20\sim22}{10}$	$\dfrac{20\sim22}{12}$	$\dfrac{25\sim28}{14}$	$\dfrac{25\sim30}{16}$	$\dfrac{30\sim38}{20}$	$\dfrac{35\sim40}{25}$	$\dfrac{45\sim50}{30}$	$\dfrac{60\sim65}{40}$	$\dfrac{65\sim75}{45}$	$\dfrac{65\sim80}{50}$
		$\dfrac{25\sim50}{16}$	$\dfrac{25\sim30}{14}$	$\dfrac{25\sim30}{16}$	$\dfrac{30\sim38}{20}$	$\dfrac{32\sim40}{20}$	$\dfrac{40\sim45}{30}$	$\dfrac{45\sim65}{35}$	$\dfrac{55\sim75}{45}$	$\dfrac{70\sim90}{50}$	$\dfrac{80\sim110}{60}$	$\dfrac{85\sim110}{70}$
			$\dfrac{32\sim75}{18}$	$\dfrac{32\sim90}{22}$	$\dfrac{40\sim120}{26}$	$\dfrac{45\sim120}{30}$	$\dfrac{60\sim120}{38}$	$\dfrac{70\sim120}{46}$	$\dfrac{80\sim120}{54}$	$\dfrac{95\sim120}{60}$	$\dfrac{120}{78}$	$\dfrac{120}{90}$
					$\dfrac{130}{32}$	$\dfrac{130\sim180}{36}$	$\dfrac{130\sim200}{44}$	$\dfrac{130\sim200}{52}$	$\dfrac{130\sim200}{60}$	$\dfrac{130\sim200}{72}$	$\dfrac{130\sim200}{84}$	$\dfrac{130\sim200}{96}$
										$\dfrac{210\sim250}{85}$	$\dfrac{210\sim300}{91}$	$\dfrac{210\sim300}{109}$
l 系列		16, (18), 20, (22), 25, (28), 30, (32), 35, (38), 40, 45, 50, (55), 60, (65), 70, (75), 80, (85), 90, (95) 100, 110, 120, 130, 140, 150, 160, 170, 180, 190, 200, 210, 220, 230, 240, 250, 260, 280, 300											

注：P 是粗牙螺纹的螺距。

6. 螺钉

（1）开槽圆柱头螺钉（摘自 GB/T 65—2000）

标记示例

螺纹规格 $d = M5$、公称长度 $l = 20$、性能等级为 4.8 级、不经表面处理的 A 级开槽圆柱头螺钉；

螺钉　GB/T 65 M5×20

表 A-7　开槽圆柱头螺钉（mm）

螺纹规格	M4	M5	M6	M8	M10
P（螺距）	0.7	0.8	1	1.25	1.5
b_{min}	38	38	38	38	38
$d_{k\,max}$	7	8.5	10	13	16
k_{max}	2.6	3.3	3.9	5	6
$n_{公称}$	1.2	1.2	1.6	2	2.5
r_{min}	0.2	0.2	0.25	0.4	0.4
t_{min}	1.1	1.3	1.6	2	2.4
公称长度 l	5～40	6～50	8～60	10～80	12～80
l 系列	5, 6, 8, 10, 12, (14), 16, 20, 25, 30, 35, 40, 45, 50, (55), 60, (65), 70, (75), 80				

注：[1] 公称长度 $l \leqslant 40$ 的螺钉，制出全螺纹。

[2] 括号内的规格尽可能不采用。

[3] 螺纹规格 d = M1.6～M10；公称长度 l = 2～80。

（2）开槽盘头螺钉（摘自 GB/T 67—2000）

标 记 示 例

螺纹规格 d = M5、公称长度 l = 20、性能等级为 4.8 级、不经表面处理的 A 级开槽盘头螺钉；

螺钉 GB/T 67 M5×20

表 A-8　开槽盘头螺钉（mm）

螺纹规格	M1.6	M2	M2.5	M3	M4	M5	M6	M8	M10
P（螺距）	0.35	0.4	0.45	0.5	0.7	0.8	1	1.25	1.5
b_{min}	25	25	25	25	38	38	38	38	38
$d_{k\,max}$	3.2	4	5	5.6	8	9.5	12	16	20
k_{max}	1	1.3	1.5	1.8	2.4	3	3.6	4.8	6
$n_{公称}$	0.4	0.5	0.6	0.8	1.2	1.2	1.6	2	2.5
r_{min}	0.1	0.1	0.1	0.1	0.2	0.2	0.25	0.4	0.4
t_{min}	0.35	0.5	0.6	0.7	1	1.2	1.4	1.9	2.4
公称长度 l	2～16	2.5～20	3～25	4～30	5～40	6～50	8～60	10～80	12～80
l 系列	2, 2.5, 3, 4, 5, 6, 8, 10, 12, (14), 16, 20, 25, 30, 35, 40, 45, 50, (55), 60, (65), 70, (75), 80								

注：[1] 括号内的规格尽可能不采用。

[2] M1.6～M3 的螺钉，公称长度 $l \leqslant 30$ 的，制出全螺纹。

[3] M14～M10 的螺钉，公称长度 $l \leqslant 40$ 的，制出全螺纹。

（3）开槽沉头螺钉（摘自 GB/T 68—2000）

标 记 示 例

螺纹规格 d = M5、公称长度 l = 20、性能等级为 4.8 级、不经表面处理的 A 级开槽沉头螺钉；

螺钉 GB/T 68 M5×20

表 A-9　开槽沉头螺钉（mm）

螺纹规格	M1.6	M2	M2.5	M3	M4	M5	M6	M8	M10
P（螺距）	0.35	0.4	0.45	0.5	0.7	0.8	1	1.25	1.5
b	25	25	25	25	38	38	38	38	38
d_k 理论值	3.6	4.4	5.5	6.3	9.4	10.4	12.5	17.3	20
k_{max}	1	1.2	1.5	1.65	2.7	2.7	3.3	4.65	5
$n_{公称}$	0.4	0.5	0.6	0.8	1.2	1.2	1.6	2	2.5
r_{min}	0.4	0.5	0.6	0.8	1	1.3	1.5	2	2.5
t_{max}	0.5	0.6	0.75	0.85	1.3	1.4	1.6	2.3	2.6
公称长度 l	2.5～16	3～20	4～25	5～30	6～40	8～50	8～60	10～80	12～80
l 系列	2, 5, 3, 4, 5, 6, 8, 10, 12, (14), 16, 20, 25, 30, 35, 40, 45, 50, (55), 60, (65), 70, (75), 80								

注：[1] 括号内的规格尽可能不采用。

[2] M1.6～M3 的螺钉，公称长度 $l \leqslant 30$ 的，制出全螺纹。

[3] M14～M10 的螺钉，公称长度 $l \leqslant 45$ 的，制出全螺纹。

（4）内六角圆柱头螺钉（摘自 GB/T 70.1—2000）

标 记 示 例

螺纹规格 d = M5、公称长度 l = 20、性能等级为 8.8 级、表面氧化的内角圆柱头螺钉；

螺钉　GB/T 70.1 M5×20

表 A-10　内六角圆柱头螺钉（mm）

螺纹规格	M3	M4	M5	M6	M8	M10	M12	（M14）	M16	M20
P（螺距）	0.5	0.7	0.8	1	1.25	1.5	1.75	2	2	2.5
b 参考	18	20	22	24	28	32	36	40	44	52
$d_{k\,max}$	5.5	7	8.5	10	13	16	18	21	24	30
k_{max}	3	4	5	6	8	10	12	14	16	20
t_{min}	1.3	2	2.5	3	4	5	6	7	8	10
$s_{公称}$	2.5	3	4	5	6	8	10	12	14	17
e_{min}	2.87	3.44	4.58	5.72	6.86	9.15	11.43	13.72	16.00	19.44
r_{min}	0.1	0.2	0.2	0.25	0.4	0.4	0.6	0.6	0.6	0.8
公称长度 l	5～30	6～40	8～50	10～60	12～80	16～100	20～120	25～140	25～160	30～200
l ≤表中数值时，制出全螺纹	20	25	25	30	35	40	45	55	55	65
l 系列	2, 5, 3, 4, 5, 6, 8, 10, 12, 16, 20, 25, 30, 35, 40, 45, 50, 55, 60, 65, 70, 80, 90, 100, 110, 120, 130, 140, 150, 160, 180, 200, 220, 240, 260, 280, 300									

注：螺纹规格 d = M1.6～M64。

（5）十字槽沉头螺钉（摘自 GB/T 819.1—2000）

标 记 示 例

螺纹规格 d = M5、公称长度 l = 20、性能等级为 4.8 级、不经表面处理的 H 型十字槽沉头螺钉的标记；

螺钉　GB/T 819.1 M5×20

十字槽

H型　　　　Z型

表 A-11　十字槽沉头螺钉（mm）

螺纹规格			M1.6	M2	M2.5	M3	M4	M5	M6	M8	M10
P			0.35	0.4	0.45	0.5	0.7	0.8	1	1.25	1.5
a		max	0.7	0.8	0.9	1	1.4	1.6	2	2.5	3
b		min	25	25	25	25	38	38	38	38	38
d_k	理论值	max	3.6	4.4	5.5	6.3	9.4	10.4	12.6	17.3	20
	实际值	max	3	3.8	4.7	5.5	8.4	9.3	11.3	15.8	18.3
		min	2.7	3.5	4.4	5.2	8	8.9	10.9	15.4	17.8
k	max		1	1.2	1.5	1.65	2.7	2.7	3.3	4.65	5
r	max		0.4	0.5	0.6	0.8	1	1.3	1.5	2	2.5
X	max		0.9	1	1.1	1.25	1.75	2	2.5	3.2	3.8

续表

螺纹规格			M1.6	M2	M2.5	M3	M4	M5	M6	M8	M10
槽号 No.			0		1		2		3		4
十字槽	H型	m 参考	1.6	1.9	2.9	3.2	4.6	5.2	6.8	8.9	10
		插入深度 min	0.6	0.9	1.4	1.7	2.1	2.7	3	4	5.1
		插入深度 max	0.9	1.2	1.8	2.1	2.6	3.2	3.5	4.6	5.7
	Z型	m 参考	1.6	1.9	2.8	3	4.4	4.9	6.6	8.8	9.8
		插入深度 min	0.7	0.95	1.45	1.6	2.05	2.6	3	4.15	5.2
		插入深度 max	0.95	1.2	1.75	2	2.5	3.05	3.45	4.6	5.65

l											
公称	min	max									
3	2.8	3.2									
4	3.7	4.3									
5	4.7	5.3									
6	5.7	6.3									
8	7.7	8.3									
10	9.7	10.3			商品						
12	11.6	12.4									
(14)	13.6	14.4									
16	15.6	16.4				规格					
20	19.6	20.4									
25	24.6	25.4									
30	29.6	30.4						范围			
35	34.5	35.5									
40	39.5	40.5									
45	44.5	45.5									
50	49.5	50.5									
(55)	54.4	55.6									
60	59.4	60.6									

注：[1] 尽可能不采用括号内的规格。

[2] P 螺距。

[3] d_k 的理论值按 GB/T 5279 规定。

[4] 公称长度在虚线以上的螺钉，制出全螺纹[$b = l - (k + a)$]。

（6）紧定螺钉

开槽锥端紧定螺钉

（GB/T 71—1985）

开槽平端紧定螺钉

（GB/T 73—1985）

开槽长圆柱端紧定螺钉

（GB/T 75—1985）

螺纹规格 d＝M5、公称长度 l＝12、性能等级为 14H 级、表面氧化的开槽长圆柱端紧定螺钉；

螺钉 GB/T 75 M5×12

表 A-12 紧定螺钉（mm）

螺纹规格 d		M1.6	M2	M2.5	M3	M4	MS	M6	M8	M10	M12
P（螺距）		0.35	0.4	0.45	0.5	0.7	0.8	1	1.25	1.5	1.75
n		0.25	0.25	0.4	0.4	0.6	0.8	1	1.2	1.6	2
t		0.74	0.84	0.95	1.05	1.42	1.63	2	2.5	3	3.6
d_1		0.16	0.2	0.25	0.3	0.4	0.5	1.5	2	2.5	3
d_p		0.8	1	1.5	2	2.5	3.5	4	5.5	7	8.5
z		1.05	1.25	1.25	1.75	2.25	2.75	3.25	4.3	5.3	6.3
l	GB/T71—1985	2～8	3～10	3～12	4～16	6～20	8～25	8～30	10～40	12～50	14～60
	GB/T73—1985	2～8	2～10	2.5～12	3～16	4～20	5～25	6～30	8～40	10～50	12～60
	GB/T75—1985	2.5～8	3～10	4～12	5～16	6～20	8～25	10～30	10～40	12～50	14～60
l 系列		2, 2.5, 3, 4, 5, 6, 8, 10, 12, (14), 16, 20, 25, 30, 35, 40, 45, 50, (55), 60									

注：[1] l 为公称长度。

[2] 括号内的规格尽可能不采用。

7．螺母

六角螺母—C 级
（GB/T 41—2000）

Ⅰ型六角螺母—A 和 B 级
（GB/T 6170—2000）

六角螺母
（GB/T 6172.1—2000）

螺纹规格 D＝M12、性能等级为 5 级、不经表面处理、C 级的六角螺母；

螺母 GB/T 41 M12

螺纹规格 D＝M12、性能等级为 8 级、不经表面处理、A 级的Ⅰ型六角螺母；

螺母 GB/T 6170 M12

表 A-13 螺母（mm）

螺纹规格 D		M3	M4	M5	M6	M8	M10	M12	M16	M20	M24	M30	M36	M42
e	GB/T 41			8.63	10.89	14.20	17.59	19.85	26.17	32.95	39.55	50.85	60.79	72.02
	GB/T 6170	6.01	7.66	8.79	11.05	14.38	17.77	20.03	26.75	32.95	39.55	50.85	60.79	72.02
	GB/T 6172.1	6.01	7.66	8.79	11.05	14.38	17.77	20.03	26.75	32.95	39.55	50.85	60.79	72.02
s	GB/T 41			8	10	13	16	18	24	30	36	46	55	65
	GB/T 6170	5.5	7	8	10	13	16	18	24	30	36	46	55	65
	GB/T 6172.1	5.5	7	8	10	13	16	18	24	30	36	46	55	65
m	GB/T 41			5.6	6.1	7.9	9.5	12.2	15.9	18.7	22.3	26.4	31.5	34.9
	GB/T 6170	2.4	3.2	4.7	5.2	6.8	8.4	10.8	14.8	18	21.5	25.6	31	34
	GB/T 6172.1	1.8	2.2	2.7	3.2	4	5	6	8	10	12	15	18	21

注：A 级用于 $D \leqslant 16$；B 级用于 $D > 16$。

8．垫圈

（1）平垫圈

小垫圈—A级
（GB/T 848—2002）

平垫圈—A级
（GB/T 97.1—2002）

平垫圈 倒角型—A级
（GB/T 97.2—2002）

标 记 示 例

标准系列、规格8、性能等级为140HV级、不经表面处理的平垫圈：垫圈 GB/T 97.18

表A-14 平垫圈（mm）

公称尺寸 （螺纹规格 d）		1.6	2	2.5	3	4	5	6	8	10	12	14	16	20	24	30	36
	GB/T 848	1.7	2.2	2.7	3.2	4.3	5.3	6.4	8.4	10.5	13	15	17	21	25	31	37
d_1	GB/T 97.1	1.7	2.2	2.7	3.2	4.3	5.3	6.4	8.4	10.5	13	15	17	21	25	31	37
	GB/T 97.2						5.3	6.4	8.4	10.5	13	15	17	21	25	31	37
	GB/T 848	3.5	4.5	5	6	8	9	11	15	18	20	24	28	34	39	50	60
d_2	GB/T 97.1	4	5	6	7	9	10	12	16	20	24	28	30	37	44	56	66
	GB/T 97.2						10	12	16	20	24	28	30	37	44	56	66
	GB/T 848	0.3	0.3	0.5	0.5	0.5	1	1.6	1.6	1.6	2	2.5	2.5	3	4	4	5
h	GB/T 97.1	0.3	0.3	0.5	0.5	0.8	1	1.6	1.6	2	2.5	2.5	3	3	4	4	5
	GB/T 97.2						1	1.6	1.6	2	2.5	2.5	3	3	4	4	5

（2）弹簧垫圈

标准型弹簧垫圈
（GB/T 93—1987）

轻型弹簧垫圈
（GB/T 859—1987）

标 记 示 例

规格16、材料为65Mn、表面氧化的标准型弹簧垫圈：垫圈 GB/T 93 16

表A-15 弹簧垫圈（mm）

规格（螺纹大径）		3	4	5	6	8	10	12	(14)	16	(18)	20	(22)	24	(27)	30
d		3.1	4.1	5.1	6.1	8.1	10.2	12.2	14.2	16.2	18.2	20.2	22.5	24.5	27.5	30.5
H	GB/T 93	1.6	2.2	2.6	3.2	4.2	5.2	6.2	7.2	8.2	9	10	11	12	13.6	15
	GB/T 859	1.2	1.6	2.2	2.6	3.2	4	5	6	6.4	7.2	8	9	10	11	12

续表

规格（螺纹大径）		3	4	5	6	8	10	12	(14)	16	(18)	20	(22)	24	(27)	30
d		3.1	4.1	5.1	6.1	8.1	10.2	12.2	14.2	16.2	18.2	20.2	22.5	24.5	27.5	30.5
S(b)	GB/T 93	0.8	1.1	1.3	1.6	2.1	2.6	3.1	3.6	4.1	4.5	5	5.5	6	6.8	7.5
S	GB/T 859	0.6	0.8	1.1	1.3	1.6	2	2.5	3	3.2	3.6	4	4.5	5	5.5	6
$m\leqslant$	GB/T 93	0.4	0.55	0.65	0.8	1.05	1.3	1.55	1.8	2.05	2.25	2.5	2.75	3	3.4	3.75
	GB/T 859	0.3	0.4	0.55	0.65	0.8	1	1.25	1.5	1.6	1.8	2	2.25	2.5	2.75	3
b	GB/T 859	1	1.2	1.5	2	2.5	3	3.5	4	4.5	5	5.5	6	7	8	9

注：[1] 括号内的规格尽可能不采用。[2] m 应大于零。

A.2 常用键与销

1. 键

（1）普通平键键槽的剖面尺寸与公差（GB/T 1095—2003）

表 A-16 普通平键键槽的剖面尺寸与公差（mm）

轴径 d	键尺寸 $b \times h$	键槽										
		宽度 b						深度				半径 r
		基本尺寸	极限偏差					轴 t_1		毂 t_2		
			正常联结		紧密联结	松联结		基本尺寸	极限偏差	基本尺寸	极限偏差	
			轴 N9	毂 JS9	轴和毂 P9	轴 H9	毂 D10					最小	最大
有 6～8	2×2	2	−0.04 −0.029	±0.0125	−0.006 −0.031	+0.025 0	+0.060 +0.020	1.2	+0.1 0	1	+0.1 0	0.08	0.16
>8～18	3×3	3						1.8		1.4			
>10～12	4×4	4	0 −0.030	±0.015	−0.012 −0.042	+0.030 0	+0.078 +0.030	2.5		1.8			
>12～17	5×5	5						3.0		2.3		0.16	0.25
>17～22	6×6	6						3.5		2.8			
>22～33	8×7	8	0 −0.036	±0.018	−0.015 −0.051	+0.036 0	+0.098 +0.040	4.0	+0.2 0	3.3	+0.2 0		
>30～38	10×8	10						5.0		3.3			
>38～44	12×8	12	0 −0.043	±0.0215	−0.018 −0.061	+0.043 0	+0.120 +0.050	5.0		3.3		0.25	0.40
>44～50	14×9	14						5.5		3.8			
>50～58	16×10	16						6.0		4.3			
>58～65	18×11	18						7.0		4.4			
>65～75	20×12	20	0 −0.052	±0.026	−0.022 −0.074	+0.052 0	+0.149 +0.065	7.5	+0.1 0	4.9	+0.2 0	0.40	0.60
>75～85	22×14	22						9.0		5.4			
>85～95	25×14	25						9.0		5.4			
>95～110	28×16	28						10.0		6.4			

注：平键槽的长度公差带用 H14。

（2）普通平键的型式尺寸与公差（GB/T 1096—2003）

标 记 示 例

圆头普通平键（A 型）、$b = 18$ mm、$h = 11$ mm、$l = 100$ mm；GB/T 1096 键 $18 \times 11 \times 100$

方头普通平键（B 型）、$b = 18$ mm、$h = 11$ mm、$l = 100$ mm；GB/T 1096 键 B$18 \times 11 \times 100$

单圆头普通平键（C 型）、$b = 18$ mm、$h = 11$ mm、$l = 100$ mm；GB/T 1096 键 C$18 \times 11 \times 100$

表 A-17　普通平键的型式尺寸与公差（mm）

宽度 b 基本尺寸	2	3	4	5	6	8	10	12	14	16	18	20	22	25
高度 h 基本尺寸	2	3	4	5	6	7	8	8	9	10	11	12	14	14
倒角倒圆 s	0.16～0.25			0.25～0.40			0.40～0.60					0.60～0.80		
l	6～20	6～36	8～45	10～56	14～70	18～90	22～110	28～140	36～160	45～180	50～200	56～220	63～250	70～280
l 系列	6, 8, 10, 12, 14, 16, 18, 20, 22, 25, 28, 32, 36, 40, 45, 50, 56, 63, 70, 80, 90, 100, 110, 125, 140, 160, 180, 200, 220, 250, 280													

（3）半圆键键槽的剖面尺寸与公差（GB/T 1098—2003）

表 A-18　半圆键键槽的剖面尺寸与公差（mm）

轴径 d		键尺寸 $b \times h$	键槽										
			宽度 b						深度				半径 r
			基本尺寸	极限偏差					轴 t_1		毂 t_2		
				正常联结		紧密联结	松联结		基本尺寸	极限偏差	基本尺寸	极限偏差	
传递转矩用	定位用			轴 N9	毂 JS9	轴和毂 P9	轴 H9	毂 D10					最小	最大
自 3～4	自 3～4	1.0×1.4×4 1.0×1.1×4	1.0						1.0		0.6			
>4～5	>4～6	1.5×2.6×7 1.5×2.1×7	1.5						2.0		0.8			
>5～6	>6～8	2.0×2.6×7 2.0×2.1×7	2.0	−0.004 −0.029	±0.0125	−0.006 −0.031	+0.025 0	+0.060 +0.020	1.8	+0.1 0	1.0	+0.1 0	0.16	0.08
>6～7	>8～10	2.0×3.7×10 2.0×3.0×10	2.0						2.9		1.0			
>7～8	>10～12	2.5×3.7×10 2.5×3.0×10	2.5						2.7		1.2			

续表

轴径 d 传递转矩用	定位用	键尺寸 b×h	宽度 b 基本尺寸	正常联结 轴 N9	正常联结 毂 JS9	紧密联结 轴和毂 P9	松联结 轴 H9	松联结 毂 D10	深度 轴 t₁ 基本尺寸	轴 t₁ 极限偏差	深度 毂 t₂ 基本尺寸	毂 t₂ 极限偏差	半径 r 最小	半径 r 最大
>8～10	>12～15	3.0×5.0×13 3.0×4.0×13	3.0	−0.004 −0.029	±0.0125	−0.006 −0.031	+0.025 0	+0.060 +0.020	3.8		1.4		0.16	0.08
>10～12	>15～18	3.0×6.5×16 3.0×5.6×16	3.0						5.3		1.4			
>12～14	>18～20	4.0×6.5×16 4.0×5.2×16	4.0	0 −0.030	±0.015	−0.012 −0.042	+0.030 0	+0.078 +0.030	5.0	+0.2 0	1.8	+0.1 0	0.25	0.16
>14～16	>20～22	4.0×7.5×19 4.0×6.0×19	4.0						6.0		1.8			
>16～18	>22～25	5.0×6.5×19 5.0×5.2×19	5.0						4.5		2.3			
>18～20	>25～28	5.0×7.5×19 5.0×6.0×19	5.0						5.5		2.3			
>20～22	>28～32	5.0×9.0×22 5.0×7.2×22	5.0						7.0		2.3			
>22～25	>32～36	6.0×9.0×22 6.0×7.2×22	6.0						6.5		2.8			
>25～28	>36～40	6.0×10.0×25 6.0×8.0×25	6.0						7.5	+0.3 0	2.8			
>28～32	40	8.0×11.0×28 8.0×8.8×28	8.0	0 −0.036	±0.018	−0.015 −0.051	+0.036 0	+0.098 +0.040	8.0		3.3	+0.2 0	0.40	0.25
>32～38	—	10.0×13.0×32 10.0×10.4×32	10.0						10.0		3.3			

（4）半圆键的型式尺寸与公差（GB/T 1099.1—2003）

标记示例

半圆键、$b=6\text{mm}$、$h=10\text{mm}$、$d_1=25\text{mm}$；GB/T 1099.1 键　6×10×25

2．销

（1）圆柱销（GB/T 119.1—2000）——不淬硬钢和奥氏体不锈钢

标记示例

公称直径 $d=6$、公称长度 $l=30$、材料为钢、不经淬火、不经表面处理的圆柱销的标记；

销 GB/T 119.1 6m6×30

表A-19 半圆键的型式尺寸与公差（mm）

键尺寸 b×h×D	宽度 b		高度 h		直径 D		倒角或倒圆 s	
	基本尺寸	极限偏差	基本尺寸	极限偏差(h12)	基本尺寸	极限偏差(h12)	最小	最大
1.0×1.4×4	1.0		1.4		4	0 / −0.120		
1.5×2.6×7	1.15		2.6	0 / −010	7			
2.0×2.6×7	2.0		2.6		7	0 / −0.150	0.16	0.25
2.0×3.7×10	2.0		3.7	0 / −0.12	10			
2.5×3.7×10	2.5		3.7		10			
3.0×5.0×13	3.0		5.0		13			
3.0×6.5×16	3.0		6.5		16	0 / −0.180		
4.0×6.5×16	4.0	0 / −0.025	6.5		16			
4.0×7.5×19	4.0		7.5		19	0 / −0.210		
5.0×6.5×16	5.0		6.5	0 / −0.15	16	0 / −0.180	0.25	0.40
5.0×7.5×19	5.0		7.5		19			
5.0×9.0×22	5.0		9.0		22			
6.0×9.0×22	6.0		9.0		22	0 / −210		
6.0×10.0×25	6.0		10.0		25			
8.0×11.0×28	8.0		11.0	0 / −0.18	28		0.40	0.60
10.0×13.0×32	10.0		13.0		32	0 / −0.250		

表A-20 圆柱销（mm）

公称直径 d (m6/h8)	0.6	0.8	1	1.2	1.5	2	2.5	3	4	5
c ≈	0.12	0.16	0.20	0.25	0.30	0.35	0.40	0.50	0.63	0.80
l（商品规格范围公称长度）	2～6	2～8	4～10	4～12	4～16	6～20	6～24	8～30	8～40	10～50
公称直径 d (m6/h8)	6	8	10	12	16	20	25	30	40	50
c ≈	1.2	1.6	2.0	2.5	3.0	3.5	4.0	5.0	6.3	8.0
l（商品规格范围公称长度）	12～60	14～80	18～95	22～140	26～180	35～200	50～200	60～200	80～200	95～200
l 系列	2, 3, 4, 5, 6, 8, 10, 12, 14, 16, 18, 20, 22, 24, 26, 28, 30, 32, 35, 40, 45, 50, 55, 60, 65, 70, 75, 80, 85, 90, 95, 100, 120, 140, 160, 180, 200									

注：（1）材料用钢的强度要求为125～245HV30，用奥氏体不锈钢A1（GB/T 3098.6）时硬度要求210～280HV30。

（2）公差 m6；$R_a \leqslant 0.8\,\mu m$；公差 m8；$R_a \leqslant 1.6\,\mu m$。

（2）圆锥销（GB/T 117—2000）

A 型（磨削）   B 型（切削或冷镦）

标记示例

公称直径 d = 6、公称长度 l = 60、材料为35钢、热处理硬度28～38HRC、表面氧化处理的 A 型圆锥销；

销 GB/T 117 10×60

表 A-21 圆锥销（mm）

d（公称）	0.6	0.8	1	1.2	1.5	2	2.5	3	4	5
l（商品规格范围公称长度）	0.08	0.1	0.12	0.16	0.2	0.25	0.3	0.4	0.5	0.63
$a\approx$	4～8	5～12	6～16	6～20	8～24	10～35	10～35	12～45	14～55	18～60
d（公称）	6	8	10	12	16	20	25	30	40	50
$a\approx$	0.8	1	1.2	1.6	2	2.5	3	4	5	6.3
l（商品规格范围公称长度）	22～90	22～120	26～160	32～180	40～200	45～200	50～200	55～200	60～200	65～200
l 系列	2, 3, 4, 5, 6, 8, 10, 12, 14, 16, 18, 20, 22, 24, 26, 28, 30, 32, 35, 40, 45, 50, 55, 60, 65, 70, 75, 80, 85, 90, 95, 100, 120, 140, 160, 180, 200									

（3）开口销（GB/T 91—2000）

允许制造的型式

$a_{min} = 1/2a_{max}$

标 记 示 例

公称直径 d = 5、长度 l = 50、材料为低碳钢、不经表面处理的开口销；销 GB/T 91 5×50

表 A-22 开口销（mm）

公称规格		0.6	0.8	1	1.2	1.6	2	2.5	3.2	4	5	6.3	8	10	13
d	max	0.5	0.7	0.9	1.0	1.4	1.8	2.3	2.9	3.7	4.6	5.9	7.5	9.5	12.4
	min	0.4	0.6	0.8	0.9	1.3	1.7	2.1	2.7	3.5	4.4	5.7	7.3	9.3	12.1
c	max	1	1.4	1.8	2	2.8	3.6	4.6	5.8	7.4	9.2	11.8	15	19	24.8
	min	0.9	1.2	1.6	1.7	2.4	3.2	4	5.1	6.5	8	10.3	13.1	16.6	21.7
$b\approx$		2	2.4	3	3	3.2	4	5	6.4	8	10	12.6	16	20	26
a_{max}		1.6	1.6	1.6	2.5	2.5	2.5	2.5	3.2	4	4	4	4	6.3	6.3
l（商品规格范围公称长度）		4～12	5～16	6～20	8～26	8～32	10～40	12～50	14～65	18～80	22～100	30～120	40～160	45～200	70～200
l 系列		4, 5, 6, 8, 10, 12, 14, 16, 18, 20, 22, 24, 26, 28, 30, 32, 36, 40, 45, 50, 55, 60, 65, 70, 75, 80, 85, 90, 100, 120, 140, 160, 180, 200													

注：公称规格等与开口销孔直径推荐的公差为：

公称规格 ≤ 1.2:H13；公称规格 > 1.2:H14。

A.3 常用滚动轴承

1. 深沟球轴承（GB/T 276—1994）

6000 型

标 记 示 例

内径 d = 20 的 60000 型深钩球轴承，尺寸系列为（0）2，组合代号为 62；

滚动轴承 6204 GB/T 276—1994

表 A-23　深沟球轴承（mm）

轴承代号	基本尺寸				安装尺寸		
	d	D	B	r_s min	d_a min	D_a max	r_{as} max
（0）0 尺寸系列							
6000	10	26	8	0.3	12.4	23.6	0.3
6001	12	28	8	0.3	14.4	25.6	0.3
6002	15	32	9	0.3	17.4	29.6	0.3
6003	17	35	10	0.3	19.4	32.6	0.3
6004	20	42	12	0.6	25	37	0.6
6005	25	47	12	0.6	30	42	0.6
6006	30	55	13	1	36	49	1
6007	35	62	14	1	41	56	1
6008	40	68	15	1	46	62	1
6009	45	75	16	1	51	69	1
6010	50	80	16	1	56	74	1
6011	55	90	18	1.1	62	83	1
6012	60	95	18	1.1	67	88	1
6013	65	100	18	1.1	72	93	1
6014	70	110	20	1.1	77	103	1
6015	75	115	20	1.1	82	108	1
6016	80	125	22	1.1	87	118	1
6017	85	130	22	1.1	92	123	1
6018	90	140	24	1.5	99	131	1.5
6019	95	145	24	1.5	104	136	1.5
6020	100	150	24	1.5	109	141	1.5
（0）2 尺寸系列							
6200	10	30	9	0.6	15	25	0.6
6201	12	32	10	0.6	17	27	0.6
6202	15	35	11	0.6	20	30	0.6
6203	17	40	12	0.6	22	35	0.6
6204	20	47	14	1	26	41	1
6205	25	52	15	1	31	46	1
6206	30	62	16	1	36	56	1
6207	35	72	17	1.1	42	65	1
6208	40	80	18	1.1	47	73	1
6209	45	85	19	1.1	52	78	1
6210	50	90	20	1.1	57	83	1
6211	55	100	21	1.5	64	91	1.5
6212	60	110	22	1.5	69	101	1.5
6213	65	120	23	1.5	74	111	1.5
6214	70	125	24	1.5	79	116	1.5
6215	75	130	25	1.5	84	121	1.5
6216	80	140	26	2	90	130	2
6217	85	150	28	2	95	140	2
6218	90	160	30	2	100	150	2
6219	95	170	32	2.1	107	158	2.1
6220	100	180	34	2.1	112	168	2.1
（0）3 尺寸系列							
6300	10	35	11	0.6	15	30	0.6
6301	12	37	12	1	18	31	1
6302	15	42	13	1	21	36	1
6303	17	47	14	1	23	41	1
6304	20	52	15	1.1	27	45	1
6305	25	62	17	1.1	32	55	1

续表

轴承代号	基本尺寸				安装尺寸		
	d	D	B	r_s min	d_a min	D_a max	r_{as} max
6306	30	72	19	1.1	37	65	1
6307	35	80	21	1.5	44	71	1.5
6308	40	90	23	1.5	49	81	1.5
6309	45	100	25	1.5	54	91	1.5
6310	50	110	27	2	60	100	2
6311	55	120	29	2	65	110	2
6312	60	130	31	2.1	72	118	2.1
6313	65	140	33	2.1	77	128	2.1
6314	70	150	35	2.1	82	138	2.1
6315	75	160	37	2.1	87	148	2.1
6316	80	170	39	2.1	92	158	2.1
6317	85	180	41	3	99	166	2.5
6318	90	190	43	3	104	176	2.5
6319	95	200	45	3	109	186	2.5
6320	100	215	47	3	114	201	2.5
（0）4 尺寸系列							
6403	17	62	17	1.1	24	55	1
6404	20	72	19	1.1	27	65	1
6405	25	80	21	1.5	34	71	1.5
6406	30	90	23	1.5	39	81	1.5
6407	35	100	25	1.5	44	91	1.5
6408	40	110	27	2	50	100	2
6409	45	120	29	2	55	110	2
6410	50	130	31	2.1	62	118	2.1
6411	55	140	33	2.1	67	128	2.1
6412	60	150	35	2.1	72	138	2.1
6413	65	160	37	2.1	77	148	2.1
6414	70	180	42	3	84	166	2.5
6415	75	190	45	3	89	176	2.5
6416	80	200	48	3	94	186	2.5
6417	85	210	52	4	103	192	3
6418	90	225	54	4	108	207	3
6420	100	250	58	4	118	232	3

注：r_{smin} 为 r 的单向最小倒角尺寸；r_{asmax} 为 r_{as} 的单向最大倒角尺寸。

2. 圆锥滚子轴承（GB/T 297—1994）

30000 型

基本尺寸　　　　　安装尺寸

标记示例

内径 $d = 20\text{mm}$，尺寸系列代号为 02 的圆锥滚子轴承；

滚动轴承 30204 GB/T 297—1994

表 A-24　圆锥滚子轴承（mm）

轴承代号	基本尺寸								安装尺寸								
	d	D	T	B	C	r_a min	r_b min	$a\approx$	d_a min	d_b max	D_a min	D_a max	D_a min	a_1 min	a_2 min	r_{as} max	r_{bs} max
02 尺寸系列																	
30203	17	40	13.25	12	11	1	1	9.9	23	23	34	34	37	2	2.5	1	1
30204	20	47	15.25	14	12	1	1	11.2	26	27	40	41	43	2	3.5	1	1
30205	25	52	16.25	15	13	1	1	12.5	31	31	44	46	48	2	3.5	1	1
30206	30	62	17.25	16	14	1	1	13.8	36	37	53	56	58	2	3.5	1	1
30207	35	72	18.25	17	15	1.5	1.5	15.3	42	44	62	65	67	3	3.5	1.5	1.5
30208	40	80	19.75	18	16	1.5	1.5	16.9	47	49	69	73	75	3	4	1.5	1.5
30209	45	85	20.75	19	16	1.5	1.5	18.6	52	53	74	78	80	3	5	1.5	1.5
30210	50	90	21.75	20	17	1.5	1.5	20	57	58	79	83	86	3	5	1.5	1.5
30211	55	100	22.75	21	18	2	1.5	21	64	64	88	91	95	4	5	2	1.5
30212	60	110	23.75	22	19	2	1.5	22.3	69	69	96	101	103	4	5	2	1.5
30213	65	120	24.75	23	20	2	1.5	23.8	74	77	106	111	114	4	5	2	1.5
30214	70	125	26.75	24	21	2	1.5	25.8	79	81	110	116	119	4	5.5	2	1.5
30215	75	130	27.25	25	22	2	1.5	27.4	84	85	115	121	125	4	5.5	2	1.5
30216	80	140	28.25	26	22	2.5	2	28.1	90	90	124	130	133	4	6	2.1	2
30217	85	150	30.5	28	24	2.5	2	30.3	95	59	132	140	142	5	6.5	2.1	2
30218	90	160	32.5	30	26	2.5	2	32.3	100	102	140	150	151	5	6.5	2.1	2
30219	95	170	34.5	32	27	3	2.5	34.2	107	108	149	158	160	5	7.5	2.5	2.1
30220	100	180	37	34	29	3	2.5	36.4	112	114	157	168	169	5	8	2.5	2.1
03 尺寸系列																	
30302	15	42	14.25	13	11	1	1	9.6	21	22	36	36	38	2	3.5	1	1
30303	17	47	15.25	14	12	1	1	10.4	23	25	40	41	43	3	3.5	1	1
30304	20	52	16.25	15	13	1.5	1.5	11.1	27	28	44	45	48	3	3.5	1.5	1.5
30305	25	62	18.25	17	15	1.5	1.5	13	32	34	54	55	58	3	3.5	1.5	1.5
30306	30	72	20.75	19	16	1.5	1.5	15.3	37	40	62	65	66	3	5	1.5	1.5
30307	35	80	22.75	21	18	2	1.5	16.8	44	45	70	71	74	3	5	2	1.5
30308	40	90	25.25	23	20	2	1.5	19.5	49	52	77	81	84	3	5.5	2	1.5
30309	45	100	27.25	25	22	2	1.5	21.3	54	59	86	91	94	3	5.5	2	1.5
30310	50	110	29.25	27	23	2.5	2	23	60	65	95	100	103	4	6.5	2	2
30311	55	120	31.5	29	25	2.5	2	24.9	65	70	104	110	112	4	6.5	2.5	2
30312	60	130	33.5	31	26	3	2.5	26.6	72	76	112	118	121	5	7.5	2.5	2.1
30313	65	140	36	33	28	3	2.5	28.7	77	83	122	128	131	5	8	2.5	2.1
30314	70	150	38	35	30	3	2.5	30.7	82	89	130	138	141	5	8	2.5	2.1
30315	75	160	40	37	31	3	2.5	32	87	95	139	148	150	5	9	2.5	2.1
30316	80	170	42.5	39	33	3	2.5	34.4	92	102	148	158	160	5	9.5	2.5	2.1
30317	85	180	44.5	41	34	4	3	35.9	99	107	156	166	168	6	10.5	3	2.5
30318	90	190	46.5	43	36	4	3	37.5	104	113	165	176	178	6	10.5	3	2.5
30319	95	200	49.5	45	38	4	3	40.1	109	118	172	186	185	6	11.5	3	2.5
30320	100	215	51.5	47	39	4	3	42.2	114	127	184	201	199	6	12.5	3	2.5
22 尺寸系列																	
32206	30	62	21.25	20	17	1	1	15.6	36	36	52	56	58	3	4.5	1	1
32207	35	72	24.25	23	19	1.5	1.5	17.9	42	42	61	65	68	3	5.5	1.5	1.5
32208	40	80	24.75	23	19	1.5	1.5	18.9	47	48	68	73	75	3	6	1.5	1.5
32209	45	85	24.75	23	19	1.5	1.5	20.1	52	53	73	78	81	3	6	1.5	1.5
32210	50	90	24.75	23	19	1.5	1.5	21	57	57	78	83	86	3	6	1.5	1.5

续表

轴承代号	基本尺寸								安装尺寸							
	d	D	T	B	C	r_a min	r_b min	$a \approx$	d_a min	d_b max	D_a min	D_a max	D_a min	a_1 min	a_2 min	r_{as} max	r_{bs} max
32211	55	100	26.75	25	21	2	1.5	22.8	64	62	87	91	96	4	6	2	1.5
32212	60	110	29.75	28	24	2	1.5	25	69	68	95	101	105	4	6	2	1.5
32213	65	120	32.75	31	27	2	1.5	27.3	74	75	104	111	115	4	6	2	1.5
32214	70	125	33.25	31	27	2	1.5	28.8	79	79	108	116	120	4	6.5	2	1.5
32215	75	130	33.25	31	27	2	1.5	30	84	84	115	121	126	4	6.5	2	1.5
32216	80	140	35.25	33	28	2.5	2	31.4	90	89	122	130	135	5	7.5	2.1	2
32217	85	150	38.5	36	30	2.5	2	33.9	95	95	130	140	143	5	8.5	2.1	2
32218	90	160	42.5	40	34	2.5	2	36.8	100	101	138	150	153	5	8.5	2.1	2
32219	95	170	45.5	43	37	3	2.5	39.2	107	106	145	158	163	5	8.5	2.5	2.1
32220	100	180	49	46	39	3	2.5	41.9	112	113	154	168	172	5	10	2.5	2.1
23 尺寸系列																
32303	17	47	20.25	19	16	1	1	12.3	23	24	39	41	43	3	4.5	1	1
32304	20	52	22.25	21	18	1.5	1.5	13.6	27	26	43	45	48	3	4.5	1.5	1.5
32305	25	62	25.25	24	20	1.5	1.5	15.9	32	32	52	55	58	3	5.5	1.5	1.5
32306	30	72	28.75	27	23	1.5	1.5	18.9	37	38	59	65	66	4	6	1.5	1.5
32307	35	80	32.75	31	25	2	1.5	20.4	44	43	66	71	74	4	8.5	2	1.5
32308	40	90	35.25	33	27	2	1.5	23.3	49	49	73	81	83	4	8.5	2	1.5
32309	45	100	38.25	36	30	2	1.5	25.6	54	56	82	91	93	4	8.5	2	1.5
32310	50	110	42.25	40	33	2.5	2	28.2	60	61	90	100	102	5	9.5	2	2
32311	55	120	45.5	43	35	2.5	2	30.4	65	66	99	110	111	5	10	2.5	2
32312	60	130	48.5	46	37	3	2.5	32	72	72	107	118	122	6	11.5	2.5	2.1
32313	65	140	51	48	39	3	2.5	34.3	77	79	117	128	131	6	12	2.5	2.1
32314	70	150	54	51	42	3	2.5	36.5	82	84	125	138	141	6	12	2.5	2.1
32315	75	160	58	55	45	3	2.5	39.4	87	91	133	148	150	7	13	2.5	2.1
32316	80	170	61.5	58	48	3	2.5	42.1	92	97	142	158	160	7	13.5	2.5	2.1
32317	85	180	63.5	60	49	4	3	43.5	99	102	150	166	168	8	14.5	3	2.5
32318	90	190	67.5	64	53	4	3	46.2	104	107	157	176	178	8	14.5	3	2.5
32319	95	200	71.5	67	55	4	3	49	109	114	166	186	187	8	16.5	3	2.5
32320	100	215	77.5	73	60	4	3	52.9	114	122	177	201	201	8	17.5	3	2.5

注：r_{smin} 等含义同上表。

3. 推力球轴承（GB/T 301—1995）

51000 型

5200 型

基本尺寸　安装尺寸　基本尺寸　安装尺寸

标 记 示 例

内径 d = 20mm、51000 型推力球轴承，12 尺寸系列：

滚动轴承 51204 GB/T 301—1995

表 A-25　推力球轴承（mm）

轴承代号		基本尺寸											安装尺寸					
		d	d_2	D	T	T_1	d_1 min	D_1 max	D_2 max	B	r_s min	r_{is} min	d_s min	D_a max	D_a min	d_b max	r_{as} max	r_{las} max
12（51000型），22（52000型）尺寸系列																		
51200	—	10	—	26	11	—	12	26	—	—	0.6	—	20	16		—	0.6	—
51201	—	12	—	28	11	—	14	28	—	—	0.6	—	22	18		—	0.6	—
51202	52202	15	10	32	12	22	17	32	32	5	0.6	0.3	25	22		15	0.6	0.3
51203	—	17	—	35	12	—	19	35	—	—	0.6	—	28	24		—	0.6	—
51204	52204	20	15	40	14	26	22	40	40	6	0.6	0.3	32	28		20	0.6	0.3
51205	52205	25	20	47	15	28	27	47	47	7	0.6	0.3	38	34		25	0.6	0.3
51206	52206	30	25	52	16	29	32	52	52	7	0.6	0.3	43	39		30	0.6	0.3
51207	52207	35	30	62	18	34	37	62	62	8	1	0.3	51	46		35	1	0.3
51208	52208	40	30	68	19	36	42	68	68	9	1	0.6	57	51		40	1	0.6
51209	52209	45	35	73	20	37	47	73	73	9	1	0.6	62	56		45	1	0.6
51210	52210	50	40	78	22	39	52	78	78	9	1	0.6	67	61		50	1	0.6
51211	52211	55	45	90	25	45	57	90	90	10	1	0.6	76	69		55	1	0.6
51212	52212	60	50	95	26	46	62	95	95	10	1	0.6	81	74		60	1	0.6
51213	52213	65	55	100	27	47	67	100		10	1	0.6	86	79	79	65	1	0.6
51214	52214	70	55	105	27	47	72	105		10	1	1	91	84	84	70	1	1
51215	52215	75	60	110	27	47	77	110		10	1	1	96	89	89	75	1	1
51216	52216	80	65	115	28	48	82	115		10	1	1	101	94	94	80	1	1
51217	52217	85	70	125	31	55	88	125		12	1	1	109	101	109	85	1	1
51218	52218	90	75	135	35	62	93	135		14	1.1	1	117	108	108	90	1	1
51220	52220	100	85	150	38	67	103	150		15	1.1	1	130	120	120	100	1	1
13（51000型），23（52000型）尺寸系列																		
51304	—	20	—	47	18	—	22	47		—	1	—	36	31	—	—	1	—
51305	52305	25	20	52	18	34	27	52		8	1	0.3	41	36	36	25	1	0.3
51306	52306	30	25	60	21	38	32	60		9	1	0.3	48	42	42	30	1	0.3
51308	52308	40	30	78	26	49	42	78		12	1	0.6	63	55	55	40	1	0.6
51309	52309	45	35	85	28	52	47	85		12	1	0.6	69	61	61	45	1	0.6
51310	52310	50	40	95	31	58	52	95		14	1.1	0.6	77	68	68	50	1	0.6
51311	52311	55	45	105	35	64	57	105		15	1.1	0.6	85	75	75	55	1	0.6
51312	52312	60	50	110	35	64	62	110		15	1.1	0.6	90	80	80	60	1	0.6
51313	52313	65	55	115	36	65	67	115		15	1.1	0.6	95	85	85	65	1	0.6
51314	52314	70	55	125	40	72	72	125		16	1.1	1	103	92	92	70	1	1
51315	52315	75	60	135	44	79	77	135		18	1.5	1	111	99	99	75	1.5	1
51316	52316	80	65	140	44	79	82	140		18	1.5	1	116	104	104	80	1.5	1
51317	52317	85	70	150	49	87	88	150		19	1.5	1	124	111	114	85	1.5	1
51318	52318	90	75	155	50	88	93	155		19	1.5	1	129	116	116	90	1.5	1
51320	52320	100	85	170	55	97	103	170		21	1.5	1	142	128	128	100	1.5	1

续表

轴承代号		基本尺寸											安装尺寸					
		d	d_2	D	T	T_1	d_1 min	D_1 max	D_2 max	B	r_s min	r_{is} min	d_s min	D_a max	D_a min	d_b max	r_{as} max	r_{ias} max
14（51000 型），24（52000 型）尺寸系列																		
51405	52405	25	15	60	24	45	27	60		11	1	0.6	46	39		25	1	0.6
51406	52406	30	20	70	28	52	32	70		12	1	0.6	54	46		30	1	0.6
51407	52407	35	25	80	32	59	37	80		14	1.1	0.6	62	53		35	1	0.6
51408	52408	40	30	90	36	65	42	90		15	1.1	0.6	70	60		40	1	0.6
51409	52409	45	35	100	39	72	47	100		17	1.1	0.6	78	67		45	1	0.6
51410	52410	50	40	110	43	78	52	110		18	1.5	0.6	86	74		50	1.5	0.6
51411	52411	55	45	120	48	87	57	120		20	1.5	0.6	94	81		55	1.5	0.6
51412	52412	60	50	130	51	93	62	130		21	1.5	0.6	102	88		60	1.5	0.6
51413	52413	65	50	140	56	101	68	140		23	2	1	110	95		65	2.0	1
51414	52414	70	55	150	60	107	73	150		24	2	1	118	102		70	2.0	1
51415	52415	75	60	160	65	115	78	160	160	26	2	1	125	110		75	2.0	1
51416	—	80	—	170	68	—	83	170	—	—	2.1	—	133	117		—	2.1	
51417	52417	85	65	180	72	128	88	177	179.5	29	2.1	1.1	141	124		85	2.1	1
51418	52418	90	70	190	77	135	93	187	189.5	30	2.1	1.1	148	131		90	2.1	1
51420	52420	100	80	210	85	150	103	205	209.5	33	3	1.1	165	145		100	2.5	1

注：$r_{s\,min}$ 等含义同上表。

A.4　零件倒圆、倒角与砂轮越程槽

1. 零件倒圆与倒角（摘自 GB/T 6403.4—1986）

表 A-26　零件倒圆与倒角（mm）

型式													
R、C 尺寸系列	0.1	0.2	0.3	0.4	0.5	0.6	0.8	1.0	1.2	1.6	2.0	2.5	3.0
	4.0	5.0	6.0	8.0	10	12	16	20	25	32	40	50	
装配型式		$C_1 > R$		$R_1 > R$		$C < 0.58R_1$		$C_1 > C$					
C_{max} 与 R_1 的关系（$C < 0.58R_1$）	R_1	0.1	0.2	0.3	0.4	0.5	0.6	0.8	1.0	1.2	1.6	2.0
	C_{max}	—	0.1	0.1	0.2	0.2	0.3	0.4	0.5	0.6	0.8	1.0
	R_1	2.5	3.0	4.0	5.0	6.0	7.0	8.0	10	12	16	20
25	C_{max}	1.2	1.6	2.0	2.5	3.0	4.0	5.0	6.0	8.0	10	12

表 A-27　与零件直径 ϕ 相应的倒角 C、倒圆 R 的推荐值（mm）

ϕ	~3	>3~6	>6~10	>10~18	>18~30	>30~50	>50~80	>80~120	>120~180
C 或 R	0.2	0.4	0.6	0.8	1.0	1.6	2.0	2.5	3.0
ϕ	>180 ~250	>250 ~320	>320 ~400	>400 ~500	>500 ~630	>630 ~800	>800 1000	>1000 ~1250	>1250 ~1600
C 或 R	4.0	5.0	6.0	8.0	10	12	16	20	25

注：[1] a 一般采用 45°，也可采用 30° 或 60°。

[2] 内角外角分别为倒圆、倒角（倒角为 45°）时，R_1、C_1 为正偏差，R 和 C 为负偏差。

2. 砂轮越程槽（摘自 GB/T 6403.5—1986）

表 A-28　砂轮越程槽（mm）

型式	a 磨外圆珠笔		b 磨内圆		c 磨外端面	d 磨内端面	e 磨外圆及端面		f 磨外圆及端面	
尺寸	b_1	0.6	1.0	1.6	2.0	3.0	4.0	5.0	8.0	10
	b_2	2.0	3.0		4.0		5.0		8.0	10
	h	0.1	0.2		0.3	0.4		0.6	0.8	1.2
	r	0.2	0.5		0.8	1.0		1.6	2.0	3.0
	d	~10			>10~50		>50~100		>100	

注：[1] 越程槽内二直线相交处，不允许产生尖角。

[2] 越程槽深度 h 与圆弧半径 r，要满足 $r \leqslant 3h$。

A.5　紧固件通孔及沉孔尺寸

表 A-29　紧固件通孔及沉孔尺寸（mm）

螺栓或螺钉直径 d		3	3.5	4	5	6	8	10	12	14	16	20	24	30	36	42	48
通孔直径 d_h	精装配	3.2	3.7	4.3	5.3	6.4	8.4	10.5	13	15	17	21	25	31	37	43	50
	中等装配	3.4	3.9	4.5	5.5	6.6	9	11	13.5	15.5	17.5	22	26	33	39	45	52
	粗装配	3.6	4.2	4.8	5.8	7	10	12	14.5	16.5	18.5	24	28	35	42	48	56
六角头螺栓和六角螺母用沉孔（GB/T 152.4—1988）	d_2	9	—	10	11	13	18	22	26	30	33	40	48	61	71	82	98
	t	只要能制出与通孔轴线垂直的圆平面即可															

续表

沉头用沉孔 （GB/T 152.2 —1988）	90°$^{-2°}_{-4°}$ d_2 d d_h	d_2	6.4	8.4	9.6	10.6	12.8	17.6	20.3	24.4	28.4	32.4	40.4	—	—	—
开槽圆柱头 用的圆柱头 沉孔（GB/T 152.3— 1988）	d_2 d t d_h	d_2	—	—	8	10	11	15	18	20	24	26	23	—	—	—
		t	—	—	3.2	4	4.7	6	7	8	9	10.5	12.5	—	—	—
内六角圆柱 头用的圆柱 头沉孔 （GB/T 152.3 —1988）	d_2 d t d_h	d_2	6	—	8	10	11	15	18	20	24	26	33	40	48	57
		t	3.4	—	4.6	5.7	6.8	9	11	13	15	17.5	21.5	25.5	32	38

A.6 常用材料及热处理

1. 金属材料

（1）铸铁

灰铸铁（GB/T 9439—1988）

球墨铸铁（GB/T 1348—1988）

可锻铸铁（GB/T 9440—1988）

表 A-30 铸铁

名称	牌号	应用举例	说明
灰铸铁	HT100 HT150	用于低强度铸件，如盖、手轮、支架等 用于中度铸件，如底座、刀架、轴承座、胶带轮盖等	"HT"表示灰铸铁，后面的数字表示抗拉强度值（N/mm²）
	HT200 HT250	用于高强度铸件，如床身、机座、齿轮、凸轮、汽缸泵体、联轴器等	
	HT300 HT350	用于高强度耐磨铸件，如齿轮、凸轮、重载荷床身、高压泵、阀壳体、锻模、冷冲压模等	
球墨铸铁	QT800—2 QT700—2 QT600—2	具有较高强度，但塑性低，用于曲轴、凸轮轴、齿轮、汽缸、缸套、轧辊、水泵轴、活塞环、摩擦片等零件	"QT"表示球墨铸铁，其后第一组数字表示抗拉强度值（N/mm²），第二组数字表示延伸率（%）
	QT500—5 QT420—10 QT400—17	具有较高的塑性和适当的强度，用于承受冲击负荷的零件	

名称	牌号	应用举例	说明
可锻铸铁	KTH300—06 KTH330—08* KTH350—10 KTH370—12*	黑心可锻铸铁，用于承受冲击振动的零件；汽车、拖拉机、农机铸件	"KT"表示可锻铸铁，"H"表示黑心，"B"表示白心，第一组数字表示抗拉强度值（N/mm²），第二组数字表示延伸率(%)。KTH300—06适用于气密性零件。有*号者为推荐牌号
	KTB350—04 KTB380—12 KTB400—05 KTB450—07	白心可锻铸铁，韧性较低，但强度高，耐磨性、加工性好。可代替低，中碳钢及低合金钢的重要零件，如曲轴、连杆、机床附件等	

（2）钢

普通碳素结构钢（GB/T 700—1988）

优质碳素结构钢（GB/T 699—1999）

合金结构钢（GB/T 3077—1999）

碳素工具钢（GB/T 1298—1986）

一般工程用铸造碳钢（GB/T 111352—1989）

表 A-31　钢

名称	牌号	应用举例	说明
普通碳素结构钢	Q215 A级　　B级	金属结构件，拉杆、套圈、铆钉、螺栓、短轴、心轴、凸轮（载荷不大的）、垫圈；渗碳零件及焊接件	"Q"为碳素结构钢屈服点"屈"字的汉语拼音首位字母，后面数字表示屈服点数值。如 Q235 表示碳素结构钢屈服点为 235 N/mm²。新旧牌号对照： Q215…A2（A2F） Q235…A3 Q275…A5
	Q235 A级 　　　B级 　　　C级 　　　D级	金属结构件，心部强度要求不高的渗碳或氰化零件，吊钩、拉杆、套圈、汽缸、齿轮、螺栓、螺母、连杠、轮轴、楔、盖及焊接件	
	Q275	轴、轴销、刹车杆、螺母、螺栓、垫圈、连杆、齿轮以及其他强度较高的零件	
优质碳素结构钢	08F 10 15 20 25 30 35 40 45 50 55 60 65	可塑性要求高的零件，如管子、垫圈、渗碳件、氰化件等； 拉杆、卡头、垫圈、焊件； 渗碳件、紧固件、冲模锻件、化工储器； 杠杆、轴套、钩、螺钉、渗碳件与氰化件； 轴、辊子、连接器、紧固件中的螺栓、螺母； 曲轴、转轴、轴销、连杆、横梁、星轮； 曲轴、摇杆、拉杆、键、销、螺栓； 齿轮、齿条、链轮、凸轮、轧辊、曲柄轴； 齿轮、轴、联轴器、衬套、活塞销、链轮； 活塞杆、轮轴、齿轮、不重要的弹簧； 齿轮、连杆、扁弹簧、轧辊、偏心轮、轮圈、轮缘； 偏心轮、弹簧圈、垫圈、调整片、偏心轴等； 叶片弹簧、螺旋弹簧	牌号的两位数字表示平均含碳量，称碳的质量分数。45 号钢即表示碳的质量分数为 0.45%，表示平均含碳量为 0.45% 碳的质量分数≤0.25%的碳钢，属低碳钢（渗碳钢） 碳的质量分数在（0.25～0.6）%之间的碳钢，属中碳钢（调质钢） 碳的质量分数≥0.6%的碳钢，属高碳钢 在牌号后加符号"F"表示沸腾钢
	15Mn 20Mn 30Mn 40Mn 45Mn 50Mn 60Mn 65Mn	活塞销、凸轮轴、拉杆、铰链、焊管、钢板； 螺栓、传动螺杆、制动板、传动装置、转换拨叉； 万向联轴器、分配轴、曲轴、高强度螺栓、螺母； 滑动滚子轴； 承受磨损零件、摩擦片、转动滚子、齿轮、凸轮； 弹簧环、弹簧垫圈	锰的质量分数较高的钢，须加注化学元素符号"Mn"

续表

名称	牌号	应用举例	说明
铬钢	15Cr 20Cr 30Cr 40Cr 45Cr 50Cr	渗碳齿轮、凸轮、活塞销、离合器； 较重要的渗碳件； 重要的调质零件，如轮轴、齿轮、进气阀、辊子、轴等； 强度及耐磨性高的轴、齿轮、螺栓等； 重要的轴、齿轮、螺旋弹簧、止推环	钢中加入一定量的合金元素，提高了钢的力学性能和耐磨性，也提高了钢在热处理时的淬透性，保证金属在较大截面上获得好的力学性能 铬钢、铬锰钢和铬锰钛钢都是常用的合金钢结构（GB/T 3077—1988）
铬锰钢	15CrMn 20CrMn 40CrMn	垫圈、汽封套筒、齿轮、滑键拉钩、卤杆、偏心轮； 轴、轮轴、连杆、曲柄轴及其他高耐磨零件； 轴、齿轮	
铬锰钛钢	18CrMnTi 30CrMnTi 40CrMnTi	汽车上重要渗碳件，如齿轮等； 汽车、拖拉机上强度特高的渗碳齿轮； 强度高、耐磨性高的大齿轮、主轴等	
碳素工具钢	T7 T7A	能承受震动和冲击的工具，硬度适中时有较大的韧性。用于制造凿子、钻软岩石的钻头、冲击式打眼机钻头，大锤等	用"碳"或"T"后附以平均含碳量的千分数表示，有T7~T13。高级优质碳素工具钢须在牌号后加"A" 平均含碳量约为0.7%~1.3%
	T8 T8A	有足够的韧性和较高的硬度，用于制造能承受震动的工具，如钻中等硬度岩石的钻头、简单模子、冲头等	
一般工程用铸造碳钢	ZG200—400	各种形状的机件，如机座、箱壳	ZG230—450 表示工程用铸钢，屈服点为 230N/mm²，抗拉强度 450N/mm²
	ZG230—450	铸造平坦的零件，如机座、机盖、箱体、铁砧台，工作温度在450℃以下的管路附件等，焊接性能良好	
	ZG270—500	各种形状的铸件，如飞轮、机架、联轴器等，焊接性能尚可	
	ZG310—570	各种形状的机件，如齿轮、齿圈、重负荷机架等	
	ZG340—640	起重、运输机中的齿轮、联轴器等重要的机件	

注：[1] 钢随着平均含碳量的上升，抗拉强度及硬度增加，延伸率降低。

　　　[2] 在 GB/T 5613—1985 中铸钢用"ZG"后跟名义万分碳含量表示，如 ZG25、ZG45 等。

（3）有色金属及其合金

普通黄铜（GB/T 5232—1985）

铸造铜合金（GB/T 1176—1987）

铸造铝合金（GB/T 1173—1995）

铸造轴承合金（GB/T 1174—1992）

硬铝（GB/T 3190—1996）

表 A-32　有色金属及其合金

合金牌号	合金名称 （或代号）	铸造方法	应用举例	说明
普通黄铜（GB/T 5232—1985）铸造铜合金（GB/T 1176—1987）				
H62	普通黄铜		散热器、垫圈、弹簧、各种网、螺钉等	H 表示黄铜，后面数字表示平均含铜量的百分数
ZCuSn5Pb5Zn5	5—5—5 锡青铜	SJ Li、Ia	较高负荷、中速下工作的耐磨耐蚀件，如轴瓦、衬套、缸套及蜗轮等	"Z"为铸造汉语拼音的首位字母、各化学元素后面的数字表示该元素含量的百分数
ZCuSn10Pl	10—1 锡青铜	S J Li La	较高负荷（20MPa 以下）和高滑动速度（8m/s）下工作的耐磨件，如连杆、衬套、轴瓦、蜗轮等	

续表

合金牌号	合金名称 （或代号）	铸造方法	应用举例	说明
普通黄铜（GB/T 5232—1985）铸造铜合金（GB/T 1176—1987）				
ZCuSn10Pb5	10—5 锡青铜	S J	耐蚀、耐酸件及破碎机衬套、轴瓦等	"Z"为铸造汉语拼音的首位字母、各化学元素后面的数字表示该元素含量的百分数
ZCuPb17Sn4Zn4	17—4—4 铅青铜	S J	一般耐磨件、轴承等	
ZCuAl10Fe3	10—3 铝青铜	S J Li、La	要求强度高、耐磨、耐蚀的零件，如轴套、螺母、蜗轮、齿轮等	
ZCuAl10Fe3Mn2	10—3—2 铝青铜	S J		
ZCuZn38	38 黄铜	S J	一般结构件和耐蚀件，如法兰、阀座、螺母等	
ZCuZn40Pb2	40—2 铅黄铜	S J	一般用途的耐磨、耐蚀件，如轴套、齿轮等	
ZCuZn38Mn2Pb2	38—2—2 锰黄铜	S J	一般用途的结构件，如套筒、衬套、轴瓦、滑块等耐磨零件	
ZCuZn16Si4	16—4 硅黄铜	S J	接触海水工作的管配件以及水泵、叶轮等	
铸造铝合金（GB/T 1173—1995）				
ZAlSi12	ZL102 铝硅合金	SB、JB RB、KB J	汽缸活塞以及高温工作的承受冲击载荷的复杂薄壁零件	ZL102 表示含硅10%～13%，余量为铝的铝硅合金
ZAlSi9Mg	ZL104 铝硅合金	S、J、R、K J SB、RB、KB J、JB	形状复杂的高温静载荷或受冲击作用的大型零件，如扇风机叶片、水冷汽缸头	
ZAlMg5Si1	ZL303 铝镁合金	S、J、R、K	高耐蚀性或在高温度下工作的零件	
ZAlZn11Si7	ZL401 铝锌合金	S、R、K J	铸造性能较好，可不热处理，用于形状复杂的大型薄壁零件，耐蚀性差	
铸造轴承合金（GB/T 1174—1992）				
ZSnSb12Pb10Cu4 ZSnSb11Cu6 ZSnSb8Cu4	锡基轴 承合金	J J J	汽轮机、压缩机、机车、发电机、球磨机、轧机减速器、发动机等各种机器的滑动轴承衬	各化学元素后面的数字表示该元素含量的百分数
ZPbSb16Sn16Cu2 ZPbSb15Sn10 ZPbSb15Sn5	铅基轴 承合金	J J J		
硬铝（GB/T 3190—1982）				
LY13	硬铝		适用于中等强度的零件，焊接性能好	含铜、镁和锰的合金

注：铸造方法代号：S——砂型铸造；J——金属型铸造；Li——离心铸造；La——连续铸造；R——熔模铸造；K——壳型铸造；B——变质处理。

2. 常用热处理工艺

表 A-33　常用热处理工艺

名　词	代　号	说　明	应　用
退火	5111	将钢件加热到临界温度以上（一般是710℃～715℃，个别合金钢 800℃～900℃）30℃～50℃，保温一段时间，然后缓慢冷却（一般在炉中冷却）	用来消除铸、锻、焊零件的内应力，降低硬度，便于切削加工，细化金属晶粒，改善组织，增加韧性
正火	5121	将钢件加热到临界温度以上。保温一段时间。然后用空气冷却，冷却速度比退火为快	用来处理低碳和中碳结构钢及渗碳零件，使其组织细化，增加强度与韧性，减少内应力，改善切削性能

续表

名 词	代 号	说 明	应 用
淬火	5131	将钢件加热到临界温度以上，保温一段时间，然后在水、盐水或油中（个别材料在空气中）急速冷却，使其得到高硬度	用来提高钢的硬度和强度极限。但淬火会引起内应力使钢变脆，所以淬火后必须回火
淬火和回火	514l	回火是将淬硬的钢件加热到临界点以上的温度。保温一段时间，然后在空气中或油中冷却下来	用来消除淬火后的脆性和内应力，提高钢的塑性和冲击韧性
调质	5151	淬火后在 450℃～650℃进行高温回火，称为调质	用来使钢获得高的韧性和足够的强度。重要的齿轮、轴及丝杆等零件是调质处理的
表面淬火和回火	5210	用火焰或高频电流将零件表面迅速加热至临界温度以上，急速冷却	使零件表面获得高硬度，而心部保持一定的韧性，使零件既耐磨又能承受冲击。表面淬火常用来处理齿轮等
渗碳	5310	在渗碳剂中将钢件加热到900℃～950℃，停留一定时间，将碳渗入钢表面，深度约为0.5mm～2mm，再淬火后回火	增加钢件的耐磨性能、表面硬度、抗拉强度及疲劳极限 适用于低碳、中碳（碳含量<0.40%）结构钢的中小型零件
渗氮	5330	渗氮是在 500℃～600℃通入氨的炉子内加热，向钢的表面渗入氮原子的过程。氮化层为 0.025mm～0.8mm，氮化时间需40～50 小时	增加钢件的耐磨性能、表面硬度、疲劳极限和抗蚀能力 适用于合金钢、碳钢、铸铁件，如机床主轴、丝杆以及在潮湿碱水和燃烧气体介质的环境中工作的零件
氰化	Q59（氰化淬火后，回火至56—62HRC）	在 820℃～860℃炉内通入碳和氮，保温1～2 小时，使钢件的表面同时渗入碳、氮原子，可得到0.2mm～0.5mm 的氰化层	增加表面硬度、耐磨性、疲劳强度和耐蚀性，用于要求硬度高、耐磨的中、小型及薄片零件和刀具等
时效	时效处理	低温回火后，精加工之前，加热到100℃～160℃。保持 10～40 小时。对铸件也可用天然时效（放在露天中一年以上）	使工件消除内应力和稳定形状，用于量具、精密丝杆、床身导轨、床身等
发蓝发黑	发蓝或发黑	将金属零件放在很浓的碱和氧化剂溶液中加热氧化，使金属表面形成一层氧化铁所组成的保护性薄膜	防腐蚀、美观。用于一般连接的标准件和其他电子类零件
镀镍	镀镍	用电解方法，在钢件表面镀一层镍	防腐蚀、美化
镀铬	镀铬	用电解方法，在钢件表面镀一层铬	提高表面硬度、耐磨性和耐蚀能力，也用于修复零件上磨损了的表面
硬度	HB（布氏硬度）	材料抵抗硬的物体压入其表面的能力称"硬度"。根据测定的方法不同，可分布氏硬度、洛氏硬度和维氏硬度。硬度的测定是检验材料经热处理后的机械性能——硬度	用于退火、正火、调质的零件及铸件的硬度检验
	HRC（洛氏硬度）		用于经淬火、回火及表面渗碳、渗氮等处理的零件硬度检验
	HV（维氏硬度）		用于薄层硬化零件的硬度检验

注：热处理工艺代号尚可细分，如空冷淬火代号为 5131a，油冷淬火代号为 5131e，水冷淬火代号为 5131w 等。本附录不再罗列，详情请查阅 GB／T 12603—1990。

3．非金属材料

表 A-34 非金属材料

材料名称	牌号	说 明	应用举例
耐油石棉橡胶板		有厚度 0.4mm～3.0mm 的 10 种规格	供航空中发动机用的煤油、润滑油及冷气系统结合处的密封衬垫材料
耐酸碱橡胶板	2030 2040	较高硬度 中等硬度	具有耐酸碱性能，在温度-30℃～60℃的20%浓度的酸碱液体中工作，用作冲制密封性能较好的垫圈
耐油橡胶板	3001 3002	较高硬度	可在一定温度的机油、变压器油、汽油等介质中工作，适用冲制各种形状的垫圈

续表

材料名称	牌号	说明	应用举例
耐热橡胶板	4001 4002	较高硬度 中等硬度	可在-30℃～100℃、且压力不大的条件下，于热空气、蒸汽介质中工作，用作冲制各种垫圈和隔热垫板
酚醛层压板	3302—1 3302—2	3302—1 的机械性能比 3302—2 高	用于结构材料及制造各种机械零件
聚四氟乙烯树脂	SFL—4～13	耐腐蚀、耐高温（250℃），并具有一定的强度，能切削加工成各种零件	用于腐蚀介质中，起密封和减磨作用，用作垫圈等
工业有机玻璃		耐盐酸、硫酸、草酸、烧碱和纯碱等一般酸碱以及二氧化硫、臭氧等气体腐蚀	用于耐腐蚀和需要透明的零件
油浸石棉盘根	YS450	盘根形状分 F（方形）、Y（圆形）、N（扭制）三种，按需选用	用于回转轴、往复活塞或阀门杆上作密封材料，介质为蒸汽、空气、工业用水、重质石油产品
橡胶石棉盘根	XS450	该牌号盘根只有 F（方形）	适用于作蒸汽机、往复泵的活塞和阀门杆上作密封材料
工业用平面毛毡	112—44 232—36	厚度为 1mm～40mm。112～44 表示白色细毛块毡，密度为 0.44g/cm^3；232—36 表示灰色粗毛块毡，密度为 0.36g/cm^3	用于密封、防漏油、防震、缓冲衬垫等。按需要选用细毛、半粗毛、粗毛
软钢纸板		厚度为 0.5mm～3.0mm	用于密封连接处的密封垫片
尼龙	尼龙 6 尼龙 9 尼龙 66 尼龙 610 尼龙 1010	具有优良的机械强度和耐磨性。可以使用成形加工和切削加工制造零件，尼龙粉末还可喷涂于各种零件表面提高耐磨性和密封性	广泛用作机械、化工及电气零件。例如：轴承、齿轮、凸轮、滚子、辊轴、泵叶轮、风扇叶轮、蜗轮、螺钉、螺母、垫圈、高压密封圈、阀座、输油管、储油容器等。尼龙粉末还可喷涂于各种零件表面
MC 尼龙(无填充)		强度特高	用于制造大型齿轮、蜗轮、轴套、大型阀门密封圈、导向环、导轨、滚动轴承保持架、船尾轴承、起重汽车吊索绞盘蜗轮、柴油发动机燃料泵齿轮、矿山铲掘机轴承、水压机立柱导套、大型轧钢机辊道轴瓦等
聚甲醛（均聚物）		具有良好的磨擦性能和抗磨损性能，尤其是优越的干磨擦性能	用于制造轴承、齿轮、凸轮、滚轮、辊子、阀门上的阀杆螺母、垫圈、法兰、垫片、泵叶轮、鼓风机叶片、弹簧、管道等
聚碳酸酯		具有高的冲击韧性和优异的尺寸稳定性	用于制造齿轮、蜗轮、蜗杆、齿条、凸轮、心轴、轴承、滑轮、铰链、传动链、螺栓、螺母、垫圈、铆钉、泵叶轮、汽车化油器部件、节流阀、各种外壳等

A.7　极限与配合

常用及优先选用公差带极限偏差数值表（摘自 GB/T 1800.4—1999）。

（1）轴

表 A-35　轴（μm）

基本尺寸/mm		常用及优先公差带												
		a	b		c			d				e		
大于	至	11	11	12	9	10	⑪	8	⑨	10	11	7	8	9
—	3	−270 / −330	−140 / −200	−140 / −240	−60 / −85	−60 / −100	−60 / −120	−20 / −34	−20 / −45	−20 / −60	−20 / −80	−14 / −24	−14 / −28	−14 / −39
3	6	−270 / −345	−140 / −215	−140 / −260	−70 / −100	−70 / −118	−70 / −145	−30 / −48	−30 / −60	−30 / −78	−30 / −105	−20 / −32	−20 / −38	−20 / −50
6	10	−280 / −370	−150 / −240	−150 / −300	−80 / −116	−80 / −138	−80 / −170	−40 / −62	−40 / −76	−40 / −98	−40 / −130	−25 / −40	−25 / −47	−25 / −61
10	14	−290 / −400	−150 / −260	−150 / −330	−95 / −138	−95 / −165	−95 / −205	−50 / −77	−50 / −93	−50 / −120	−50 / −160	−32 / −50	−32 / −59	−32 / −75
14	18	−290 / −400	−150 / −260	−150 / −330	−95 / −138	−95 / −165	−95 / −205	−50 / −77	−50 / −93	−50 / −120	−50 / −160	−32 / −50	−32 / −59	−32 / −75
18	24	−300 / −430	−160 / −290	−160 / −370	−110 / −162	−110 / −194	−110 / −240	−65 / −98	−65 / −117	−65 / −149	−65 / −195	−40 / −61	−40 / −73	−40 / −92
24	30	−300 / −430	−160 / −290	−160 / −370	−110 / −162	−110 / −194	−110 / −240	−65 / −98	−65 / −117	−65 / −149	−65 / −195	−40 / −61	−40 / −73	−40 / −92
30	40	−310 / −470	−170 / −330	−170 / −420	−120 / −182	−120 / −220	−120 / −280	−80 / −119	−80 / −142	−80 / −180	−80 / −240	−50 / −75	−50 / −89	−50 / −112
40	50	−320 / −480	−180 / −340	−180 / −430	−130 / −192	−130 / −230	−130 / −290	−80 / −119	−80 / −142	−80 / −180	−80 / −240	−50 / −75	−50 / −89	−50 / −112
50	65	−340 / −530	−190 / −380	−190 / −490	−140 / −214	−140 / −260	−140 / −330	−100 / −146	−100 / −174	−100 / −220	−100 / −290	−60 / −90	−60 / −106	−60 / −134
65	80	−360 / −550	−200 / −390	−200 / −500	−150 / −224	−150 / −270	−150 / −340	−100 / −146	−100 / −174	−100 / −220	−100 / −290	−60 / −90	−60 / −106	−60 / −134
80	100	−380 / −600	−220 / −440	−220 / −570	−170 / −257	−170 / −310	−170 / −390	−120 / −174	−120 / −207	−120 / −260	−120 / −340	−72 / −107	−72 / −126	−72 / −159
100	120	−410 / −630	−240 / −460	−240 / −590	−180 / −267	−180 / −320	−180 / −400	−120 / −174	−120 / −207	−120 / −260	−120 / −340	−72 / −107	−72 / −126	−72 / −159
120	140	−460 / −710	−260 / −510	−260 / −660	−200 / −300	−200 / −360	−200 / −450	−145 / −208	−145 / −245	−145 / −305	−145 / −359	−85 / −125	−85 / −148	−85 / −185
140	160	−520 / −770	−280 / −530	−280 / −680	−210 / −310	−210 / −370	−210 / −460	−145 / −208	−145 / −245	−145 / −305	−145 / −359	−85 / −125	−85 / −148	−85 / −185
160	180	−580 / −830	−310 / −560	−310 / −710	−230 / −330	−230 / −390	−230 / −480	−145 / −208	−145 / −245	−145 / −305	−145 / −359	−85 / −125	−85 / −148	−85 / −185
180	200	−660 / −950	−340 / −630	−340 / −800	−240 / −355	−240 / −425	−240 / 530	−170 / −242	−170 / −285	−170 / −355	−170 / −460	−100 / −146	−100 / −172	−100 / −215
200	225	−740 / −1030	−380 / −670	−380 / −840	−260 / −375	−260 / −445	−260 / −550	−170 / −242	−170 / −285	−170 / −355	−170 / −460	−100 / −146	−100 / −172	−100 / −215
225	250	−820 / −1110	−420 / −710	−420 / −880	−280 / −395	−280 / −465	−280 / −570	−170 / −242	−170 / −285	−170 / −355	−170 / −460	−100 / −146	−100 / −172	−100 / −215
250	280	−920 / −1240	−480 / −800	−480 / −1000	−300 / −430	−300 / −510	−300 / −620	−190 / −271	−190 / −230	−190 / −400	−190 / −510	−110 / −162	−110 / −191	−110 / −240
280	315	−1050 / −1370	−540 / −860	−540 / −1060	−330 / −460	−330 / −540	−330 / −650	−190 / −271	−190 / −230	−190 / −400	−190 / −510	−110 / −162	−110 / −191	−110 / −240
315	355	−1200 / −1560	−600 / −960	−600 / −1170	−360 / −500	−360 / −590	−360 / −720	−210 / −299	−210 / −350	−210 / −440	−210 / −570	−125 / −182	−125 / −241	−125 / −265
355	400	−1350 / −1710	−680 / −1040	−680 / −1250	−400 / −540	−400 / −630	−400 / −760	−210 / −299	−210 / −350	−210 / −440	−210 / −570	−125 / −182	−125 / −241	−125 / −265
400	450	−1500 / −1900	−760 / −1160	−760 / −1390	−440 / −595	−440 / −690	−440 / −840	−230 / −327	−230 / −385	−230 / −480	−230 / −630	−135 / −198	−135 / −232	−135 / −290
450	500	−1650 / −2050	−840 / −1240	−840 / −1470	−480 / −635	−480 / −730	−480 / −880	−230 / −327	−230 / −385	−230 / −480	−230 / −630	−135 / −198	−135 / −232	−135 / −290

/μm

（带圈者为优先公差带）

f					g			h							
5	6	⑦	8	9	5	⑥	7	5	⑥	7	8	⑨	10	⑪	12
−6 −10	−6 −12	−6 −16	−6 −20	−6 −31	−2 −6	−2 −8	−2 −12	0 −4	0 −6	0 −10	0 −14	0 −25	0 −40	0 −60	0 −100
−10 −15	−10 −18	−10 −22	−10 −28	−10 −40	−4 −9	−4 −12	−4 −16	0 −5	0 −8	0 −12	0 −18	0 −30	0 −48	0 −75	0 −120
−13 −19	−13 −22	−13 −28	−13 −35	−13 −49	−5 −11	−5 −14	−5 −20	0 −6	0 −9	0 −15	0 −22	0 −36	0 −58	0 −90	0 −150
−16 −24	−16 −27	−16 −34	−16 −43	−16 −59	−6 −14	−6 −17	−6 −24	0 −8	0 −11	0 −18	0 −27	0 −43	0 −70	0 −110	0 −180
−20 −29	−20 −33	−20 −41	−20 −53	−20 −72	−7 −16	−7 −20	−7 −28	0 −9	0 −13	0 −21	0 −33	0 −52	0 −84	0 −130	0 −210
−25 −36	−25 −41	−25 −50	−25 −64	−25 −87	−9 −20	−9 −25	−9 −34	0 −11	0 −16	0 −25	0 −39	0 −62	0 −100	0 −160	0 −250
−30 −43	−30 −49	−30 −60	−30 −76	−30 −104	−10 −23	−10 −29	−10 −40	0 −13	0 −19	0 −30	0 −46	0 −74	0 −120	0 −190	0 −300
−36 −51	−36 −58	−36 −71	−36 −90	−36 −123	−12 −27	−12 −34	−12 −47	0 −15	0 −22	0 −35	0 −54	0 −87	0 −140	0 −220	0 −350
−43 −61	−43 −68	−43 −83	−43 −106	−43 −143	−14 −32	−14 −39	−14 −54	0 −18	0 −25	0 −40	0 −63	0 −100	0 −160	0 −250	0 −400
−50 −70	−50 −79	−50 −96	−50 −122	−50 −165	−15 −35	−15 −44	−15 −61	0 −20	0 −29	0 −46	0 −72	0 −115	0 −185	0 −290	0 −460
−56 −79	−56 −88	−56 −108	−56 −137	−56 −186	−17 −40	−17 −49	−17 −69	0 −23	0 −32	0 −52	0 −81	0 −130	0 −210	0 −320	0 −520
−62 −87	−62 −98	−62 −119	−62 −151	−62 −202	−18 −43	−18 −54	−18 −75	0 −25	0 −36	0 −57	0 −89	0 −140	0 −230	0 −360	0 −570
−68 −95	−68 −108	−68 −131	−68 −165	−68 −223	−20 −47	−20 −60	−20 −83	0 −27	0 −40	0 −63	0 −97	0 −155	0 −250	0 −400	0 −630

| 基本尺寸/mm | | 常用及优先公差带 | | | | | | | | | | | | | | |
大于	至	js 5	js 6	js 7	k 5	k ⑥	k 7	m 5	m 6	m 7	n 5	n ⑥	n 7	P 5	P ⑥	P 7
—	3	±2	±3	±5	+4 0	+6 0	+10 0	+6 +2	+8 +2	+12 +2	+8 +4	+10 +4	+14 +4	+10 +6	+12 +6	+16 +6
3	6	±2.5	±4	±6	+6 +1	+9 +1	+13 +1	+9 +4	+12 +4	+16 +4	+13 +8	+16 +8	+20 +8	+17 +12	+20 +12	+24 +12
6	10	±3	±4.5	±7	+7 +1	+10 +1	+16 +1	+12 +6	+15 +6	+21 +6	+16 +10	+19 +10	+25 +10	+21 +15	+24 +15	+30 +15
10	14	±4	±5.5	±9	+9 +1	+12 +1	+19 +1	+15 +7	+18 +7	+25 +7	+20 +12	+23 +12	+30 +12	+26 +18	+29 +18	+36 +18
14	18	±4	±5.5	±9	+9 +1	+12 +1	+19 +1	+15 +7	+18 +7	+25 +7	+20 +12	+23 +12	+30 +12	+26 +18	+29 +18	+36 +18
18	24	±4.5	±6.5	±10	+11 +2	+15 +2	+23 +2	+17 +8	+21 +8	+29 +8	+24 +15	+28 +15	+36 +15	+31 +22	+35 +22	+43 +22
24	30	±4.5	±6.5	±10	+11 +2	+15 +2	+23 +2	+17 +8	+21 +8	+29 +8	+24 +15	+28 +15	+36 +15	+31 +22	+35 +22	+43 +22
30	40	±5.5	±8	±12	+13 +2	+18 +2	+27 +2	+20 +9	+25 +9	+34 +9	+28 +17	+33 +17	+42 +17	+37 +26	+42 +26	+51 +26
40	50	±5.5	±8	±12	+13 +2	+18 +2	+27 +2	+20 +9	+25 +9	+34 +9	+28 +17	+33 +17	+42 +17	+37 +26	+42 +26	+51 +26
50	65	±6.5	±9.5	±15	+15 +2	+21 +2	+32 +2	+24 +11	+30 +11	+41 +11	+33 +20	+39 +20	+50 +20	+45 +32	+51 +32	+62 +32
65	80	±6.5	±9.5	±15	+15 +2	+21 +2	+32 +2	+24 +11	+30 +11	+41 +11	+33 +20	+39 +20	+50 +20	+45 +32	+51 +32	+62 +32
80	100	±7.5	±11	±17	+18 +3	+25 +3	+38 +3	+28 +13	+35 +13	+48 +13	+38 +23	+45 +23	+58 +23	+52 +37	+59 +37	+72 +37
100	120	±7.5	±11	±17	+18 +3	+25 +3	+38 +3	+28 +13	+35 +13	+48 +13	+38 +23	+45 +23	+58 +23	+52 +37	+59 +37	+72 +37
120	140	±9	±12.5	±20	+21 +3	+28 +3	+43 +3	+33 +15	+40 +15	+55 +15	+45 +27	+52 +27	+67 +27	+61 +43	+68 +43	+83 +43
140	160	±9	±12.5	±20	+21 +3	+28 +3	+43 +3	+33 +15	+40 +15	+55 +15	+45 +27	+52 +27	+67 +27	+61 +43	+68 +43	+83 +43
160	180	±9	±12.5	±20	+21 +3	+28 +3	+43 +3	+33 +15	+40 +15	+55 +15	+45 +27	+52 +27	+67 +27	+61 +43	+68 +43	+83 +43
180	200	±10	±14.5	±23	+24 +4	+33 +4	+50 +4	+37 +17	+46 +17	+63 +17	+54 +31	+60 +31	+77 +31	+70 +50	+79 +50	+96 +50
200	225	±10	±14.5	±23	+24 +4	+33 +4	+50 +4	+37 +17	+46 +17	+63 +17	+54 +31	+60 +31	+77 +31	+70 +50	+79 +50	+96 +50
225	250	±10	±14.5	±23	+24 +4	+33 +4	+50 +4	+37 +17	+46 +17	+63 +17	+54 +31	+60 +31	+77 +31	+70 +50	+79 +50	+96 +50
250	280	±11.5	±16	±26	+27 +4	+36 +4	+56 +4	+43 +20	+52 +20	+72 +20	+57 +34	+66 +34	+86 +34	+79 +56	+88 +56	+108 +56
280	315	±11.5	±16	±26	+27 +4	+36 +4	+56 +4	+43 +20	+52 +20	+72 +20	+57 +34	+66 +34	+86 +34	+79 +56	+88 +56	+108 +56
315	355	±12.5	±18	±28	+29 +4	+40 +4	+61 +4	+46 +21	+57 +21	+78 +21	+62 +37	+73 +37	+94 +37	+87 +62	+98 +62	+119 +62
355	400	±12.5	±18	±28	+29 +4	+40 +4	+61 +4	+46 +21	+57 +21	+78 +21	+62 +37	+73 +37	+94 +37	+87 +62	+98 +62	+119 +62
400	450	±13.5	±20	±31	+32 +5	+45 +5	+68 +5	+50 +23	+63 +23	+86 +23	+67 +40	+80 +40	+103 +40	+95 +68	+108 +68	+131 +68
450	500	±13.5	±20	±31	+32 +5	+45 +5	+68 +5	+50 +23	+63 +23	+86 +23	+67 +40	+80 +40	+103 +40	+95 +68	+108 +68	+131 +68

注：基本尺寸小于 1 mm 时，各级的 a 和 b 均不采用。

（带圈者为优先公差带）

r			s			t			u		v	x	y	z
5	6	7	5	⑥	7	5	6	7	⑥	7	6	6	6	6
+14/+10	+16/+10	+20/+10	+18/+14	+20/+14	+24/+14	—	—	—	+24/+18	+28/+18	—	+26/+20	—	+32/+26
+20/+15	+23/+15	+27/+15	+24/+19	+27/+19	+31/+19	—	—	—	+31/+23	+35/+23	—	+36/+28	—	+43/+35
+25/+19	+28/+19	+34/+19	+29/+23	+32/+23	+38/+23	—	—	—	+37/+28	+43/+28	—	+43/+34	—	+51/+42
+31/+23	+34/+23	+41/+23	+36/+28	+39/+28	+46/+28	—	—	—	+44/+33	+51/+33	—	+51/+40	—	+61/+50
+31/+23	+34/+23	+41/+23	+36/+28	+39/+28	+46/+28	—	—	—	+44/+33	+51/+33	+50/+39	+56/+45	—	+71/+60
+37/+28	+41/+28	+49/+28	+44/+35	+48/+35	+56/+35	—	—	—	+54/+41	+62/+41	+60/+47	+67/+54	+76/+63	+86/+73
+37/+28	+41/+28	+49/+28	+44/+35	+48/+35	+56/+35	+50/+41	+54/+41	+62/+41	+61/+43	+69/+48	+68/+55	+77/+64	+88/+75	+101/+88
+45/+34	+50/+34	+59/+34	+54/+43	+59/+43	+68/+43	+59/+48	+64/+48	+73/+48	+76/+60	+85/+60	+84/+68	+96/+80	+110/+94	+128/+112
+45/+34	+50/+34	+59/+34	+54/+43	+59/+43	+68/+43	+65/+54	+70/+54	+79/+54	+86/+70	+95/+70	+97/+81	+113/+97	+130/+114	+152/+136
+54/+41	+60/+41	+71/+41	+66/+53	+72/+53	+83/+53	+79/+66	+85/+66	+96/+66	+106/+87	+117/+87	+121/+102	+141/+122	+163/+144	+191/+172
+56/+43	+62/+43	+73/+43	+72/+59	+78/+59	+89/+59	+88/+75	+94/+75	+105/+75	+121/+102	+132/+102	+139/+120	+165/+146	+193/+174	+229/+210
+66/+51	+73/+51	+86/+51	+86/+71	+93/+71	+106/+71	+106/+91	+113/+91	+126/+91	+146/+124	+159/+124	+168/+146	+200/+178	+236/+214	+280/+258
+69/+54	+76/+54	+89/+54	+94/+79	+101/+79	+114/+79	+110/+104	+126/+104	+139/+104	+166/+144	+179/+144	+194/+172	+232/+210	+276/+254	+332/+310
+81/+63	+88/+63	+103/+63	+110/+92	+117/+92	+132/+92	+140/+122	+147/+122	+162/+122	+195/+170	+210/+170	+227/+202	+273/+248	+325/+300	+390/+365
+83/+65	+90/+65	+105/+65	+118/+100	+125/+100	+140/+100	+152/+134	+159/+134	+174/+134	+215/+190	+230/+190	+253/+228	+305/+280	+365/+340	+440/+415
+86/+68	+93/+68	+108/+68	+126/+108	+133/+108	+148/+108	+164/+146	+171/+146	+186/+146	+235/+210	+250/+210	+277/+252	+335/+310	+405/+380	+490/+465
+97/+77	+106/+77	+123/+77	+142/+122	+151/+122	+168/+122	+186/+166	+195/+166	+212/+166	+265/+236	+282/+236	+313/+284	+379/+350	+454/+425	+549/+520
+100/+80	+109/+80	+126/+80	+150/+130	+159/+130	+176/+130	+200/+180	+209/+180	+226/+180	+287/+258	+304/+258	+339/+310	+414/+385	+499/+470	+604/+575
+104/+84	+113/+84	+130/+84	+160/+140	+169/+140	+186/+140	+216/+196	+225/+196	+242/+196	+313/+284	+330/+284	+369/+340	+454/+425	+549/+520	+669/+640
+117/+94	+126/+94	+146/+94	+181/+158	+290/+158	+210/+158	+241/+218	+250/+218	+270/+218	+347/+315	+367/+315	+417/+385	+507/+475	+612/+580	+742/+710
+121/+98	+130/+98	+150/+98	+193/+170	+202/+170	+222/+170	+263/+240	+272/+240	+292/+240	+382/+350	+402/+350	+457/+425	+557/+525	+682/+650	+822/+790
+133/+108	+144/+108	+165/+108	+215/+190	+226/+190	+247/+190	+293/+268	+304/+268	+325/+268	+426/+390	+447/+390	+511/+475	+626/+590	+766/+730	+936/+900
+139/+114	+150/+114	+171/+114	+233/+208	+244/+208	+265/+208	+319/+294	+330/+294	+351/+294	+471/+435	+492/+435	+566/+530	+696/+660	+856/+820	+1036/+1000
+153/+126	+166/+126	+189/+126	+259/+232	+272/+232	+295/+232	+357/+330	+370/+330	+393/+330	+530/+490	+553/+490	+635/+595	+780/+740	+960/+920	+1140/+1100
+159/+132	+172/+132	+195/+132	+279/+252	+292/+252	+315/+252	+387/+360	+400/+360	+423/+360	+580/+540	+603/+540	+700/+660	+860/+820	+1040/+1000	+1290/+1250

（2）孔

表 A-36 孔

基本尺寸/mm 大于	至	A 11	B 11	C 12	C ⑪	D 8	D ⑨	D 10	D 11	E 8	E 9	F 6	F 7	F ⑧	F 9
—	3	+330/+270	+200/+140	+240/+140	+120/+60	+34/+20	+45/+20	+60/+20	+80/+20	+28/+14	+39/+14	+12/+6	+16/+6	+20/+6	+31/+6
3	6	+345/+270	+215/+140	+260/+140	+145/+70	+48/+30	+60/+30	+78/+30	+105/+30	+38/+20	+50/+20	+18/+10	+22/+10	+28/+10	+40/+10
6	10	+370/+280	+240/+150	+300/+150	+170/+80	+62/+40	+76/+40	+98/+40	+130/+40	+47/+25	+61/+25	+22/+13	+28/+13	+35/+13	+49/+13
10	14	+400/+290	+260/+150	+330/+150	+205/+95	+77/+50	+93/+50	+120/+50	+160/+50	+59/+32	+75/+52	+27/+16	+34/+16	+43/+16	+59/+16
14	18	+400/+290	+260/+150	+330/+150	+205/+95	+77/+50	+93/+50	+120/+50	+160/+50	+59/+32	+75/+52	+27/+16	+34/+16	+43/+16	+59/+16
18	24	+430/+300	+290/+160	+370/+160	+240/+110	+98/+65	+117/+65	+149/+65	+195/+65	+73/+40	+92/+40	+33/+20	+41/+20	+53/+20	+72/+20
24	30	+430/+300	+290/+160	+370/+160	+240/+110	+98/+65	+117/+65	+149/+65	+195/+65	+73/+40	+92/+40	+33/+20	+41/+20	+53/+20	+72/+20
30	40	+470/+310	+330/+170	+420/+170	+280/+120	+119/+80	+142/+80	+180/+80	+240/+80	+89/+50	+112/+50	+41/+25	+50/+25	+64/+25	+87/+25
40	50	+480/+320	+340/+180	+430/+180	+290/+130	+119/+80	+142/+80	+180/+80	+240/+80	+89/+50	+112/+50	+41/+25	+50/+25	+64/+25	+87/+25
50	65	+530/+340	+380/+190	+490/+190	+330/+140	+146/+100	+170/+100	+220/+100	+290/+100	+106/+60	+134/+60	+49/+30	+60/+30	+76/+30	+104/+30
65	80	+550/+360	+390/+200	+500/+200	+340/+150	+146/+100	+170/+100	+220/+100	+290/+100	+106/+60	+134/+60	+49/+30	+60/+30	+76/+30	+104/+30
80	100	+600/+380	+440/+220	+570/+220	+390/+170	+174/+120	+207/+120	+260/+120	+340/+120	+126/+72	+159/+72	+58/+36	+71/+36	+90/+36	+123/+36
100	120	+630/+410	+460/+240	+590/+240	+400/+180	+174/+120	+207/+120	+260/+120	+340/+120	+126/+72	+159/+72	+58/+36	+71/+36	+90/+36	+123/+36
120	140	+710/+460	+510/+260	+660/+260	+450/+200	+208/+145	+245/+145	+305/+145	+395/+145	+148/+85	+185/+85	+68/+43	+83/+43	+106/+43	+143/+43
140	160	+770/+520	+530/+280	+680/+280	+460/+210	+208/+145	+245/+145	+305/+145	+395/+145	+148/+85	+185/+85	+68/+43	+83/+43	+106/+43	+143/+43
160	180	+830/+580	+560/+310	+710/+310	+480/+230	+208/+145	+245/+145	+305/+145	+395/+145	+148/+85	+185/+85	+68/+43	+83/+43	+106/+43	+143/+43
180	200	+950/+660	+630/+340	+800/+340	+530/+240	+242/+170	+285/+170	+355/+170	+460/+170	+172/+100	+215/+100	+79/+50	+96/+50	+122/+50	+165/+50
200	225	+1030/+740	+670/+380	+840/+380	+550/+260	+242/+170	+285/+170	+355/+170	+460/+170	+172/+100	+215/+100	+79/+50	+96/+50	+122/+50	+165/+50
225	250	+1110/+820	+710/+420	+880/+420	+570/+280	+242/+170	+285/+170	+355/+170	+460/+170	+172/+100	+215/+100	+79/+50	+96/+50	+122/+50	+165/+50
250	280	+1240/+920	+800/+480	+1000/+480	+620/+300	+271/+190	+320/+190	+400/+190	+510/+190	+191/+110	+240/+110	+88/+56	+108/+56	+137/+56	+186/+56
280	315	+1370/+1050	+860/+540	+1060/+540	+650/+330	+271/+190	+320/+190	+400/+190	+510/+190	+191/+110	+240/+110	+88/+56	+108/+56	+137/+56	+186/+56
315	355	+1560/+1200	+960/+600	+1170/+600	+720/+360	+299/+210	+350/+210	+440/+210	+570/+210	+214/+125	+265/+125	+98/+62	+119/+62	+151/+62	+202/+62
355	400	+1710/+1350	+1040/+680	+1250/+680	+760/+400	+299/+210	+350/+210	+440/+210	+570/+210	+214/+125	+265/+125	+98/+62	+119/+62	+151/+62	+202/+62
400	450	+1900/+1500	+1160/+760	+1390/+760	+840/+440	+327/+230	+385/+230	+480/+230	+630/+230	+232/+135	+290/+135	+108/+68	+131/+68	+165/+68	+223/+68
450	500	+2050/+1650	+1240/+840	+1470/+840	+880/+480	+327/+230	+385/+230	+480/+230	+630/+230	+232/+135	+290/+135	+108/+68	+131/+68	+165/+68	+223/+68

/μm

（带圈者为优先公差带）

G		H							Js			K			M		
6	⑦	6	⑦	⑧	⑨	10	⑪	12	6	7	8	6	⑦	8	6	7	8
+8 +2	+12 +2	+6 0	+10 0	+14 0	+25 0	+40 0	+60 0	+100 0	±3	±5	±7	0 −6	0 −10	0 −14	−2 −8	−2 −12	−2 −16
+12 +4	+16 +4	+8 0	+12 0	+18 0	+30 0	+48 0	+75 0	+120 0	±4	±6	±9	+2 −6	+3 −9	+5 −13	−1 −9	0 −12	+2 −16
+14 +5	+20 +5	+9 0	+15 0	+22 0	+36 0	+58 0	+90 0	+150 0	±4.5	±7	±11	+2 −7	+5 −10	+6 −16	−3 −12	0 −15	+1 −21
+17 +6	+24 +6	+11 0	+18 0	+27 0	+43 0	+70 0	+110 0	+180 0	±5.5	±9	±13	+2 −9	+6 −12	+8 −19	−4 −15	0 −18	+2 −25
+20 +7	+28 +7	+13 0	+21 0	+33 0	+52 0	+84 0	+130 0	+210 0	±6.5	±10	±16	+2 −11	+6 −15	+10 −23	−4 −17	0 −21	+4 −29
+25 +9	+34 +9	+16 0	+25 0	+39 0	+62 0	+100 0	+160 0	+250 0	±8	±12	±19	+3 −13	+7 −18	+12 −27	−4 −20	0 −25	+5 −34
+29 +10	+40 +10	+19 0	+30 0	+46 0	+74 0	+120 0	190 0	+300 0	±9.5	±15	±23	+4 −15	+9 −21	+14 −32	−5 −24	0 −30	+5 −41
+34 +12	+47 +12	+22 0	+35 0	+54 0	+87 0	+140 0	+220 0	+350 0	±11	±17	±27	+4 −18	+10 −25	+16 −38	−6 −28	0 −35	+6 −48
+39 +14	+54 +14	+25 0	+40 0	+63 0	+100 0	+160 0	+250 0	+400 0	±12.5	±20	±31	+4 −21	+12 −28	+20 −43	−8 −33	0 −40	+8 −55
+44 +15	+61 +15	+29 0	+46 0	+72 0	+115 0	+185 0	+290 0	+460 0	±14.5	±23	±36	+5 −24	+13 −33	+22 −50	−8 −37	0 −46	+9 −63
+49 +17	+69 +17	+32 0	+52 0	+81 0	+130 0	+210 0	+320 0	+520 0	±16	±26	±40	+5 −27	+16 −36	+25 −56	−9 −41	0 −52	+9 −72
+54 +18	+75 +18	+36 0	+57 0	+89 0	+140 0	+230 0	+360 0	+570 0	±18	±28	±44	+7 −29	+17 −40	+28 −61	−10 −46	0 −57	+11 −78
+60 +20	+83 +20	+40 0	+63 0	+97 0	+155 0	+250 0	+400 0	+630 0	±20	±31	±48	+8 −32	+18 −45	+29 −68	−10 −50	0 −63	+11 −86

常用及优先公差带(带圈者为优先公差带)

基本尺寸/mm		N			P		R		S		T		U
大于	至	6	⑦	8	6	⑦	6	7	6	⑦	6	7	⑦
—	3	-4/-10	-4/-14	-4/-18	-6/-12	-6/-16	-10/-16	-10/-20	-14/-20	-14/-24	—	—	-18/-28
3	6	-5/-13	-4/-16	-2/-20	-9/-17	-8/-20	-12/-20	-11/-23	-16/-24	-15/-27	—	—	-19/-31
6	10	-7/-16	-4/-19	-3/-25	-12/-21	-9/-24	-16/-25	-13/-28	-20/-29	-17/-32	—	—	-22/-37
10	14	-9/-20	-5/-23	-3/-30	-15/-26	-11/-29	-20/-31	-16/-34	-25/-36	-21/-39	—	—	-26/-44
14	18												
18	24	-11/-24	-7/-28	-3/-36	-18/-31	-14/-35	-24/-37	-20/-41	-31/-44	-27/-48	—	—	-33/-54
24	30										-37/-50	-33/-54	-40/-61
30	40	-12/-28	-8/-33	-3/-42	-21/-37	-17/-42	-29/-45	-25/-50	-38/-54	-34/-59	-43/-59	-39/-64	-51/-76
40	50										-49/-65	-45/-70	-61/-86
50	65	-14/-33	-9/-39	-4/-50	-26/-45	-21/-51	-35/-54	-30/-60	-47/-66	-42/-72	-60/-79	-55/-85	-76/-106
65	80						-37/-56	-32/-62	-53/-72	-48/-78	-69/-88	-64/-94	-91/-121
80	100	-16/-38	-10/-45	-4/-58	-30/-52	-24/-59	-44/-66	-38/-73	-64/-86	-58/-93	-84/-106	-78/-113	-111/-146
100	120						-47/-69	-41/-76	-72/-94	-66/-101	-97/-119	-91/-126	-131/-166
120	140	-20/-45	-12/-52	-4/-67	-36/-61	-28/-68	-56/-81	-48/-88	-85/-110	-77/-117	-115/-140	-107/-147	-155/-195
140	160						-58/-83	-50/-90	-93/-118	-85/-125	-127/-152	-119/-159	-175/-215
160	180						-61/-86	-53/-93	-101/-126	-93/-133	-139/-164	-131/-171	-195/-235
180	200	-22/-51	-14/-60	-5/-77	-41/-70	-33/-79	-68/-97	-60/-106	-113/-142	-105/-151	-157/-186	-149/-195	-219/-265
200	225						-71/-100	-63/-109	-121/-150	-113/-159	-171/-200	-163/-209	-241/-287
225	250						-75/-104	-67/-113	-131/-160	-123/-169	-187/-216	-179/-225	-267/-313
250	280	-25/-57	-14/-66	-5/-86	-47/-79	-36/-88	-85/-117	-74/-126	-149/-181	-138/-190	-209/-241	-198/-250	-295/-347
280	315						-89/-121	-78/-130	-161/-193	-150/-202	-231/-263	-220/-272	-330/-382
315	355	-26/-62	-16/-73	-5/-94	-51/-87	-41/-98	-97/-133	-87/-144	-179/-215	-169/-226	-257/-293	-247/-304	-369/-426
355	400						-103/-139	-93/-150	-197/-233	-187/-244	-283/-319	-273/-330	-414/-471
400	450	-27/-67	-17/-80	-6/-103	-55/-95	-45/-108	-113/-153	-103/-166	-219/-259	-209/-272	-317/-357	-307/-370	-467/-530
450	500						-119/-159	-109/-172	-239/-279	-229/-292	-347/-387	-337/-400	-517/-580

反侵权盗版声明

电子工业出版社依法对本作品享有专有出版权。任何未经权利人书面许可，复制、销售或通过信息网络传播本作品的行为；歪曲、篡改、剽窃本作品的行为，均违反《中华人民共和国著作权法》，其行为人应承担相应的民事责任和行政责任，构成犯罪的，将被依法追究刑事责任。

为了维护市场秩序，保护权利人的合法权益，本社将依法查处和打击侵权盗版的单位和个人。欢迎社会各界人士积极举报侵权盗版行为，本社将奖励举报有功人员，并保证举报人的信息不被泄露。

举报电话：（010）88254396；（010）88258888

传　　真：（010）88254397

E-mail：dbqq@phei.com.cn

通信地址：北京市海淀区万寿路 173 信箱

　　　　　电子工业出版社总编办公室

邮　　编：100036